- 国家社科基金重大项目
- 普通高等教育“十一五”国家级规划教材
- 香港杏范教育基金会资助出版

电子商务网站典型案例评析

(第四版)

主　编　杨立钒

副主编　杨坚争　周坚男　齐鹏程

西安电子科技大学出版社

内 容 简 介

本书是国家社科基金重大项目(13&ZD178)的中期成果之一，是与《电子商务基础与应用》(第九版)配套的电子商务案例分析著作。在电子商务快速发展的二十年中，涌现出大批新兴的从事电子商务的企业。在国家"互联网+"行动计划的推动下，越来越多的传统企业加入到电子商务行列中。电子商务企业和传统企业通过自身的努力，闯出了在网络环境下生存和发展的新路子。书中筛选了部分在电子商务浪潮中表现突出企业的典型案例，通过追踪这些企业的发展，总结他们在网站建设和网络营销中的成功与不足，旨在为电子商务获得更广泛的推广提供借鉴经验。全书分为五篇：流通业电子商务网站、工业电子商务网站、农业电子商务网站、金融业电子商务网站、服务业电子商务网站，分别对不同行业的电子商务网站进行了详细的介绍和客观的分析比较，重点总结了不同类型电子商务网站的营销策略和方法。

本书材料翔实，图文并茂，观点新颖，具有一定的理论深度，并有较强的可读性，对电子商务战略规划、网络营销的实际应用与操作都具有很好的指导意义。本书是高等院校电子商务概论课程重要的案例教材，对于正在从事或准备从事电子商务的企业、个人和电子商务创业者亦有重要的参考价值。

图书在版编目(CIP)数据

电子商务网站典型案例评析 / 杨立钒主编. —4版. —西安：西安电子科技大学出版社，2016.12
普通高等教育"十一五"国家级规划教材
ISBN 978-7-5606-4287-1

Ⅰ. ① 电… Ⅱ. ① 杨… Ⅲ. ① 电子商务—网站—高等学校—教材 Ⅳ. ① F713.36 ② TP393.092

中国版本图书馆 CIP 数据核字(2016)第 290798 号

策　　划　云立实
责任编辑　阎　彬　孙雅菲
出版发行　西安电子科技大学出版社(西安市太白南路 2 号)
电　　话　(029)88242885　88201467　　邮　　编　710071
网　　址　www.xduph.com　　电子邮箱　xdupfxb001@163.com
经　　销　新华书店
印刷单位　陕西天意印务有限责任公司
版　　次　2016 年 12 月第 4 版　2016 年 12 月第 9 次印刷
开　　本　787 毫米×1092 毫米　1/16　印　张　16.5
字　　数　383 千字
印　　数　27 001～30 000 册
定　　价　30.00 元
ISBN 978-7-5606-4287-1/F
XDUP 4579004-9

第四版前言

2015年，我国保持了6.9%的GDP增速，实现了稳中有进、稳中有好、动力转换提速的要求[1]。电子商务作为新兴业态，继续保持高速发展的良好态势。企业开展互联网营销的比例达到33.8%；在开展互联网营销的企业中，35.5%的企业通过移动互联网进行了营销推广，其中有21.9%的企业使用过付费推广；电子商务平台推广使用率达到48.4%[2]；实物商品网上零售额在2015年增长了31.6%，远远超过社会消费品零售总额的增长速度[3]；跨境电子商务增速也达到30%以上[4]，各类跨境平台企业已超过5000家，通过平台开展跨境电商的外贸企业逾20万家。

在电子商务快速发展的过程中，涌现出一大批典型的企业。这些企业的突出表现，不仅显示出中国电子商务强烈的创新意识与强大的生命力，也是"互联网+"时代下中国经济转型升级的真实写照。总结这些典型企业的经验，对于进一步提升我国电子商务的发展水平，全面落实"一带一路"战略，带动传统企业转型，推动大众创业、全民创新都有着极为重要的作用。随着电子支付、物流配送等电子商务短板的逐一补齐，电子商务无疑将为新业态提供更加宽广的发展空间。

本次再版，对全书的整体结构进行了调整，一共分为5篇：流通业电子商务网站、工业电子商务网站、农业电子商务网站、金融业电子商务网站和服务业电子商务网站，分别对不同行业典型的电子商务网站和企业进行了详细的介绍和客观的分析比较。这里，既有历史较长的电子商务网站，也有新兴崛起的电子商务网站；既有电子商务公共服务平台，也有垂直的电子商务网站。在案例编写中，除了对网站历史进行追踪外，重点总结电子商务典型网站在经营策略和营销方法上的创新做法。

本书由杨立钒担任主编，杨坚争、周坚男、齐鹏程担任副主编。杨立钒、杨坚争、周坚男、齐鹏程、冯妍承担了全书的统稿任务。撰写和修改人员具体分工如下：

杨立钒：案例1、4、7、10、11、13、17、19、21、30、31、33。

杨坚争：案例2、3、8、9、22、25、28、34、35。

齐鹏程：案例1、2、4、5、24、35。

钟自珍：案例3、14、19、32、36。

周坚男：案例6、9、12、22、23、25。

---

1 国家统计局. 2015年4季度和全年我国GDP初步核算结果[EB/OL](2016-01-20)[2016-01-22]. http://www.stats.gov.cn/tjsj/zxfb/.

2 中国互联网络信息中心. 第37次中国互联网络发展状况统计报告[R/OL](2016-01-22)[2016-01-23]. http://cnnic.cn/gywm/xwzx/rdxw/2015/201601/t20160122_53283.htm.

3 国家统计局. 国家统计局局长王保安就2015年全年国民经济运行情况答记者问[EB/OL] (2016-01-19)[2016-01-22]. http://www.stats.gov.cn/tjsj/sjjd/201601/t20160119_1306609.html.

4 商务部. 商务部召开例行新闻发布会(2016年1月20日)[EB/OL](2016-01-20)[2016-01-22]. http://www.mofcom.gov.cn/xwfbh/20160120.shtml.

白　榕：案例 7、16、17、18、21。

苟晓敏：案例 8、11、13、15、34。

陆仕超：案例 10、20、31、33。

冯田田：案例 26、27、28、29、30。

在撰写本书的过程中，我们参考了大量的网站资料和国内外图书杂志资料，这些资料都列于每章末的参考文献中。在此，对相关网站资料和图书、杂志资料的作者表示最诚挚的谢意。

本书的出版得到了国家社科基金重大项目(13&ZD178)、香港杏范教育基金会、上海理工大学电子商务发展研究院、上海市一流学科(S1201YLXK)、上海理工大学国际商务专业学位研究生实践基地建设项目的资助，得到了西安电子科技大学出版社云立实编辑多方面的指导，在此表示衷心的感谢。

今后，电子商务在流通领域和金融领域大力发展的基础上，将在工业、农业和服务业领域、B2B(Business to Business)领域取得新的突破性进展。电子商务正在迎来新的发展的春天。由于电子商务发展迅猛，企业状况变化极快，大量的新典型不断出现，而少数经营不好的电子商务企业则可能被淘汰，这种状况给电子商务案例的收集和评析工作带来一定的困难。由于时间较紧，书中可能存在资料过时、描述不当的错误，恳请企业家、学者和各方人士不吝赐教，以便在未来的研究中不断更新和改进。

主编　杨立钒

2016 年 6 月 22 日

于华东政法大学商学院

cnyanglifan@163.com

第三版前言

互联网网站的发展已远远超过了人们的预期。据 Netcraft 统计，截至 2008 年年底，全球网站总量已经达到 1.8 亿个(1 85 972 134 个)，比 2007 年年底增加了 3110 万个，增幅近 20.0%(参见图前 1)。

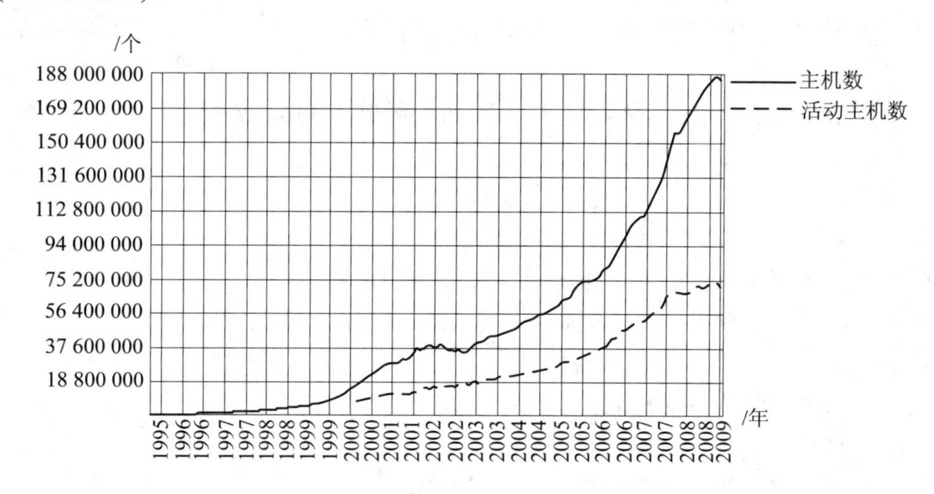

图前 1　1995～2008 年世界网站的发展情况[1]

同时，中国的网站数量也在迅速增加。2008 年，域名注册者在中国境内的网站数(包括在境内接入和境外接入)达到 287.8 万个，较 2007 年增长 91.4%，是自 2000 年以来增长最快的一年(参见图前 2)。

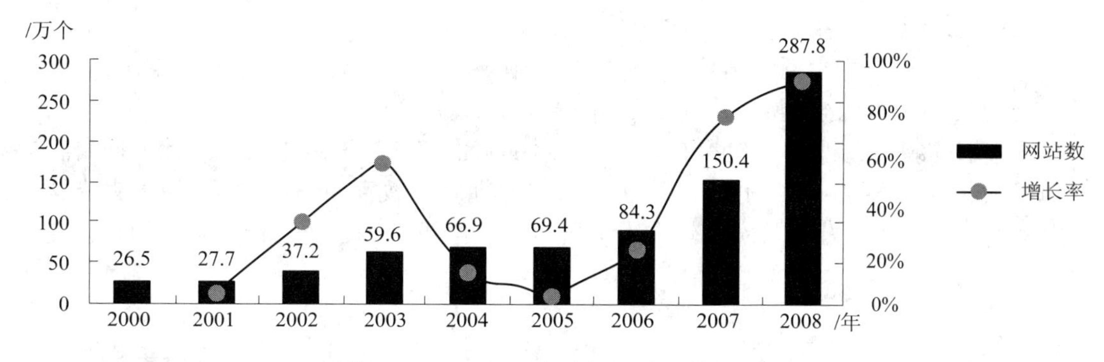

图前 2　2000～2008 年中国网站规模变化[2]

在众多网站中，电子商务网站是最活跃的一类网站，也是变化最大的一类网站。这是

---

1 资料来源：Netcraft. Total Sites Across All Domains August 1995-January 2009[R/OL]. (2009-1-16) [2009-2-20]. Netcraft Website: http://news.netcraft.com/archives/web_server_survey.html.

2 资料来源：中国互联网络信息中心.中国互联网络发展状况统计报告(2009-01-17) [R/OL]. (2009-1-17) [2009-1-30]. 中国互联网络信息中心网站: http://www.cnnic.net.cn/uploadfiles/pdf/ 2009/1/13/92458.pdf.

因为，一方面越来越多的网民开始使用网络购物，另一方面传统企业也开始向电子商务应用转变。但互联网的快速变化，国际金融形势的恶化，又使得电子商务网站的成长处在多维的变数之中。因此，不断总结电子商务网站的成长经验，对于新生的电子商务网站来说具有非常重要的意义。

基于上述想法，笔者开始了新一轮的电子商务网站典型案例的研究工作。在2000年第一版和2005年第二版的基础上，本书第三版的写作注意了以下几个方面：

(1) 将电子商务网站分为零售类、批发类、企业类和服务业类四类，比较全面、科学地涵盖了电子商务网站的各种类型。

(2) 重点研究了电子商务网站的营销模式和营销方法，为电子商务创业者提供有效的借鉴。

(3) 注重总结具有活力的新生电子商务网站的经验，淘汰已经消亡或衰败的电子商务网站。

(4) 筛选了中小企业电子商务的应用案例。

本书的撰写人员及具体分工如下：

杨坚争：(上海理工大学管理学院)案例1、6、14、22。

岳云康：(山西大学商务学院)案例3、16、18。

樊嘉迪：(上海理工大学管理学院)案例2、7、17、19、25、29。

白东蕊：(山西大学商务学院)案例9、21、27。

郭　杰：(复旦大学经济学院)案例5、10。

杨立钒：(东华大学管理学院)案例11、15、20。

马清梅：(山西大学商务学院)案例12、26。

李翠芝：(山西大学商务学院)案例28。

马　聪：(上海理工大学管理学院)案例4。

曹　丽：(上海理工大学管理学院)案例8。

王军霞：(上海理工大学管理学院)案例13。

赵园丁：(山西大学商务学院)案例23。

李艳红：(山西大学商务学院)案例24。

在本书的编写过程中，参考了国内外大量的书面资料和网络资料，在此谨向资料的作者和提供者表示谢忱；本书也得到了上海市第三期本科教育局(电子商务)的大力支持；西安电子科技大学出版社云立实编辑在本书再版中也给予了多方面的指导和帮助，在此一并表示衷心的谢意。

杨坚争

2010年1月20日

E-mail: cnyangjz@163.com

第二版前言(摘要)

《电子商务网站典型案例评析(第一版)》是2000年出版的。这是国内最早出版的电子商务案例研究著作之一，当时正值电子商务快速发展的时期。虽然以后几年电子商务的发展遇到一些挫折，但电子商务典型案例分析仍然受到人们的高度重视。这点可以从本书的发行情况看出来。由于笔者的原因，本书一直没有时间安排再版，但2000年出版的第一版已经重印5次，且发行量达到3万余册。直到2004年，还有读者写信告诉笔者仍然选用本书第一版作为电子商务教学的重要辅助教材，并希望笔者能够尽快出版第二版。这些建议是非常及时的。因为2001年网络经济泡沫的破灭使有关电子商务案例的研究基本处于停顿状态。2004年，伴随着互联网商务应用的重新崛起，社会上对电子商务案例的需求逐渐显现，进一步加强电子商务案例的研究，对于加快电子商务的发展具有非常重要的作用。本书第二版的写作正是在这种情况下开始的。

按照罗伯特·K·尹(Robert K. Yin)于1984年的定义，案例研究是一种经验主义的探究(Empirical Inquiry)，它研究现实生活背景中的暂时现象(Contemporary Phenomenon)。也就是说，案例研究是一种经验性的研究，而不是一种纯理论性的研究。案例研究的意义在于回答“为什么”和“怎么样”的问题(Yin，1994；Stake，2000)，而不是回答“应该是什么”的问题。

在被研究的现象本身难以从其背景中抽象、分离出来的研究情境中，案例研究是一种行之有效的研究方法。它可以获得其他研究手段所不能获得的数据、经验知识，并以此为基础来分析不同变量之间的逻辑关系，进而检验和发展已有的理论体系。案例研究不仅可以用于分析受多种因素影响的复杂现象，还可以满足那些开创性的研究，尤其是以构建新理论或精炼已有理论中的特定概念为目的的研究的需要。此外，案例研究作为一种教学方法，它有助于提高人们的判断力、沟通能力、独立分析能力和创造性地解决问题的能力。

21世纪，电子商务将成为案例研究的一个新兴领域。传统的案例研究主要集中在医学、法律、工商等领域，案例研究者在这些领域积累了大量的经验。这些经验对于电子商务案例研究是非常重要的。

电子商务活动中必须重视案例分析的原因主要有三个：

第一，从理论研究的角度看，电子商务是一个新兴领域，传统的商务理论不足以说明网络世界出现的新情况和新问题，案例研究对于建立电子商务理论体系、揭示网络营销的实践意义、利用网络实践检验电子商务理论等方面将起到不可替代的作用。

第二，从商务活动的角度看，对于大多数人来说，没有在虚拟市场中开展商务活动的经验，好的案例分析可以提供借鉴的范例，使电子商务参与者少走弯路，节约亲身实践的学习费用，以较短的时间、较少的投资获得较大的收益。从另一方面讲，互联网的普及使全球形成了一个统一的大市场，对于企业家素质的要求越来越高，典型案例分析从企业实际运作出发，总结企业在网络环境中的成功经验，对于启发企业经营者的思路，激发经营者的创新开拓精神也具有非常重要的意义。

第三，从电子商务教学的角度看，电子商务跨学科的特殊性，使得传统课堂教学方法难以收到很好的教学效果。案例教学在电子商务教育培训中受到人们的广泛关注。然而，由于已有的电子商务教材中缺少案例教学方面的知识积累，也由于电子商务案例收集、总结的困难性，电子商务教育培训界对案例写作虽抱有较高的热情，但总体上还属于探索、描述阶段。

从目前电子商务案例的研究情况看，电子商务案例研究还存在以下问题：

第一，电子商务案例研究缺少必要的方法论。迄今为止，我国尚无一本有关系统介绍电子商务案例教学与研究的方法论专著。对方法论的知之甚少，导致了对电子商务案例研究中的一些偏见。例如，现有的电子商务案例多采用描述型(Descriptive)方法，而探索型(Exploratory)、例证型(Illustrative)、实验型(Experimental)和解释型(Explanatory)的案例研究方法使用较少；单一案例(Single Case)研究较多，而多案例(Multiple Cases)比较研究较少；利用文字叙述的案例研究较多，而使用数据分析方法的较少。这些状况都说明，应当加强电子商务案例研究方法的研究和普及工作。

第二，电子商务案例研究的主题选择比较狭窄。很多电子商务案例多是描述网站建设和网站业务，对于网络营销的新方法、新思路研究较少；而对于开发网络功能，促进传统企业向网络企业过渡的研究更没有给予高度的重视。在电子商务案例选编的比例上，外国的多，中国的少；在国内电子商务案例的选择上，仍然集中在网络经济刚刚兴起的部分企业或网站；对于网络经济中新涌现出来的典型没有挖掘；在电子商务案例的编写上，也存在着套用工商案例的现象，创造性地挖掘电子商务内在特点和规律的案例比较少，未能充分展示电子商务实践运作的真实状况。

第三，电子商务案例更新速度缓慢。由于案例调查和写作都有较高的难度，因此，近年来我国电子商务的研究工作进展缓慢，对案例的调查比较肤浅，对原有案例内容的更新不及时等。这种状况对于我国电子商务实践和电子商务教育的发展都是不利的。

主编　杨坚争

2005 年 8 月 20 日

于上海理工大学电子商务与计算机研究所

cnyangjz@163.com

第一版前言(摘要)

电子商务的发展已远远超出人们的想象。1997年，当笔者在苏州参加第一届中国电子商务大会时，参加会议的代表只有几十人；而今天，在21世纪的第一个春天，第四届中国国际电子商务大会在北京隆重召开，报名参会的单位已达上千家，覆盖了政府、企业、院校、科研单位和宣传媒体，参加和参观人数突破5万人。人们正在以一种前所未有的热情，投入到这一前无古人的伟大事业中。

电子商务是指交易各方之间(包括企业与企业之间、企业与消费者之间)利用现代信息技术和计算机网络，按照一定的标准所进行的各类商贸活动。狭义的电子商务仅仅将通过Internet网络进行的商业活动归属于电子商务，而广义的电子商务则将利用包括Internet、Intranet、LAN等各种不同形式网络在内的一切计算机网络进行的所有商贸活动都归属于电子商务。从发展的观点看，在考虑电子商务的概念时，仅仅局限于利用Internet网络进行的商业贸易是不够的，将利用各类电子信息网络进行的广告、设计、开发、推销、采购、结算等全部贸易活动都纳入电子商务的范畴则较为妥当。所以，美国学者瑞维·卡拉可塔和安德鲁·B·惠斯顿提出[1]：电子商务是一种现代商业方法，这种方法以满足企业、商人和顾客需要为目的，通过提高服务传递速度，来改善服务质量、降低交易费用。今天的电子商务通过少数计算机网络进行信息、产品和服务的买卖，未来的电子商务则可以通过构成信息高速公路(I-Way)的无数网络中的任一网络进行买卖。

从本质上看，电子商务仍然是一种商务活动，满足商务活动的基本要素。商务将会并且一直会是电子商务的永恒主题，只是交易手段发生了变化——从传统方式转变为网络方式。从另一个方面来讲，商务又是在不断发展的，电子商务的广泛应用将会对商务本身的发展带来革命性的影响，我们需要调整自己传统的思维方式以适应新形势发展的需要。

当今世界，电子商务的发展非常迅速，形成了一个发展潜力巨大的市场，具有诱人的发展前景。1999年，世界互联网用户已经超过1.5亿，我国互联网用户也已超过890万，通过互联网实现的商业销售额正在以10倍的速度迅猛增长。电子商务已成为世纪之交国家经济的新的增长点。它的启动，首先将大大促进供求双方的经济活动，极大地减少交易费用和交通运输的负担，提高企业的整体经济效益和参与世界市场的竞争能力。同时，也将有力地带动一批信息产业和信息服务业的发展，促进经济结构的调整。这是一场商业领域的根本性革命，它对于人类生产方式、工作方式和生活方式的影响正在逐步显露出来。

从电子商务的发展历程来看，大体上已经走过了三个发展阶段：

首先是接入时期，早期的互联网企业致力于网络环境的某些基础性建设，在有限的接入费用上进行惨烈的争夺，呈现了ISP繁荣的景观。

第二阶段可以称为内容时期，ICP大量涌现，信息量急剧膨胀，技术上也呈现加速推

---

1 Ravi Kalakota，Andrew B Whinston. Frontiers of Electronic Commerce. New York: Addison Wesley Publishing Company，Inc.，1996.1.

进的态势，对“注意力”的争夺迅速成为电子商务发展的焦点。这一时期，信息的重复建设成为突出问题，互联网本质究竟如何、电子商务的盈利点何在成为探究的重点，从而显示出电子商务网站在发展方向上的迷茫。

第三阶段，资本运作风起云涌，电子商务大行其道。电子商务模式的花样不断翻新，B2C、B2B、C2C 乃至 B2B2C，不一而足。这一阶段，电子商务网站的服务受到更多关注，对于互联网发展的各类探索蔚为壮观，但诸种瓶颈的制约以及某种盲目性的膨胀，都使得网站及电子商务的发展具有某些表层特性。

不可否认，电子商务将继续成为当前和今后一段时间内业界关注的方向和重点。由于传统商业模式的改变，企业本身的运作，企业与企业之间、企业与消费者之间的沟通将通过 Internet 和电子手段来实现，这就要求传统企业以最快的速度适应新的竞争环境。

面对电子商务的挑战，企业家们采取了积极的应对态度。越来越多的企业已经开始建立公司网站，实施第一代电子商务，即以 HTML 网页为基础的静态网站电子商务。一些企业开始过渡到第二代互联网业务，即进一步将其前端网络服务器与后端企业服务器连接起来，将网站前端与后端的订单管理与存货控制系统融合在一起，使客户能够自己直接从一个公司的网站发送并跟踪订单，了解企业供货的整个过程。这就大大降低了交易费用，并使客户能够更多地控制订购过程。但第二代电子商务在很大程度上仍然是以供应商为中心的，因为公司希望使其内部流程实现自动化，并将其连接到互联网上，以便为客户提供服务。而目前开始实施第三代电子商务的少数企业，尝试将自动化与集成化的优势延伸到客户方面。公司通过网际网络技术以电子化形式即时地管理其国内外供应商的业务交流，公司不仅直接向客户系统提供所需要的信息，而且为客户提供素质更佳的定制化产品及服务，从而在系统间实现了更丰富的交互过程。这是一个以客户为中心的电子商务模式。

在电子商务这一新领域的激烈竞争中，涌现出大批充满生机和活力的新兴企业和正在向新领域转移的传统企业。它们不断地探索在电子商务环境下企业管理的新理论和新方法，不论是在思想观念和战略管理模式方面，还是在商务信息的收集与利用、市场营销理论与方法以及物流管理方面，都留下了它们探索的足迹。认真总结这些企业在电子商务实践中的经验和教训，从理论上作出深入的分析，是当前我们推动电子商务发展的一项非常有意义的任务。

基于上述考虑，我们筛选了 26 个在电子商务浪潮中表现突出的典型案例，通过对这些企业的发展追踪，总结它们在网站建设和网络营销中的成功与不足，旨在为更广泛地推广电子商务提供借鉴经验。全书分为三编：面对消费者的零售网站(B2C 网站)、面对企业的销售网站(B2B 网站)和服务业网站，分别对不同类型的电子商务企业进行了详细的介绍和客观的分析比较。本书材料翔实，图文并茂，观点新颖，具有一定的理论深度，并有较强的可读性，对电子商务战略规划、实际应用与操作都具有很好的指导意义。

主编 杨坚争

2000 年 6 月 20 日

于上海理工大学电子商务与计算机法研究所

E-mail：cnyangjz@163.com

目　　录

第 1 篇　流通业电子商务网站

案例 1　亚马逊网上书店

1.1　亚马逊电子商务网站简介

亚马逊公司(简称亚马逊)是典型的面对消费者的零售网站。亚马逊最初是个网上书店，但现在销售的商品品种已经扩大至音像数字产品、电子产品、化妆品、服装、家具及杂货、汽车用品等。谈及亚马逊，公司的创始人贝索斯说：“我们要创建一个前所未有的事物。”图 1-1 是亚马逊公司的互联网主页。

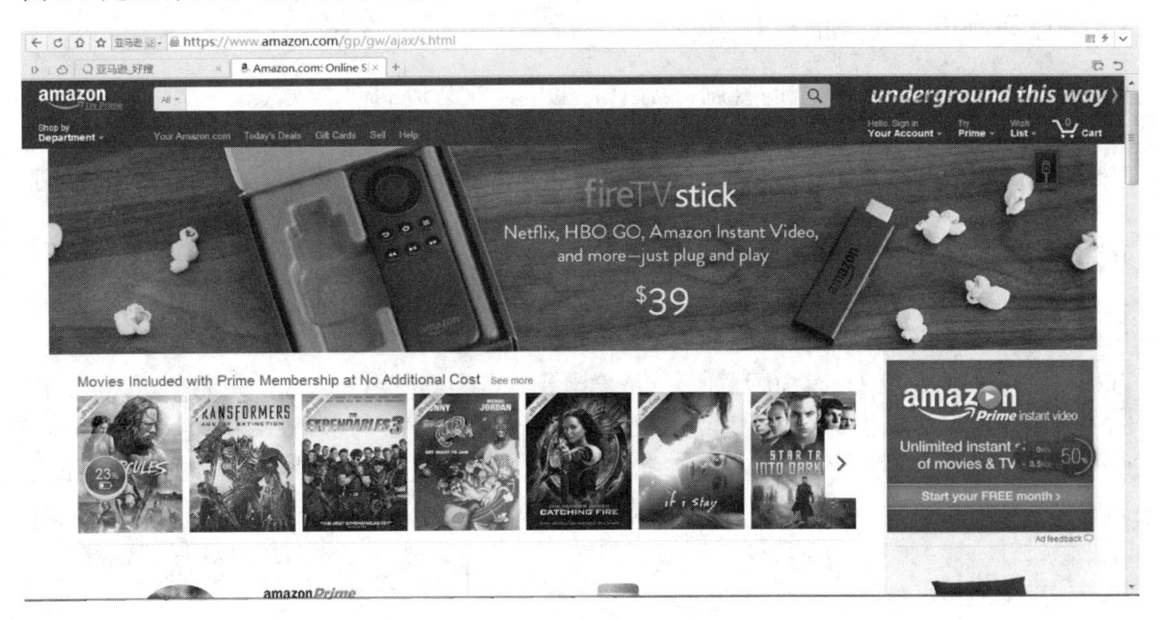

图 1-1　亚马逊公司的互联网主页(http：//www.amazon.com)

没有固定的繁华店铺，没有面对面的亲切笑容，只以无店铺营销。在 1995 年 7 月，亚马逊还只是个网站，但到 1999 年底，其顾客已遍及 160 多个国家和地区。2005 年 7 月，亚马逊网站迎来了 10 周年庆典。经历了互联网泡沫的破裂之后，7 月 26 日，亚马逊网站公布了第二季度财政报告，盈利和收入均好于业内预期，实现的净利润为 7650 万美元。当天，亚马逊股价上扬了 11%，达到了每股 37.74 美元。

面对全球性的经济危机，亚马逊公司集中精力提高客户服务质量，全面降低商品销售价格，不断丰富商品品种，并提供免费送货服务。2008年亚马逊公司实现了持续发展。全年净销售额增长29%，达到191.7亿美元(其中第四季度仍保持了18%的增长)；营业收入增长28%，达到8.42亿美元；净收入增长36%，达到6.45亿美元。[1]股票价格仍然保持在69.96美元的高水平(2009年3月20日)。

2015年是亚马逊网站成立后的第二个10年。据亚马逊公布的2014财年全年财报显示(截至2014年12月31日)，亚马逊净营收为889.9亿美元，比2013财年的744.5亿美元增长20%。与此同时，亚马逊营业利润为1.78亿美元，净亏损2.41亿美元。2015财年第二财季(截至2015年7月31日)，亚马逊营收为231.8亿美元，较上年同期增长20%；净利润为9200万美元，上年同期为净亏损1.26亿美元；在亚马逊扭亏为盈的消息刺激下，7月24日其股价飙涨，创出580.57美元新高，市值冲破2600亿美元，超越沃尔玛，成功登顶全球零售业王者宝座。[2]

今天，亚马逊公司已经成为世界“财富500强”公司，在《STORES》杂志最新公布的2014年美国百强零售商排行榜中，高速发展的亚马逊排名第九，其年度销售额增幅达27.2%；其在全球运行着7个大型网站，包括www.amazon.com、www.amazon.co.uk、www.amazon.de、www.amazon.co.jp、www.amazon.fr、www.amazon.ca与www.amazon，整个业务覆盖210多个国家和地区，员工超过10万人。

1.2　亚马逊电子商务的成长历程

亚马逊的崛起是出典型的喜剧，剧中的主角、亚马逊的创办人杰夫·贝索斯(Jeffrey Bezos)，创办亚马逊以前还是萧氏企业(D.E.Shaw＆Co.)的一名经理人。有一天他上网浏览时，发现了一个统计数字：网络使用人数以每个月2300%的速度增长。吃惊之余，他花了两个月的时间研究了网络销售业的潜力与远景，并做出决定：辞掉工作，和他的妻子开着老式雪佛莱，到西部创立网络零售业。

贝索斯拟出了20种认为适合于虚拟商场销售的商品，包括图书、音乐制品、杂志、PC和软件等，他最后选择了图书。这里有三个原因：一是因为美国每年出版的图书有将近130万种，而音乐制品大约只有30万种；二是美国音乐市场已经由6家大的录制公司控制，而图书市场还没有形成垄断，即使是老牌连锁店Barnes&Noble的市场占有率也只有12%，而且每年图书行业的营业额能够达到250亿美元，全球的书籍更是多达300多万种，书籍零售有820亿美元的市场；三是读书是很多人的爱好，在国外，有80%的人说读书是他们的业余爱好之一。因此，他选择了书籍作为网络销售的突破口，公司地点选择了西雅图，因为那里是书籍发行商英格姆(Ingram)的大本营。

---

1 Amazon.com Investor Relations.Amazon.com Announces Fourth Quarter Sales up 18% to $6.70 Billion; 2008Free Cash FlowGrows16%to$1.36Billion[R/OL].(2009-1-29)[2009-3-20].Amazonwebsite: http: //phx.corporate-ir.net/phoenix.zhtml?c=176060&p=irol-newsArticle&ID=1250071&highlight=

2 Amazon. Amazon.com Announces Second Quarter Sales up 20% to $23.18 Billion[EB/ONLN] (2015-07-23)[2015-08-20]. http://phx.corporate-ir.net/phoenix.zhtml?c = 176060&p = irol-newsArticle&ID = 2070675.

1995年7月，贝索斯在西雅图市郊贝尔维尤租来的两间房子里，以30万美元的第一笔创业投资，成立了亚马逊书店。其大部分的筹备工作是在日后成为亚马逊最大劲敌的邦诺书店的咖啡吧里完成的，其中包括创业计划书，这份计划书最后吸引了KPCB投资公司(Kleiner Perkins Caufield & Byers)的注意，并由其出资成立了亚马逊书店。贝索斯将一个车房改装成货仓和作坊，用3台“升阳”微系统电脑工作站和300个“顾客”测试网址。他给书店取名为亚马逊，希望它能够像亚马逊河那样勇往直前。

1995年8月，亚马逊卖出了第一本书。最初一段时间，贝索斯所要做的不过是些琐事，忙着在雪佛莱的后备箱开箱、装箱，并亲自运至邮局寄出。在将近两年时间里，亚马逊处于沉寂的状态，但两年之后，亚马逊开始神话般崛起。在短短的半年之间，亚马逊完成了第一个目标，成为全球最大的网上书店，从而改变了出版业的整个经济形态。

三年以后，亚马逊被《福布斯》杂志称为世界上最大的网上书店。四年后，这家公司拥有了1310万名顾客，书目数据库中含有300万种图书，超过世界上任何一家书店，成为网上零售先锋。1999年，亚马逊书店创办人贝索斯当选美国《时代》周刊年度风云人物，该刊总编辑艾萨克森解释这家杂志的遴选标准时说：“贝索斯不但改变了我们做事的方式，也协助铺平了将来的道路。”

1998年3月，亚马逊开通了儿童书店(Amazon.comKids)，这时的亚马逊已经是网上最大最出名的书店了，但具有偏执狂特征的贝索斯，继续以他的理论引导着亚马逊向更远的目标发展：6月份，亚马逊音乐商店开张；7月，与Intuit个人理财网站及精选桌面软件合作；8月，亚马逊买下Plane All and Junglee企业；10月，打进欧洲大陆市场；11月，加售录像带与其他礼品。1999年1月，成立了第三家配送中心；3月，投资宠物网站(www.pets.com)，同期成立网络拍卖站；4月，提供问候卡片服务；5月，投资家庭用品网站(Home-Grocer.com)。2000年1月，亚马逊与网络快运公司Kozmo.com达成了合作协议，使用户订购的商品在一小时之内能送货上门；1月底，宣布购买网上轿车销售商Greenlight.com公司5%股份；3月，和Adobe在电子书籍方面合作，并进军移动商务；4月，斥巨资组建的网上酒水饮料超市WineShopper.com正式开张。

2001年底，亚马逊实现了首次季度净赢利150万美元。2002年底，在全球经济不景气的情况下，亚马逊销售额出现强劲升势，销售业绩增长77%，达12亿美元。2004年8月19日，收购中国电子商务企业卓越公司，后者成为美国亚马逊全球第七个电子商务网站。2007年11月19日，亚马逊推出第一代Kindle阅读器，激活类纸显示屏电子阅读器市场。截至2009年12月，Kindle全球累计销量达到300万台，亚马逊成为全球最大的电子书终端供应商。2012年9月6日，亚马逊发布了新款Kindle Fire平板电脑，以及带屏幕背光功能的Kindle Paperwhite电子阅读器。由于亚马逊提供的亚马逊云服务在2013年度的出色表现，著名IT开发杂志SD Times将其评选为2013 SD Times100，位于“API、库和框架”分类排名的第二名，“云方面”分类排名的第一名，“极大影响力”分类排名的第一名。2014年5月5日，推特与亚马逊联手，开放用户从旗下微网志服务的推文直接购物，以增加电子商务的方式保持会员黏着度。2015年4月，亚马逊中国(Z.cn)“amazon官方旗舰店”在“天猫”网站正式上线。该旗舰店首期将主推备受消费者欢迎的亚马逊中国极具特色的“进口直采”商品，包括鞋靴、食品、酒水、厨具、玩具等多种品类。

在这个过程中，亚马逊已经完成了从纯网上书店向一个网上零售商的转变。在这组数据的背后，我们可以看到三点：

(1) 扩张速度快且猛。亚马逊以其惯有的方式一刻不停地扩张新的业务，占领新的领域。

(2) 资金消耗既多又快。在这个阶段，亚马逊的股票价格上涨速度惊人，公司市值最高时达到2600亿美元。

(3) 亚马逊成功地走在了新经济的前列，并扮演着电子商务领航灯的角色，让人们真正懂得了什么是电子商务，电子商务究竟能做到什么程度。

1.3　亚马逊电子商务网站内容与服务项目

“以客为尊”、“以人为本”是亚马逊网站的最大特色与最高宗旨。亚马逊书店的网络售书，属于“无店铺营销”，因此亚马逊知道在没有面对面的亲切笑容下，更需要以无微不至的贴心服务征服消费者。亚马逊书店的广受欢迎，主要是因为网络本身具有的特性，不过亚马逊公司设计的种种贴心的人性化服务功能也扮演了不可或缺的角色。亚马逊书店最主要的三点特色：一是“网络不打烊”；二是提供选取的方便；三是创造“互动功能”。其中第二点、第三点虽然是“仁者见仁，智者见智”的问题，但是从使用者的角度来看，有效率的搜索引擎(search engine)、网络购物车服务、贴心的礼品包装、多样化的商品选择与简便的购物流程，确实都是从使用者友善(user friendly)的立场考虑，进而创造的最高服务价值。

简单浏览一下亚马逊网站的内容，不难发现亚马逊网站所提供的选择之多，内容之丰富，堪比一个自给自足的网络社区，而且这个社区的编辑内容还每天更新，不断有新的信息流进。就商品项目而言，除了可以在亚马逊网站购买各类书籍，还可购买电子用品、玩具游戏、音乐CD、影视光盘、计算机配件、相机照片、美容保养品、厨房器具、婴儿用品等。其他服务，如杂志订购、旅游导览、拍卖交易等，也是包罗万象，且服务对象从个人到特定公司团体都有，可谓面面俱到。

就商品内容而言，亚马逊网站会根据商品的不同属性，给予顾客相关的商品信息与消费情报。以书籍为例，除了价钱与折扣之外，还给予不同等级的推荐，从一颗星到最高五颗星，顾客可以留下自己的意见或心得，作为其他消费者的参考书评，使得人与人之间的互动关系，透过网络接口愈加密切。此外，顾客若购买其中一本书，还可以得到购买同类书籍的推荐作者或书单，无形中拓展了顾客的阅读视野，连带刺激顾客消费，可谓一举数得。

顾客在网络下单后，公司系统将收到确认订单，里面包含运送的方式、运费、到达日期、书籍数量与价格，然后将顾客订单数据传回配送中心(distribution center)，透过特殊的书橱设备(closet facility)以红灯显示顾客订购的书籍位置，交给负责的员工从架上取货，然后放到流动的配送带上，再转送到一处斜槽，经由计算机扫描分类与人工包装后，将货物送抵顾客手中，完成交易。

“顾客优先”一直是贝索斯最重视的部分，他将这个理念落实在亚马逊网站的方方面面，正如贝索斯所言：“每天醒来所感到害怕的不是竞争，而是顾客。”

1.4　亚马逊电子商务营销策略

1.4.1　低价格营销策略使网站具有绝对优势

(1) 低价销售是网上销售一大策略，也是最根本的策略。亚马逊网站上的图书价格折扣不等，从 92 折到 2 折都有。一般图书的折扣是 4 折到 8 折，与传统书店图书相比，每本图书网民还是能节省 2～4 个左右的折扣，这给网络购书者带来极大的优惠。网上的图书价格比传统图书销售价格低的主要原因：一是网上图书品种较全、数量较大，形成了规模性的采购，从而降低了采购成本，一般比传统的书店低 2～3 折。二是出版社的过季书、积压书、库存量比较大的图书本身就是特价，规模采购价格就会更低。三是与出版社建立了良好的战略合作，采取报销、定制、买断等方式进行购书，拓展购书范围和渠道，使双方拥有很大获利空间，而购书价格仍保持低价位。

(2) 促销方式多样化，建立忠实客户群。亚马逊网站开展的全场免费送货活动是吸引网民网上购书的一个主要因素。在网上选购好图书后，几天后就会收到免费送来的图书，给网民带来了很大的方便和实惠。这与传统的购书方式有极鲜明的对比，传统购书需要花费一定的时间精力和更高的价格，一旦网民尝试了一次网上购书，体验到网上购书带来的优势，就会成为忠实的客户。此外，网站还采用了很多促销方式，如在网站上开辟预售图书专区、作者签名本专区、网络独家销售专区、出版社专区等等。比如，轻工业出版社设立的专区，在其 55 周年建社之际，专区图书 4 折起售，购买一定金额的图书后，还免费赠送其他图书。网民在亚马逊网上书店不仅可以购买低价图书，还可以享受到超品质的购书乐趣。多样化的促销方式具有很强的渗透性，可以让人们更好地了解商品、扩大销售，也有助于形成忠实的客户群。

1.4.2　电子商务关键环节构建完善使网上购书优势明显

(1) 支付环节成熟，增强客户网上购书信心。资金流是电子商务活动中很重要的一个环节，支付安全性是网络购物涉及的一个重要问题。亚马逊根据我国目前的支付环境和本土特点，提供了五种支付方式：货到付款支付、银行卡支付、虚拟账户支付、汇款方式支付、Amazon/Joyo 支付。货到付款支付方式是传统的支付方式，卓越亚马逊在我国 346 个城市内都可以实现货到付款。通过网上银行支付是现在普遍接受的一种支付方式，亚马逊可以接受国内多家银行发行的信用卡，也可以接受 VISA、MASTER 等信用卡。虚拟账户支付是指可以接受支付宝支付，支付宝是比较成熟的支付体系，提供了更好的安全保障。

亚马逊支付方式灵活多样，无论是传统支付方式，还是电子支付方式，都是比较成熟且被人们普遍接受的。因此，在网上购物时用户可以选择自己喜欢的安全的支付方式，使得人们对网上购物的支付环节充满了信心，且使电子商务资金流动得到了充分的保证。这是网民热衷网上购书和网络销售快速增长的主要原因之一。

(2) 配送快捷，覆盖面广，刺激网上购书。物流是电子商务活动中另一个重要环节，物流是否顺畅直接影响到电子商务的整体运作效率。亚马逊借鉴其优秀的物流管理经验，根据本土特点在物流配送上大力投入资金，构建了自己的物流配送系统。目前亚马逊在北京、上海和广州三地建立了大面积库房，增强了由库房直接出货的力度，减少了发货时间，并在北京成立了自己的快递服务公司，形成独立的快递配送系统，该系统实时监控订单配送货的流程，满足配送业务需求；同时卓越亚马逊在省会城市及中西部地区开设业务，与各城市的快递公司建立长期的合作关系，保证送货上门服务的顺畅进行。完善的物流配送体系使得亚马逊配送覆盖面广、配送时间短，极大地提高了配送效率。良好的购物体验提高了人们对网络购物的信任感，刺激了顾客重复消费，进一步促进了网络购物的繁荣发展。

(3) 服务水平提高，改善购物体验。客户服务成为网络购物的关键环节，对提高客户的满意度、忠诚度及企业发展都是至关重要的。亚马逊客户服务中心不仅提供传统的电话呼叫中心，还提供在线客户服务。在线客服的服务更加全面具体，比如，顾客在线下完订单后，顾客的邮箱会不断地收到来自客户服务中心的E-mail显示订单的不同处理状态，这使顾客能及时了解商品的处理情况。

为满足不熟悉网络购物的群体，亚马逊提供了在线帮助、售后服务等栏目，对网上购物流程、购物中遇到的常见问题、售后出现的问题给予了详细的说明，对新的购物者给予充分的指导和帮助。这些优质的服务提高了客户的满意度和忠诚度，促进了新客户的增长，从而提升了企业竞争力。

1.4.3　优质的购物环境提升用户的忠诚度

好网站不仅吸引用户，而且能最大程度地传递信息。亚马逊的网站界面友好、内容全面、分类清楚、搜索功能强大，这使用户能够清晰地查找信息、浏览内容，保证购物时操作顺利。此外，亚马逊网站还有很多特色功能，为用户营造了更优质的购物环境，传递更多的信息。

(1) 利用历史记录增强个性化功能。个性化功能是亚马逊的一大特色。用户在亚马逊上拥有自己的空间，增强了用户的自我意识，满足了用户个性化的心理需求，同时也提升了用户对网站的认同感。亚马逊的个性化栏目“我的卓越亚马逊”是针对不同的登录用户设置的一个网页，划分为几个区域。如在“今日推荐”区域根据用户以往的购买记录显示部分推荐商品；在“我购物车内的商品”区域显示曾经添加到购物车但还没有购买的商品等。不同区域的内容来源于登录用户以往在网站上留下的历史记录，涉及用户购买行为、订单内容、时间等信息，非常精准。通过历史记录，网站可以了解到用户的购买习惯，挖掘用户潜在的兴趣和需求，从而给出相关度最高的推荐信息。这些信息无形中吸引了用户眼球，增加了用户在网站的浏览时间，还促进了用户的进一步消费。另一个个性化栏目是“我的账户”，该网页中有“订单信息”区域，用户可以查看、修改甚至取消订单；还有“个人账户信息”区域，用户可以设置个人信息、付款信息和E-mail订阅。这些功能可以给用户网络购物带来便利。

(2) 网上购物社区。网络社区是一个开放的平台，目的在于建立一个相互交流的空间，增强用户对网站的参与和互动。目前，亚马逊正在着力打造网上购物社区。在用户中影响力比较大的社区是“点评空间”和“用户论坛”。其中，前者为书评社区，网站邀请已购书用户对图书进行等级评定，并对该书进行点评，不同读者从不同角度评论同一本书，增进浏览者对书的了解，影响浏览者购书的决定，书评回复功能则增强读者间的交流和体验。书评社区使浏览者能及时发现好书，减少购书的盲目性，极大地促进了好书的畅销。后者指用户在论坛中可以提出、回答问题，寻求帮助或给出建议，三言两语抒发对商品及购物过程的点滴感受，轻松与其他用户交流。网上购物社区意在增强用户之间的交流和互动，吸引网民的参与感与认同感，扩大用户群，同时让用户了解网上市场动态，引导消费者市场。

亚马逊在书评上下了很大工夫，形成了一大特色。这些书评主要来自作者、出版者和读者，他们从不同的角度，以不同的方式来撰写书评，对一本书提供多角度的分析和评价。这个交流读书感想的空间和机会，必然受到书迷们的欢迎。为了保证书评的质量，亚马逊对撰写书评提出了具体的要求，无论是作者、出版社还是读者都要遵循它的特定指南。该指南的作用主要体现在：对书评的内容做了规定；对适宜与不适宜内容罗列得非常详尽；并特别声明，任何违反规定的书评将不予在网上刊登；对作者评论、出版者评论、读者评论分别提出了不同的要求和限定，比如，作者评论只能由作者本人或权威性代表来写，主要内容应提炼图书的精华部分，介绍写作初衷，提供作者本人的背景、轶事等等；出版者评论由原书的出版商撰写，其主要内容包括对作者的评价、对书内容的简介、对书内容的评价三个部分等等。

应该指出，那些知名度和信誉度很高的出版商的评论，是很值得我们一看的；读者评论较为自由，撰写者可以署名或留下 E-mail 地址，以利于互相交流，也可采取不署名的形式而以“A reader”指代。读者评论有两种形式，第一种可称之为“一句话推荐”，另一种形式是针对单本书的内容进行评论。虽然读者评论水平参差不齐，但从相似性及对同一本书的书评数量上，大致可以判断该书的实际影响效果，故也可作为买书时的一个参考项目。图 1-2 是从亚马逊网络书店检索出来的《竞争情报：一个基于网络的分析与决策的框架》一书，图 1-3 和图 1-4 是亚马逊网站对《竞争情报：一个基于网络的分析与决策的框架》一书的编辑书评和读者书评。

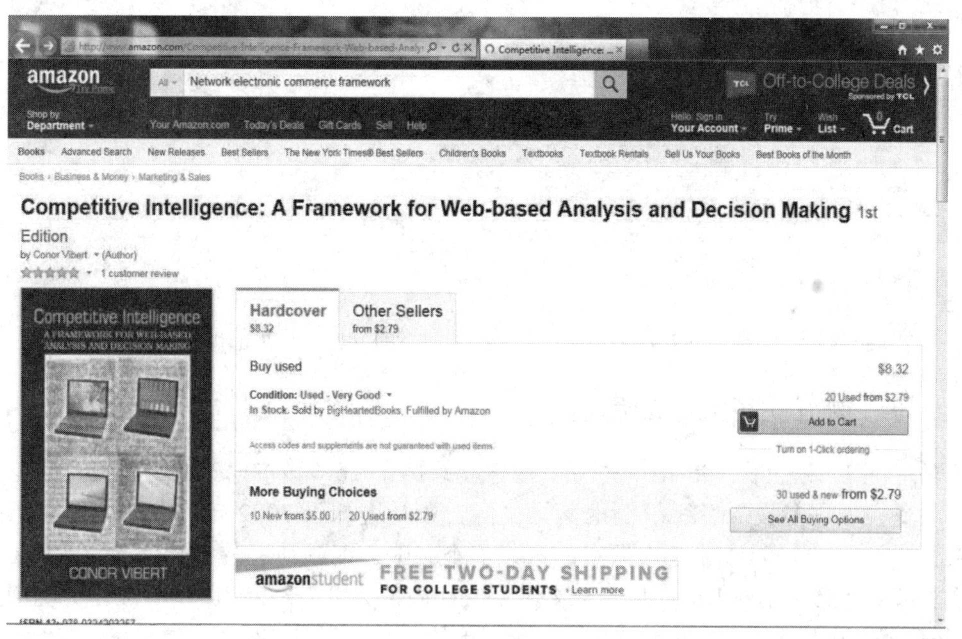

图 1-2　从亚马逊网络书店检索出来的图书——《竞争情报：一个基于网络的分析与决策的框架》

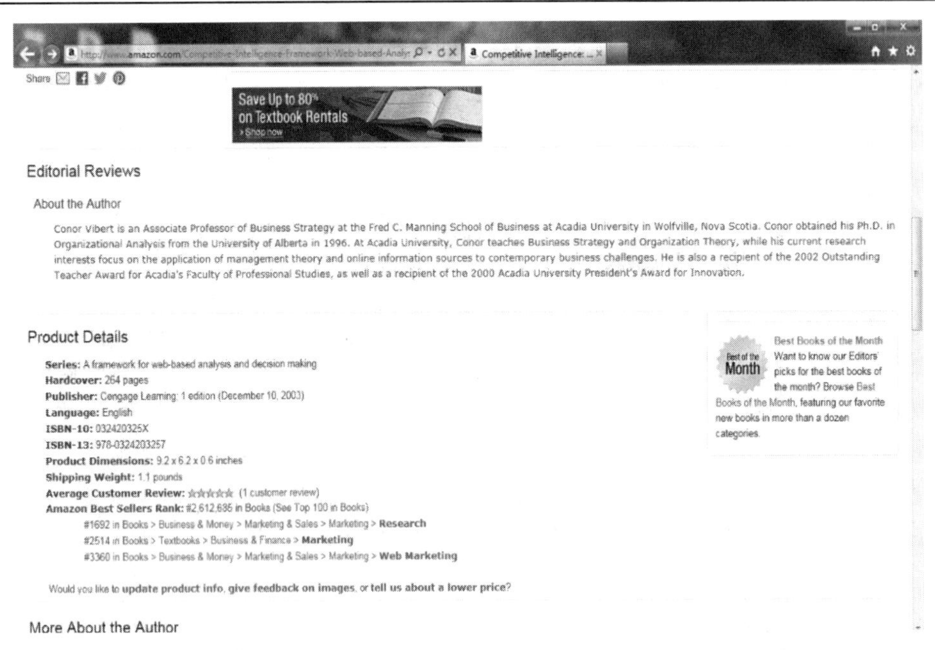

图 1-3　亚马逊网站对《竞争情报：一个基于网络的分析与决策的框架》的编辑书评

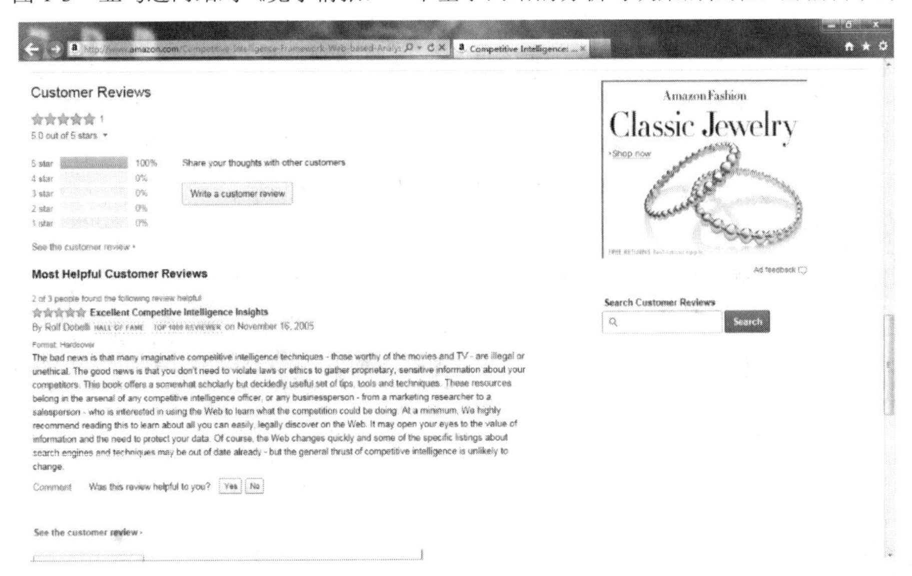

图 1-4　亚马逊网站对《竞争情报：一个基于网络的分析与决策的框架》的读者书评

1.5　亚马逊物流促销策略的启示

亚马逊网上书店自 1995 年 7 月开业以来，经历了 20 多年的发展历程。在 2001 年电子商务发展受挫、许多投入者纷纷倒地落马之际，亚马逊却于 2002 年底开始盈利，顽强地活了下来并脱颖而出，创造了令人振奋的成绩。到 2003 年亚马逊的销售额为 53.6 亿美元，年均增长率为 555.3%，销售扩大了 334 倍，盈利周期为 8 年。2011 年亚马逊实现销售收入 480.8 亿美元，同比增长 40.6%，2006～2011 年的年均增长率为 33.6%。为什么在电子商务发展普遍受挫时亚马逊的旗帜不倒？很大程度上是被许多人称为是电子商务发展“瓶颈”

和最大障碍的物流拯救了亚马逊，是物流创造了亚马逊今天的业绩。

1.5.1　物流是亚马逊促销的手段

在电子商务举步维艰的日子里，亚马逊推出了创新、大胆的促销策略——为顾客提供免费的送货服务，并且不断降低免费送货服务的门槛。亚马逊已经三次采取此种促销手段。前两次免费送货服务的门槛分别为 99 美元和 49 美元，2002 年 8 月亚马逊又将免费送货的门槛降低一半，开始对购物总价超过 25 美元的顾客实行免费送货服务，以此来促进销售业务的增长。免费送货极大地激发了人们的消费热情，使那些对电子商务心存疑虑、担心网上购物价格昂贵的网民们迅速加入亚马逊消费者的行列，从而使亚马逊的客户群扩大到了 4000 万人，由此产生了巨大的经济效益。

多年来，网上购物运费昂贵的现实是使消费者摈弃电子商务而坚持选择实体商店购物的主要因素，也是导致电子商务公司失去顾客、经营失败的重要原因。亚马逊独辟蹊径，大胆地将物流作为促销手段，薄利多销、低价竞争，以物流的代价去占领市场，招揽顾客，扩大市场份额。显然，此项策略是正确的，因为它抓住了问题的实质。为此，亚马逊创始人贝索斯得以对外自信地宣称："或许消费者还会前往实体商店购物，但绝对不会是因为价格的原因。"当然这项经营策略也是有风险的——如果不能消化由此产生的成本，转移沉重的物流财务负担，则将功亏一篑。那么亚马逊是如何解决这些问题的呢？

1.5.2　开源节流是亚马逊促销成功的保证

为顾客提供大额购买折扣及免费送货服务的促销策略是一把双刃剑：在增加销售的同时产生巨大的成本。如何消化由此带来的成本呢？亚马逊的做法是在财务管理上不遗余力地削减成本。例如，亚马逊使用先进便捷的订单处理系统降低错误率，通过整合送货和节约库存降低成本。通过降低物流成本，直接降低销售成本，回馈消费者，以此来争取更多的顾客，形成有效的良性循环。当然这对亚马逊的成本控制能力和物流系统都提出了很高的要求。此外，亚马逊在节流的同时也积极寻找新的利润增长点，比如为在网上出售新旧商品与众多商家合作，向亚马逊的客户出售这些商家的品牌产品，从中收取佣金，等等，这一举措使亚马逊的客户可以一站式地购买众多商家和品牌的商品，既向客户提供了更多的商品，又以其多样化选择和商品信息吸引众多消费者前来购物，同时自己又不增加额外的库存风险，可谓一举多得。这些有效的开源节流措施是亚马逊低价促销成功的重要保证。

1.5.3　完善的物流系统是电子商务生存与发展的命脉

在电子商务中，信息流、商流、资金流的活动都可以通过计算机在网上完成，唯独物流要经过实实在在的运作过程，无法像信息流、资金流那样虚拟化，因此，作为电子商务组成部分的物流便成为决定电子商务效益的关键因素。在电子商务中，如果物流滞后、效率低、质量差，则电子商务经济、方便、快捷的优势就不复存在。所以完善的物流系统是决定电子商务生存与发展的命脉。分析众多电子商务企业经营失败的原因，很大程度上是缘于物流上的失败。而亚马逊的成功正是得益于其在物流上的成功，在这方面亚马逊有许多独到之处：

(1) 在配送模式的选择上采取外包的方式。在电子商务中亚马逊将美国内的配送业务委托给美国邮政和 UPS，将国际物流委托给国际海运公司等专业物流公司，自己则集中精力发展主营和核心业务。这样可以减少投资，降低经营风险，又能充分利用专业物流公司的优势，节约物流成本。

(2) 将库存控制在最低水平，实行零库存运转。亚马逊通过与供应商建立良好的合作关系，实现了对库存的有效控制。亚马逊公司的库存图书很少，维持库存的只有 200 种最受欢迎的畅销书。一般情况下，亚马逊是在顾客买书下了订单后，才从出版商那里进货。购书者以信用卡向亚马逊公司支付书款，而亚马逊却在图书售出 46 天后才向出版商付款，这就使得它的资金周转比传统书店要顺畅得多。由于保持了低库存，亚马逊的库存周转速度很快，2002 年第三季度库存平均周转次数达到 19.4 次，而世界第一大零售企业沃尔玛的库存周转次数也不过在 7 次左右。

(3) 降低退货比率。虽然亚马逊经营的商品种类很多，但由于品种选择适当，价格合理，商品质量和配送服务等能满足顾客需要，所以保持了很低的退货比率。传统书店的退书率一般为 25%，高的可达 40%，而亚马逊的退书率只有 0.25%，远远低于传统的零售书店。极低的退货比率不仅减少了企业的退货成本，也保持了较高的顾客服务水平并取得了良好的商业信誉。

(4) 为邮局发送商品提供便利，减少送货成本。在送货中，亚马逊采取一种被称之为"邮政注入"的方法以减少送货成本。所谓"邮政注入"就是使用自己的货车或由独立的承运人将整卡车的订购商品从亚马逊的仓库送到当地邮局的库房，再由邮局向顾客送货，这样就可以免除邮局对商品的处理程序和步骤，为邮局发送商品提供便利条件，也为自己节省了资金。据估计，靠此种"邮政注入"方式节省的资金相当于头等邮件普通价格的 5%～17%，效益十分可观。

(5) 根据不同商品类别建立不同的配送中心，提高配送中心作业效率。亚马逊的配送中心按商品类别设立，不同的商品由不同的配送中心进行配送。这样做有利于提高配送中心的专业化作业程度，使作业组织简单化、规范化，既能提高配送中心作业的效率，又可降低配送中心的管理和运转费用。

(6) 采取"组合包装"技术，扩大运输批量。当顾客在亚马逊的网站上确认订单后，就可以立即看到亚马逊销售系统根据顾客所订商品发出的是否有现货，以及选择的发运方式、估计的发货日期和送货日期等信息。亚马逊根据商品类别建立不同配送中心，顾客订购的不同商品可以从位于世界不同地点的不同的配送中心发出。由于亚马逊的配送中心只保持少量的库存，所以在接到顾客订货后，亚马逊需要查询配送中心的库存，如果配送中心没有现货，再向供应商订货。为了节省顾客等待的时间，亚马逊建议顾客在订货时不要将需要等待的商品和有现货的商品放在同一张订单中。这样在发运时，承运人就可以将来自不同顾客、相同类别、而且配送中心也有现货的商品配装在同一货车内发运，从而缩短顾客订货后的等待时间，扩大运输批量，提高运输效率，降低运输成本。

(7) 完善的信息跟踪系统。亚马逊的发货信息跟踪系统非常完善。在其网站上，顾客可以得到以下信息：拍卖商品的发运、送货时间的估算、免费的超级节约发运、店内拣货、需要特殊装卸和搬运的商品、包装物的回收、发运的特殊要求、发运费率、发运限制、订货跟踪等等。

亚马逊物流配送管理上的科学化、法制化和运作组织上的规范化、精细化为顾客提供了方便、周到、灵活的配送服务，满足了消费者多样化的需求，以其低廉的价格、便利的服务在顾客心中树立起良好的形象，增加了顾客的信任度，创造了“亚马逊神话”。

1.6　亚马逊的扩张战略及其实施

1.6.1　扩张战略

研究亚马逊的扩张战略，可以参考图 1-5 所示的示意图。

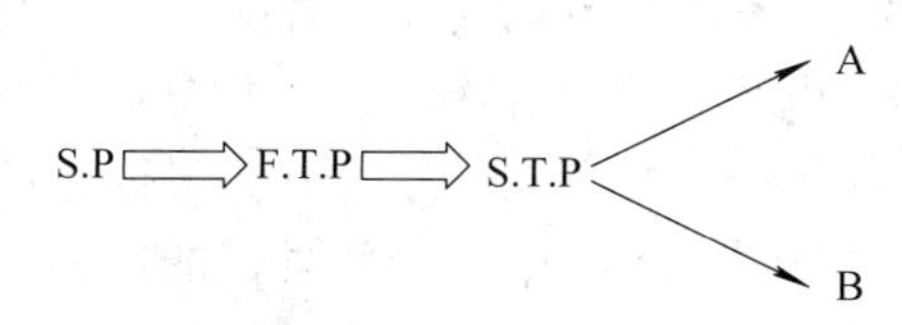

图 1-5　亚马逊扩张战略示意图

在图 1-5 中，S.P(starting point)代表着亚马逊的起点，F.T.P(first turning point)是指亚马逊第一个转折点。亚马逊利用先机，成就了网上书店的霸业，但贝索斯以前瞻性的目光引导亚马逊从一个纯网上书店转型成网上电子零售商，并逐渐成为电子商务的领头羊，无论是公司规模还是业绩，都达到了一个高峰。这时，亚马逊到达了 S.T.P(second turning point)，在这个转折点上，亚马逊面临着一个两难的选择。在从第一转折点到第二转折点过程中，亚马逊采取一种类似圈地的手段，尽可能地在零售领域持续高速扩张。这种高速扩张，在直接成就亚马逊的同时，也带来了许多致命的问题。回笼资金及新接收资金的不断重新投入，使得亚马逊一直处于亏损状态，盈利问题始终无法解决。如果停止这种扩张或者减缓扩张的速度，盈利问题或许可以迎刃而解，投资者可以马上得到钱，但亚马逊就会被紧追其后的对手赶上甚至反超，乃至被淘汰出局。

1.6.2　进军中国

2004 年 8 月 19 日，亚马逊公司宣布已签署最终协议，收购注册于英属维尔京群岛的卓越有限公司。卓越有限公司通过其中国子公司及关联公司在中国成功地运营了卓越网(http：//www.joyo.com/和 http：//www.joyo.com.cn/)，为客户提供各类图书、音像、软件、玩具和礼品等商品，成为目前中国最大的网上图书音像零售商。

这次并购使卓越网成为亚马逊的第七个全球站点。亚马逊通过卓越网进入中国，将使它有机会为中国的互联网用户提供服务。同时，亚马逊将融合其全球领先的网上零售专长与卓越网深厚的中国市场经验，帮助卓越网提升客户体验并促进其业务增长。作为全球最大的中文商城之一，2008 年卓越亚马逊实现了 100%的增长。[1]经济危机极大地影响了世界经济的发展，但也使人们感受到了网购省钱、便利的好处，从而使网购成为一种潮流。在战略上，卓越亚马逊经济抓住世界性经济危机的历史性机遇，正确面对经济发展的“严冬”，科学调整市场策略，避开电子商务在一二线城市市场的激烈争夺，将重点放在三四线城市的市场开拓上。在企业内部管理上，卓越亚马逊采取“正品保证”、“大部分商品 15 天无条件退换货”、“假一罚二”等一系列保障措施，大大提升了消费者网上购物的安全感。亚马逊的迅速扩张不是偶然的，除了技术深度和市场开拓方面的原因外，它所奉行的“读者至上”原则是从书店服务的点点滴滴中体现出来的。亚马逊从读者的需要出发，为读者设计

1 熊海燕.王汉华：冬天要为春天播种. 财富时报. 2009-01-13.

最便捷的消费方式，从多种途径反映一项服务，以配合读者在不同情况下的需求；预先考虑到各种可能出现的情况并提出相应的对策，对于比较棘手的错误索价、退书或调书等要求均做出明确的规定，使读者在消费前就已明了，以便于按规章制度办事；提倡操作的透明性，公开服务内容，使读者对自己的订购及对亚马逊的服务方式了如指掌，增加了亚马逊网上消费的可信度，售后服务巩固了对读者的承诺；高度注重交易的安全性，随时将自身的变动、更新告知读者，提供动态服务，保证读者网上消费的安全。

2014 年被称为海淘元年，也是亚马逊在中国的十周年，亚马逊开始发力跨境电商，中国用户可以用中文界面、本地支持来购买到全球最好、最便宜的商品。中国是亚马逊推出本地化“海外购”商店的第一个国家，在中国创新尝试的经验为亚马逊在其他国家和地区拓展跨境业务提供了示范。

参 考 资 料

[1] 王秀丽，于秀丽. 亚马逊成功的背后[J]. 电子商务世界. 2008(11)：28-37.

[2] 王新业. 亚马逊：“新营销时代”的传奇[J]. 中小企业管理与科技. 2008(4): 14-16.

[3] ipmp_liu. 亚马逊网络书店服务策略及其流程创新的思考[EB/OL] (2006-01-13) [2009-03-20]. http：//my.icxo.com/?uid-253045-action-viewspace- itemid- 8321.

[4] 营销管理资源. 亚马逊物流促销策略的启示[EB/OL](2004-10-01)[2009-03-20]. http://www. qywd.com/soft/831.htm.

[5] 李傲霜. 卓越亚马逊网上书店经营模式研究[J]. 特区经济，2010(4): 287-288.

[6] IT 业界. 亚马逊市值已经突破 2600 亿美元超过沃尔玛[EB/OL](2015-07-24) [2015-09-10]. http //www.admin5.com/article/20150724/612038.shtml.

[7] 联商资讯. 亚马逊高管谈中国市场：在中国其实可以更激进[EB/OL](2015-07-26) [2015-09-10]. http://www.linkshop.com.cn/web/archives/2015/330193.shtml? from = home_news_page_9.

案例 2　天 猫 商 城

2.1　天猫商城电子商务网站简介

天猫(www.tmall.com；亦称淘宝商城、天猫商城)隶属于阿里巴巴集团，成立于 2008 年 4 月，是中国平台式综合性的 B2C 购物网站。2012 年 1 月 11 日上午，淘宝商城正式宣布更名为“天猫”。2012 年 3 月 29 日，天猫发布全新 Logo 形象。2012 年 11 月 11 日，天猫借光棍节大赚一笔，宣称 13 小时卖 100 亿，创下世界纪录，名声大噪。天猫是马云淘宝网全新打造的 B2C(Business-to-Consumer，商业零售)平台，其整合数千家品牌商、生产商，为商家和消费者之间提供一站式解决方案，提供 100%品质保证的商品、7 天无理由退货的售后服务、以及购物积分返现等优质服务。2014 年 2 月 19 日，阿里集团宣布天猫国际正式上线，为国内消费者直供海外原装进口商品。(天猫商城的互联网主页如图 2-1 所示，天猫商城全新 Logo 形象如图 2-2 所示。)

图 2-1　天猫商城的互联网主页(http：//www.tmall.com)

图 2-2　天猫商城全新 Logo 形象

据中国电子商务研究中心监测数据显示，2014 年天猫销售规模为 7630 亿元，同比增长 119.9%，移动交易额达到 243 亿元，物流订单 2.78 亿；交易覆盖 217 个国家和地区。其中“双 11”天猫平台交易额突破 571 亿元，较 2013 年的 350 亿元同比增长 59%。2015 年“双 11”，天猫平台交易额达到 912.17 亿元，刷新全球单个电商 24 小时零售纪录。

2.2　天猫商城电子商务的成长历程

淘宝网由阿里巴巴在 2003 年 5 月 10 日重金打造，是国内 C2C 类购物平台。淘宝不是最早的购物网站，但是仅用一年即成功打败易趣，成为国内网络购物的领先者。目前为止，淘宝占到中国网络零售市场 80%以上的份额，成为最受欢迎的网络购物平台。但是随着国内网络市场的繁荣，淘宝的高速发展也带来了一系列问题，比如商品造假严重，质量普遍不高等。为了应对垂直类购物网站的冲击，提高自身品牌形象，2008 年 4 月 10 日，淘宝商城应运而生。

淘宝商城最初起源于淘宝女人街，淘宝女人街在淘宝网强大资源的支撑下迅速发展，从无到有，从小到大。2008 年 4 月 10 日淘宝网正式建立淘宝商城，采用二级域名 mal1.taobao.com，进入 B2C 领域。众多品牌如联想、惠普、优衣库、迪士尼、KaPPa、乐扣乐扣、JackJoneS、罗莱家纺等均在淘宝商城开设官方旗舰店。2010 年 11 月 1 日，淘宝商城以 http：//www.tmal1.Com 的独立域名正式上线，2010 年 11 月 11 日当天，实现单日销售收入 9.36 亿，超过购物天堂香港一天的销售额。2011 年 6 月 11 日，阿里集团宣布淘宝网正式一分为三，沿袭原 C2C 业务的淘宝网(http：//www.taobao.com)、平台型 B2C 淘宝商城(http：//www.tmall.com)和一站式购物搜索引擎一淘网(http：//www.etao.com)。2012 年 1 月 11 日，淘宝商城在北京举行战略发布会，宣布更换中文品牌“淘宝商城”为“天猫”。3 月 29 日，发布全新天猫 LOGO，猫的形象是字母“T”的化身，黑白颜色的 logo 不仅视觉表现强，更体现出：不管黑猫白猫，能服务好观众的就是好猫。2012 年 10 月 30 日，已有 87 家独立 B2C 网站入驻天猫。其中包括中国图书零售第一的 B2C 网站当当网，带入全部自营类目，包括 80 万种图书品类和 30 多万种百货品类。截至 2014 年底，淘宝网拥有注册会员近 5 亿，日活跃用户超 1.2 亿，在线商品数量达到 10 亿，在 C2C 市场，淘宝网占 95.1%的市场份额。淘宝网在手机端的发展势头迅猛，据易观 2014 年最新发布的手机购物报告数据，手机淘宝+天猫的市场份额达到 85.1%。

2015 年 8 月 10 日，阿里巴巴与苏宁云商宣布达成战略合作。阿里巴巴集团将投资约 283 亿元人民币参与苏宁云商的非公开发行股份，占发行后总股本的 19.99%，成为苏宁云商的第二大股东。与此同时，苏宁云商将以 140 亿元人民币认购不超过 2780 万股的阿里巴巴新发行股份。签署战略协议后，阿里巴巴和苏宁云商将整合双方资源，利用大数据、物联网、移动应用、金融支付等手段打造 O2O 移动应用产品：双方将尝试打通线上线下渠道，苏宁云商全国 1600 多家线下门店、5000 个售后服务网点以及四五线城市的服务站将与阿里巴巴线上体系实现无缝对接。[1]

---

1 陈洋. 阿里巴巴 283 亿战略投资苏宁成为第二大股东[EB/OL](2015-08-11)[2015-09-10].http: //business.sohu.com/20150811/n418562714.shtml

在中国商业联合会发布的 2014 年零售企业百强榜上，天猫第二次居首，苏宁仍位居第二，京东位于第三。随着阿里巴巴与苏宁 423 亿达成中国零售业史上金额最大的战略合作，阿里巴巴的实力得到进一步扩大，而这无疑也巩固了天猫商城在电商行业的霸主地位。

2.3　天猫商城电子商务网站内容与服务项目

天猫商城的运行以淘宝网海量的用户和流量为基础。与一般的 B2C 商城不同，天猫商城对商城中销售的产品不拥有所有权，仅提供一个电子商务的交易平台，属于中介服务商。具体服务内容如下：

(1) 商城店铺系统。天猫商城在对卖家的商品展示方面延续了淘宝网的功能，在原来淘宝店铺、扶植版旺铺、标准版旺铺的基础上，开发了开放程度更多、商家的自主权利更大的商城店铺系统。商城店铺的基本设置包括：店铺招牌、标签页、自定义内容区、掌柜推广区、自定义推广区、店铺类目等，商家在保留淘宝商城基本框架的基础上，可以尽可能自主选择展示产品的方式，大大增加了天猫商城商品的展示能力。

(2) 信用评价系统。天猫商城为了更好约束商家，让商家尽可能提高服务水平，保护消费者的利益，在原来淘宝网信用评价体系的基础上，开发了天猫商铺评价体系。店铺评价采用了五分制打分模式。买家可以自己交易实际情况在交易完成后对宝贝描述相符程度、卖家服务态度、卖家发货速度三个方面给予 1~ 5 分的打分。

(3) “正品保障”服务和“先行赔付”。正品保障是指在天猫商城购物时，若买家认定已购得的商品为假货，则有权在交易成功后 14 天内按本规则发起针对该商家的投诉，并申请“正品保障”赔付，赔付的金额以买家实际支付的商品价款的 3 倍+邮费为限(此规定 2010 年 1 月 1 日生效)。部分特殊类目商品(如食品)的赔付办法，如果国家相关法律法规规定的赔付标准高于本规则的，以法律法规规定为准。

(4) “提供发票”和“七天无理由退货”。为了让天猫商城买家有更安心的购物体验，同时更好的规范天猫商城商家的经营行为，对于在天猫商城购物的买家均提供商品发票。在签收货物(以物流签收单时间为准)后 7 天内，若因买家主观原因不愿完成本次交易，商家有义务向买家提供退换货服务；若商家未履行其义务，则买家有权按照本规则向天猫商城发起投诉，并申请“七天无理由退换货”赔付。

(5) 品牌直销。天猫商城的商家，带有“品牌”标识均为该品牌的旗舰店，所售商品均为品牌正品。旗舰店是指商家以企业自有品牌入驻天猫商城，所开设的店铺称为“品牌旗舰店”。开设旗舰店的商家均获得国家商标总局颁发的商标注册证，或商标注册申请受理通知书，同时具备独立的设计能力、规范的生产能力、高质的产品保证、优质的服务能力。

目前，天猫商城中的店铺类型目前主要有旗舰店、专卖店和专营店三种类型。第一，旗舰店：商家以企业自有品牌(R 或 TM)入驻淘宝商城，所开设的店铺称为“品牌旗舰店”；第二，专卖店：企业持正规品牌授权书，在淘宝商城开设的店铺，称为“品牌专卖店”；第三，专营店：企业在淘宝商城同一级类目下经营多个(至少两个)品牌，此类店铺称为专营店。

天猫商城旨在为商家提供电子商务整体解决方案，为消费者打造一站式的购物体验平台。对于消费者而言，淘宝商城提供了最为全面且低价的海量商品，整合了最为优质的商家，构建了最完善的购物保障体系、最方便的付款方式、最优良的店铺评价体系，以期为消费者打造良好的购物体验。同时对于商家而言，天猫商城也是不遗余力地为商家打造最为实用的店铺体系，整合淘宝网近亿的庞大消费群体，运行便于沟通交流的社区网络、淘宝论坛、天猫商城模块，同时提供大量的软件工具帮助卖家更好的销售，力争建设开放、协同、繁荣的电子商务生态系统，促进新商业文明。

2.4 天猫商城电子商务营销策略

天猫回归基础，独立打造商家与合作伙伴的服务平台，吸引更具品牌价值的商户，提供更多品质商品，创建自身的天猫购物平台，从而为广大商户建立一个干净、独立、有自身品牌、低营销成本的电子商务平台。

2.4.1 做好软营销

本着“一切以顾客为中心”的原则，做好网上软营销。天猫商家应该通过市场调查了解顾客的真正需要，摒弃传统的“硬营销”手段，想顾客之所想，急顾客之所急。通过网店把网上消费者真正想要的产品或服务信息呈现给消费者。运用“拉”式营销手段，充分运用文字、声音、图片、动画、视频等多媒体技术手段完美而丰富地展示产品和服务，吸引网上消费者主动点击查看，而非要求消费者单方面被动接受营销信息。对于顾客的疑问，可充分利用网络的便捷互动性，及时有效地回复消费者，做到充分互动、良好沟通，把消费者想要的产品和服务信息，以恰当的形式完美地呈现出来。

2.4.2 注重多渠道宣传

天猫商家可以通过“阿里社区”、“站内信件”、“阿里旺旺”工具等多种方式实现与网上消费者的互动沟通，也可以通过“天天特价”、“免费试用”或者参加淘金币等活动提高店铺的知名度，并导入流量，或者通过交换链接、“淘吧”、“帮派”、到淘宝大学分享视频或者参加公益活动等来增加网店的访问量。多渠道多方式的流量导入是天猫提高经营业绩的必走之路。

2.4.3 做好关系营销

注重保持与客户的关系，提高客户体验，做好网上客服，努力实现对产品质量、服务质量和交易服务过程的全程质量控制，及时解决产品交易过程中可能存在的纠纷，充分听取消费者的反馈意见和建议，为日后改善和加强产品提供依据。优化购物体验，主动承担风险，维系好新老客户的关系。

2.4.4 树立品牌形象

网络营销的个性化特点可以更好地促进天猫商家树立独特的品牌形象，天猫商家要积极借助网络营销这个消费者个性化需求的载体，积极打造网络品牌形象。网络品牌的树立，能够给予消费者网上消费的安全感，提供一种无形的形象保证。网络营销的跨时空性和无形性更督促着天猫商家诚信经营，否则，过低的店铺动态评分以及消费者的不良评价，将给天猫商家造成无可估量的形象损失。天猫商家要提高自身的网络品牌形象，除了策划各种宣传广告活动外，更重要的是要加强法制观念，诚信经营，树立在网上的权威，只有这样才能有良好的口碑和形象。

天猫商家要想提升品牌的个性和特色，可以从以下几方面努力。首先，从视觉营销的角度装修好天猫商铺。风格统一、简洁明了的店铺装修是天猫获得消费者青睐的必备条件。其次，给予消费者独特的价值，吸引消费者。给消费者以优惠的价格和特殊的打折活动，或者提供给其有独特价值附加的产品，提高消费者的让渡价值。最后，信守品牌承诺，给予品牌独特的文化。天猫商家除了继续打造独具特色的品牌宣传外，还应该赋予品牌特有的文化，品牌有了文化内涵，才真正不容易为他人所盗用。

2.4.5　开展数据库营销

大数据时代，网络营销应该充分利用庞大的数据库资源，分析并提取有用的数据。天猫商家可以通过“量子恒道”网站装修分析、卖家中心中的店铺运营助手“店铺数据”、“生意参谋”等栏目获得店铺经营的相关数据以及新老客户的信息。通过数据分析，天猫商家可以为自己的新产品、新服务寻找更多的机会，为营销和新产品开发提供精准的信息以供决策参考。天猫商家还能通过数据分析获得关于目标客户分布区域、消费偏好、浏览记录等信息，为提高客户服务提供数据支撑。

2.4.6　优化天猫店铺

天猫店铺是一个“展示品牌形象、发布产品信息、提供网上服务”的重要窗口，尤其是官方旗舰店，是企业在网络上的“官方代表”，直接影响到企业网络营销的成效。

首先，在网店的外观上，天猫商家的网店各个子页面的色调风格要一致，树立统一的形象。其次，在网店的内容上，应该充分利用直复营销的原理，充分利用网络的交互性能力，积极与网上客户进行交流，认真听取客户的意见和建议，及时解答客户的咨询，争取更多的客户。再次，可以考虑设计各种主题活动，吸引不同的产品爱好者参与到活动中来，一方面能扩大网店的浏览量，另一方面也更能锁定目标顾客，挖掘潜在消费者。最后，还可以充分利用文字、声音、图片、动画、视频等多媒体技术做好商品描述，给消费者以视觉盛宴，吸引消费者。要努力提高前台网络编辑水平，丰富完善各个模块的内容，汇聚的人多了，网站的点击率高了，潜在顾客群也才能随之扩大。

2.4.7　天猫的特色服务

首先，在天猫商城消费的顾客可以利用阿里旺旺这款专门为方便买家和卖家及时沟通的聊天工具。阿里旺旺最早是为淘宝会员量身定做的个人交易沟通软件，现在广泛的运用于天猫商城的交易之中。买方可以通过使用阿里旺旺把价格和质量问详细，买卖双方不仅使用阿里旺旺来沟通，增加相互了解，还可以参加各种优质会员活动。

其次，蚂蚁金融推出的“支付宝”作为电子交易的第三方支付平台，实际上就是买卖双方交易过程中的“中间件”，也可以说是“技术插件”，是在银行监管下保障交易双方利益的独立机构。作为交易的“中间件”，广泛运用于天猫商城交易中的支付宝交易一定程度上杜绝了电子交易中的欺诈行为，从而让消费者在天猫商城消费中获得更好的消费体验。

最后，淘宝与中国移动和中国联通合作，开通了“手机淘宝”服务，消费者可以用手机上网登录淘宝进入天猫商城页面，浏览所有天猫商城的网上商品，进行买卖活动，还可以使用支付宝手机支付业务支付货款。这些新增业务将天猫会员与天猫商城紧紧地绑定在了一起，大大提高了购买可能，在方便会员的同时也扩大了天猫商城的影响力。

2.5　天猫商城电子商务营销存在的问题

2.5.1　信用体系问题

电子商务在我国发展相当迅速，而信用体系建立却很晚。因为网店相对于实体店铺开设门槛低，让市场上容易出现违规卖家，加上有关部门对违规行为处罚不力，有些卖家打法律擦边球，从事非法经营，扰乱正常的市场秩序。因此，天猫商家信用有待于进一步完善，以从制度上充分规范商家的经营活动。天猫商城与商家关系是互利共赢的关系，应当同步协调进行发展，实现收益“双赢”，良好引导整个电子商务圈。“无规矩，不成方圆”，商家必须严格遵守天猫规定，天猫也应不断完善其运营规则，坚决不能放任出售假货等欺骗消费者的行为。天猫的商家，既要遵守淘宝总则，也要遵守天猫规则，这是在天猫上进行电子营销、开展电子商务策略的保障和前提。

2.5.2　物流体系问题

天猫商城的网络营销消除了购物活动的时空限制，但是对企业的物流水平也提出了更高的要求。目前我国物流体系配套设施很不完善，虽然随着电子商务的蓬勃发展，涌现出一大批物流配送企业，但是其品质良莠不齐，真正拥有覆盖全国范围物流能力的企业屈指可数。目前就整体情况而言，物流能力不强，效率不高，无法及时与消费者进行商品实物交割，这也成为制约网络营销发展的一大障碍。

为了更快地处理网上的订单，有能力的商家可自行建立仓库，或者直接与源头供货商和生产商建立供货联系，减少中间流通的环节。商家应尽最大努力与信誉好的、服务好的快递公司进行商业合作，保证商品确确实实送货到门，节省买家取快递的时间。商家必须遵守天猫购物规定，还需加强保护买家私人信息等安全工作，严厉打击工作人员为了自己的利益出售买家信息(如姓名信息、手机电话、收货地址偏好等)的行为，降低消费者与卖家沟通的风险。如果中途遇到货物丢失或者严重损坏问题，卖家除了要按相关行业规则予以相应处理外，还要诚恳大度、勇于负责。

2.5.3　网络营销策略水平问题

目前，天猫商家营销方式还缺少系统性研究，仍处于“摸着石头过河”的探索性阶段，还没有具体形成一整套符合发展现状的网络营销策略体系，网络营销整体效益还有待提升。不同地方的企业在营销上，有着较大的差距。有些商家盈利依然微薄，网络营销收益需要进一步提高。

对于整个天猫商城来说：

第一，确立企业发展的目标，有的放矢。天猫商城的卖家所售品牌已经确定，有的商家在天猫店铺入驻之前，就拥有了多种广泛的销售渠道，建立了好的品牌信誉效应，树立了远大市场目标，但是网店和实体店的销售方式大有不同，在形成品牌上也有很大差异，对这类天猫卖家来说，需要重新把更多的心思放在修复传统销售渠道的漏洞问题、努力开拓新的销售增长点上。第二是数据的重新挖掘，提炼各种卖点，所谓的数据挖掘，是从网络数据库中寻找问题，将隐藏的、先前没人知道的、潜在有用的信息从数据库中提取出来的过程。商家们试图利用数据挖掘技术从淘宝网提供的各种后台数据、本网点的后台数据发现潜在的商业价值的情报，包括消费者需求信息、竞争对手信息、关税、贸易政策等信息，用以作为店铺下一步营销工作的主要依据。

参 考 资 料

[1] 李小玲，于澄清. 天猫商家网络营销对策研究[J]. 中国市场，2015(25)：164+167.

[2] 王文宁. 淘宝商城(天猫)组合营销策略研究[D]. 东北大学，2012.

[3] 本报记者. 阿里巴巴战略再升级淘宝商城更名“天猫”[N]. 经理日报，2012-01-12B01.

[4] 张勇. 淘宝商城电子商务模式研究[D]. 山东大学，2011：29-37.

[5] 张健. 从淘宝商城更名析电子商务网站品牌推广策略[J]. 宁波广播电视大学学报，2012(2)：5-7.

[6] 本报记者. 2010-2014 年淘宝天猫历年销售额数据分析[EB/OL](2014-11-20) [2015-09-10]. http: //www.chinabgao.com/stat/stats/38758.html.

[7] 陈洋. 阿里巴巴 283 亿战略投资苏宁成为第二大股东[EB/OL](2015-08-11)[2015-09-10]. http://business.sohu.com/20150811/n418562714.shtml.

案例3　京东商城

3.1　京东简介

京东(JD.com)是中国最大的自营式电商企业，2015年第一季度在中国自营式B2C电商市场的占有率为56.3%。2014年，京东市场交易额达到2602亿元，净收入达到1150亿元。2015年第二季度，京东市场交易额达到1145亿元，同比增长82%；净收入达到459亿元，同比增长61%。

京东商城成立于1998年，是一家专门从事IT产品销售工作的公司。2003年，京东商城在北京的店面发展到了12家，但突如其来的“非典”疫情，导致所有店面被迫关闭停业。为了维系公司生存，只能通过在网上发帖子的方式进行交易，没想到却收到意想不到的好效果。因此“非典”结束后，该项业务模式就被保留了下来。2004年成立了“京东多媒体网”，当时电子商务还只是公司的一个补充渠道，但到2004年底，京东商城已经关闭了所有实体店面，并将电子商务确定为未来的发展方向。

随后，京东商城先后组建了上海及广州全资子公司，富有战略远见地将华北、华东和华南三点连成一线，使全国大部分地区都覆盖在京东商城的物流配送网络之下；同时不断加强和充实公司的技术实力，改进并完善售后服务、物流配送及市场推广等各方面的软硬件设施和服务条件。在运营B2C的四年时间里，京东商城不断丰富产品结构，努力为用户创造亲切、轻松和愉悦的购物环境，最大化地满足消费者日趋多样的购物需求。在连续4年保持每年300%以上的高速发展下，销售额由2006年的1000万元飙升到2007年的3.6亿元，2008年年底京东商城的注册用户达30万，全年销售额突破13亿元，一举成为中国市场规模最大的家电B2C企业。

2007年6月，京东多媒体网正式更名为京东商城，屹立于全国B2C市场。2008年京东商城开始涉足平板电视、空调、冰箱等销售行业，成为名副其实的3C网络平台。2009年6月，京东商城单月营业额突破3.5亿元，与2007年全年营业额持平，连续4年保持销售额300%的增长速度。2010年6月，京东商城开通全国上门取件服务，彻底解决网购的售后之忧；11月，图书产品上架销售，实现从3C网络零售商向综合型网络零售商转型；12月23日，京东商城团购频道正式上线，京东商城注册用户均可直接参与团购。

2011～2013年，京东商城相继进军在线医药、奢侈品、酒店预订、电子书刊等销售领域。2011年2月，京东商城iPhone、Android客户端相继上线，启动移动互联网战略。2月，京东商城上线包裹跟踪(GIS)系统，方便用户实时地了解追踪自己的网购物品配送进度。2013年4月23日，京东宣布注册用户正式突破1亿；2013年3月30号，京东商城全面更名为京东，更换LOGO。2014年5月22号，京东集团在美国纳斯达克挂牌上市，是第一个成功赴美上市的大型综合性电商平台。当天开盘价21.75，较发行价上涨14.5%，并且开盘之后一路上涨，截止2014年5月，京东市值超过300亿美元，且在中概股中排名第二。

京东集团旗下设有京东商城、京东金融、京东智能、O2O及海外事业部，京东商城现在线销售共 13 大类 3150 万种的 SKU 商品。相较于同类电子商务网站，京东商城拥有更为丰富的商品种类，并凭借更具竞争力的价格和逐渐完善的物流配送体系等各项优势，多年来市场占有率稳居行业首位。图 3-1 是京东商城的因特网主页。

图 3-1　京东的互联网主页(https://www.jd.com/)

3.2　“京东”模式

3.2.1　专注纯“线上”模式

京东商城最初是做店面式经销，2004 年，当京东开始做电子商务的时候，线下店面的盈利还占整个公司盈利的 90%以上。但京东商城仍然果断地关掉了线下的十几个店面，将所有资源全部集中到线上，并在 2006 年年底确立 3C 融合的业务模式。打破了线上与实体店铺同步结合销售的运营模式，打造一个纯“线上”的电子商务平台。

相对于书本、音像制品而言，价值相对较高的 3C 产品是否适合电子商务模式，一直是业内探讨的热点话题。一些传统渠道商认为，高价值的产品通过网络销售的时机尚不成熟。而京东商城则认为，如电脑、数码相机、手机等 3C 产品特别适合在网上销售，从用户群而言，第一代网络消费用户已经成长起来，这些年轻时尚的白领用户很了解电脑，对因特网不陌生，热衷网络消费。另外，更重要的是，3C 产品标准化程度高，例如，手机、笔记本电脑都已经非常标准化，品牌拉力也足够，售后服务问题也有厂商全权负责。一直制约 B2C 发展的网上信誉和支付瓶颈问题目前也都得到了突破性的解决，这些都为 3C 产品电子商务时代扫清了障碍。京东商城认为 3C 产品电子商务模式问题的关键在于企业自己，企业知名度有多大，物流、配送等执行能力是否能够同步发展，这两个因素将是决定企业能否做大的主要因素。

3.2.2　不受制于“资本”的发展模式

2007 年 8 月，京东商城得到了“今日资本”1 千万美元的融资；2009 年 1 月，又得到了“今日资本”、“雄牛资本”以及亚洲投资公司共计 2100 万美元的联合注资，这是金融危机爆发以来，中国电子商务企业获得的第一笔融资。2011 年 4 月，京东获得俄罗斯 DST、老虎基金等共 6 家基金和个人融资共计 15 亿美元。2012 年 11 月，京东获得加拿大安大略教师退休基金、老虎基金共计 3 亿美元融资金额。2013 年 2 月，京东获得加拿大安大略教师退休基金和 Kingdom Holdings Company 等共计 7 亿美元融资。融资以后，企业面临着如何加速发展的问题。但京东商城并未因资本的注入而迷失了方向，仍然坚持自己的目标，较好地平衡资本和企业发展的问题。通过巨额股权融资、并以此为依托“烧钱”，以惨烈的价格战吸引消费者、实现规模扩张并拓展新业务：物流、信息系统投资、品类扩张、平台建设。

国内有许多投资失败的例子。资本进来以后，公司管理层放弃了自身的既定目标，妥协于投资公司的意愿。京东商城认为这是完全错误的。融资以后，京东增加了在信息系统方面的投入，重视新用户的发展，扩充物流中心，创建配送队伍，使整个库存和物流体系达到最佳状态，按照京东的发展路线继续维持核心竞争力。

3.3　“京东商城”的营销策略与营销手段

3.3.1　基本策略——规模大于利润

京东商城的基本营销策略是毛利率≈成本。目前，京东商城的利润率和成本率非常接近，几乎不赚钱。比如，如果维持运营的成本需要 5 个百分点，那么就把毛利率定在 5.1 或 5.2 个百分点。

京东商城的价格相对于从传统渠道流通的商品来说，至少便宜了 10%，只要把价格提高一个点，就可以马上实现赢利。但京东的 CEO 刘强东说“盈利对于京东来说，没有什么价值，规模才是第一位的。”自 2007 年京东获得首轮股权融资以来，京东商城一直处于亏损状态，刘强东将亏损归咎于大规模的业务扩展。

京东商城的商业模式并不复杂，简单地说，就是把国美、苏宁模式搬到京东商城上。但是京东商城并不像国美、苏宁那样赚大钱，只是维持基本的运营费用。

作为国内发展最快的 B2C 网站之一，京东商城现在还处在电子商务发展的早期阶段。京东商城的供应商还没有全部到达顶端，没有足够的能力向品牌厂商直供、议价，这些都是需要以更大的规模来支撑的。目前，已有 400 多家品牌厂商进驻京东商城，80%采取直供。然而直供并不代表能得到最好的进货价格。进货价格和销量有着直接关系，销量越大越能得到厂商的返点支持。所以，京东商场把“壮大规模”作为发展的第一要务。在保持销售价格不提高的情况下，着力扩大销售量。京东商城认为，只要销售量足够大，毛利率是可以快速提升的。随着业务规模的增长，以及供应链金融服务的启动，京东直接向厂商采购的比例将会逐步提高，降低采购成本；而规模的增长也将会进一步增强京东与供应商间的议价话语权，获得更高的返利。此外，京东 2012 年获得了快递业务许可，其快递业务可以正式对第三方开放，随着其销售规模的增长以及物流业务的对外开放，物流业务量也将随之增长，单件商品的物流成本则会相应随之降低。而刘强东寄予厚望的开放平台业务或许也将能为京东带来新的收入增长点。

3.3.2　保证行货

京东商城起初只有 98 个商品种类，经过 8 年时间，产品线从最初的配件扩展到了笔记本电脑、手机和数码相机等领域，共 13 大类 3150 万种商品。2008 年，京东商城制定了“大家电”计划，液晶电视机、空调、冰箱、洗衣机等已经陆续上线。到 2009 年 3 月份之前，“大家电”项目所有品牌扩充完毕，即从 2009 年 4 月份开始，客户可以在京东商城，买到任何一款大家电产品。2010 年 11 月，图书产品上架销售，实现从 3C 网络零售商向综合型网络零售商转型。2012 年 2 月，京东商城酒店预订业务上线，在 7 月和 11 月相继进入医药和奢侈品领域。2013 年 7 月京东成立金融集团，进入互联网金融领域。

保证所有产品都是“行货”是京东商城的一大亮点。发票、全国联保和京东推出的“延保”活动给所有消费者吃了一颗定心丸。如果消费者对产品质量有质疑，不仅可以找品牌商的售后服务部门投诉，也可以找京东商城投诉。2011 年 2 月，京东商城 iPhone、Android 客户端相继上线，启动移动互联网战略。与此同时，京东商城上线包裹跟踪(GIS)系统，方便用户实时地了解追踪自己的网购物品配送进度。2012 年 12 月，京东智能客服机器人 JIMI 正式上线。JIMI 是京东自主研发的人工智能系统，它通过自然语言处理、深度神经网络、机器学习、用户画像、自然语言处理等技术，能够完成全天候、无限量的用户服务，涵盖售前咨询、售后服务等电子商务的各个环节，堪称京东用户的购物伴侣。

产品是一切的基础，只有优质的产品才能吸引消费者的眼球。产品的优势给京东带来了大量的回头客，据京东商城统计，现已注册的用户平均每年至少要产生 4 次消费，平均单笔金额为 800 元。

3.3.3　价格举报

与传统卖场相比，京东商城销售的产品价格便宜 20%左右，京东的产品主要是从品牌厂商或者是分销商提取，然后直接到达消费者手里面去。与传统渠道经过层层转手相比，销售价格自然就比传统渠道便宜很多。

京东商城的口号是“所有行货，我最低”，同时设立了“价格举报”机制，若有会员发现有比京东更低的价格可以向京东举报，留下联系方式，待京东证实之后会对此商品进行降价处理，然后通知会员。图 3-2 是京东商城某产品的“欢迎举报”页面。

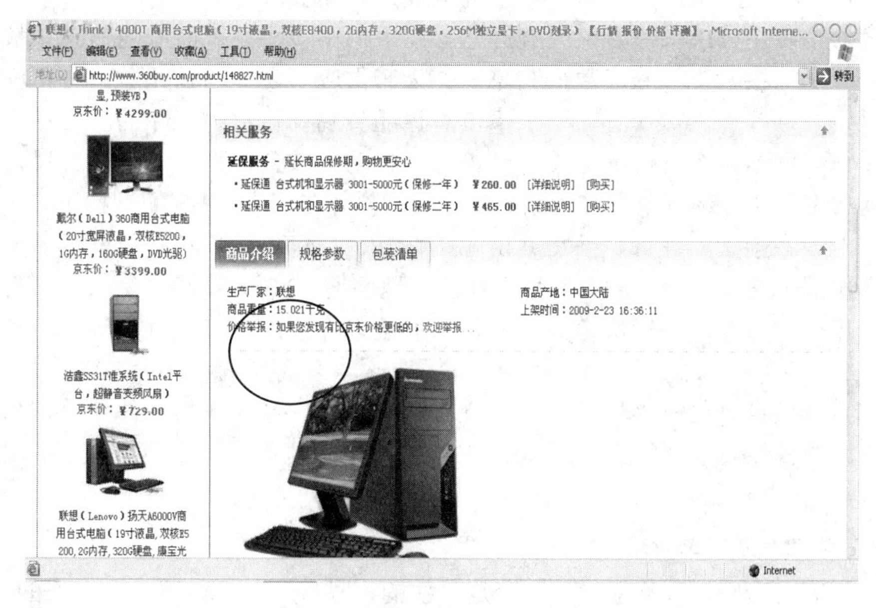

图 3-2　京东商城“欢迎举报”页面

2012 年 2 月 9 号，京东商城又推出了“举报价格，积分翻倍送”的活动，足见京东商城对于经营商品的质量保证和价格保证的自信。图 3-3 是京东商城“举报价格，积分翻倍送”活动页面。

图 3-3　“举报价格，积分翻倍送”页面

3.3.4　极速供应链

京东商城通过 IT 技术和流程管理，库存周转时间只有 12 天。京东商城的 CEO 刘强东曾说过：“如果你从京东商城订笔记本电脑，可以注意一下出厂日期，一般都是只有 10 多天。”相比之下，在一般电子产品的卖场里，一款新上市的笔记本电脑的流通时间至少要 1 个月以上，通常情况下是 3 个月左右。

因特网作为一条直销渠道，削减了传统渠道架构的层层环节，加快了商品的流通。帮助制造企业尽快将产品送达终端消费者，就是最大实现京东商城的价值。

京东商城选择用 IT 系统为供应链提速。在采购环节，京东商城的信息系统与上游大型供应商进行了对接，实现库存数据共享。作为其供应商之一的神州数码公司就与京东商城进行了系统互联互通，消费者在网上下单时也能看到神州数码仓库的库存量。即便消费者是在非工作时间给京东商城下订单，订单也会自动流转到神州数码的系统里，便于其留货。当货物从供应商送达京东商城的仓库后，一切操作都在 IT 系统的支持下，实现标准化的流水线作业。在验货、理货、摆货、出库、扫描、打包、发货、甚至发货后的配送等环节，京东商城都设置了监控点，一旦某个环节出现问题，IT 系统将立刻报警，相关的管理人员就能查出问题所在，进行快速处理。在售后服务环节，京东商城也致力于打造极速供应链。京东是国内第一家提出 5 日售后服务的公司。京东商城的仓库为 90% 以上的产品留了备件，当返修的商品送过来，技术人员会立刻去仓库里寻找新的备件换上，然后再发回给客户，损坏的备件会送回厂家。依赖于 IT 系统打造的这条极速供应链，京东商城实现了 12 天的库存周转期。

3.3.5　多种物流方式

京东商城有两套物流配送系统，一套是自建的，另外一套是和第三方合作的。2009 年，京东网上商城陆续在天津、苏州、杭州、南京、深圳、宁波、无锡、济南等 23 座重点城市建立了城市配送站，覆盖全国 200 座城市，均由自己按快递公式提供物流配送、上门取件等服务。此外，京、沪、粤三地仓储中心也已扩容至 8 万平方米，仓储吞吐量全面提升。北京、上海、广州三所城市的客户占京东商城总客户的比例较大，约有一半的份额，所以京东商城把这些城市的客户定为首要服务的对象。这些客户对于反应速度的要求比较高，而且还需要有个性化的服务。国内的物流配送公司，无论是配送速度还是交易过程中的人性化服务，都达不到要求。所以在这些城市，京东选择了自建物流配送队伍。

目前，京东分布在华北、华东、华南的三大物流中心覆盖了全国各大城市。2009 年 3 月，京东网上商城斥资 2000 万人民币成立上海圆迈快递公司，上海及华东地区乃至全国的物流配送速度得以全面提升。

2010 年 4 月初，京东商城在北京等城市率先推出“211 限时送达”配送服务。2010 年 5 月 15 日，在上海嘉定占地 200 亩的京东商城“华东物流仓储中心”内，承担了一般销售额的物流配送。截止 2015 年 3 月 31 日，京东在全国有 7 大物流中心，在 43 座城市运营 143 个大型仓库，拥有 3539 个配送站和自提点，覆盖全国范围内的 1961 个区县，而且这些都是全部自营的。京东的整个仓库叫做履约中心，整个运营体系有 7 万多人，通过精密的管理机制来高效运转，仓储中心之间既独立又平行协同，实现京东集团高级副总裁李永和(京东商城运营体系负责人)所说的“有限的仓储，无限的库存”。

依托订单数据的挖掘，按照订单区域密集度来选址建仓，在物理拓扑上去优化物流拓扑，前后端实现真正的统一升级，结合干线运输效率的匹配，京东的物流配送效率可以实现路径最优化。京东的亚洲一号仓目前代表了国内零售物流仓储体系的最高水平，有立体多层货架摆放，也有购物篮数据分析来驱动的仓储货品堆放结构，有自研 WMS 系统，实现了仓储成本效益最大化，不仅大，而且省。

在三座城市之外的其他城市，京东商城和当地的快递公司合作，完成产品的配送。而在配送大件商品时，京东会选择与厂商合作。因为厂商在各个城市均建有自己的售后服务网点，并且有自己的物流配送合作伙伴。比如海尔在太原就有自己的仓库和合作的物流公司，与海尔合作，不仅能利用海尔在本地的知名度替自己扩大宣传，也较好地解决了资金流和信息流的问题。

除了与第三方的物流公司合作，京东商城还在各地招募高校代理。在经营过程中京东发现高校的学生是一个比较大的消费群体，但他们的不确定因素也是最多的。产品配送的时间大都是在白天，可白天是高校学生的上课时间，他们希望快递公司在晚上把货送来，但快递公司却不提供这样的服务。于是经常发生这样的情况：配送人员到学校门口告诉学生货到了，学生却不能取货；或是高校的保安不允许快递人员进入校园，快递人员打电话找不到客户。结果双方都有意见，学生抱怨快递公司送货不及时，快递公司抱怨联系不上学生。招募高校代理可以解决配送时间的问题，他们可以和学生约时间，比如等学生 9 点钟下自习后再把产品送过去。发展高校代理是京东商城为满足特定人群需求而特殊定制的服务。

3.3.6　多方面的客户体验与客户管理

对于电子商城来说，客户忠诚度是非常重要的。电子商城一个核心的竞争力就是如何把传统卖场中单纯的交易关系转变成一种关系型交易，也就是如何产生一种黏度。京东商城以一系列丰富的客户体验来维系客户，取得了注册用户中有 80%是活跃用户的成绩。

京东商城不仅提供了网上购物的服务，还有其他形式的服务可以给用户带来乐趣。以拍卖为例。每个拍卖厅都有许多用户发言，非常热闹。无论用户最后是否拍到了自己想买的东西，都在拍卖的半小时内享受到了乐趣。图 3-4 是京东商城一个产品拍卖结束后出现的网页。

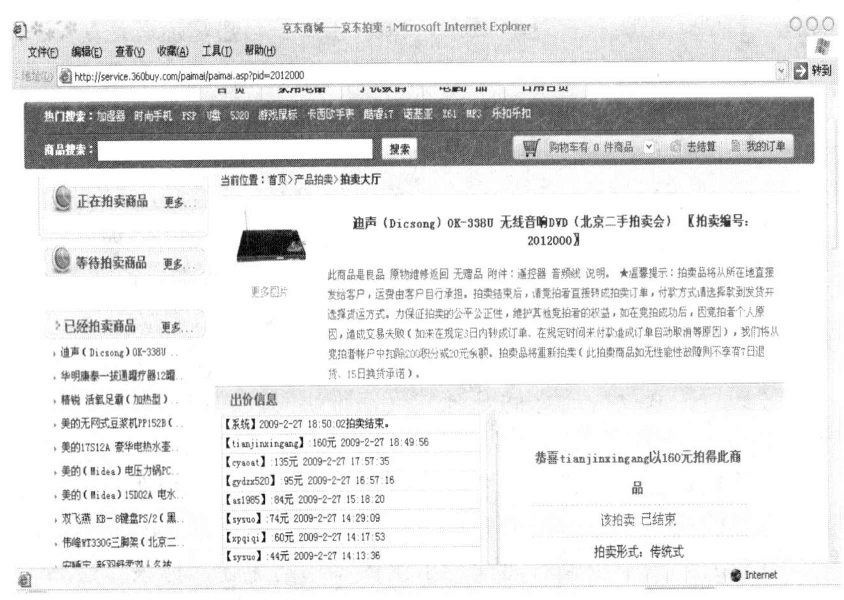

图 3-4　京东商城一产品拍卖结束后出现的网页

京东的论坛、买卖、代购，包括用户对产品和商城的评论，都有几十万甚至上百万的记录。用户访问网站之后，想了解一款产品好不好，或者服务是否令人满意，可以以留言的方式和老用户进行交流。京东商城没做广告宣传的时候，用户和交易额每年也有增长，正是因为老用户在向新用户做广告。

“我的京东”是京东商城客户自我管理的园地，它包括 4 项基本功能：

(1) 修改订单、合并订单、取消订单：款到发货订单在汇款确认前，上门自提和货到付款在订单打印之前用户可以自行修改、合并、取消自己的订单。取消订单，系统会自动返还积分、余额和优惠券等。

(2) 价格保护：款到发货订单在包裹离开京东库房前、上门自提和货到付款在交易前可以自行申请价格保护，系统会即时自动进行确认(申请完价格保护后再和配送员或者自提客服确认货款)。

(3) 自提延期：如果客户需要延长自提期限(系统默认等待三天，自到达自提点之日起三天内不来自提，系统会自动退库)，客户可以使用自提延期功能，最多可以再延长三天等待时间。

(4) 产品评价：完成订单后，客户可以发表产品评价并获得最多 20 个积分的奖励。具体获取数量完全依赖于客户的评价质量。

(5) 邮件订阅：客户可以自行选择订阅内容并可以随时退订，选择购物提醒选项，客户在整个订单处理过程都可以收到相应邮件。

(6) 配送跟踪：利用京东商城配送系统可以方便地看到京东配送的整个过程(包括京东快递和上门自提)，并且在配送员出发之后就可以看到配送员手机号码，方便客户直接和配送员沟通。

3.4　京东商城营销过程中的不足

虽然京东商城的营销策略重视各个要素的灵活运用，但还是有些不足。主要包括以下几个方面：

(1) 配送与售后服务。B2C 销售中，商品配送是非常关键的环节。京东商城在物流配送的时间上还没有完全实现“预定货品通常 4~7 工作日，至多 8 工作日即可送达”的承诺。销售人员的服务跟踪质量还有待于进一步提高。后续的客户服务过程更需要进一步完善，特别是呼叫中心的客户服务与物流配送人员的联系。

(2) 促销。促销对于企业的发展至关重要，京东商城做了很多的促销专场，采用了积分以及送代金券等促销方式，对于商城销售量的提升起到了巨大作用。但在促销方面还存在随意性，没有系统性，也没有形成独特的多主题促销局面。促销方式单一不利于形成客户忠诚度与习惯性消费。例如，配合节日做出相应的主题促销需要连续性。只是简单的做出国庆节专场促销还不够，还可以在“父亲节”举行父亲节专场促销、在“母亲节”做母亲节专场促销。这样，就能将促销行为发挥至极致，吸引客户形成习惯性消费。

(3) DM(direct mail advertising)直接邮寄广告。京东商城目前没有在 DM 方面做出任何行动，可以说是商城营销传播中的缺失。在 B2C 领域同样成功的红孩子则将 DM 发挥至极致，以母婴用品在行业占优势地位的优势，其成功点正在于红孩子采用 DM 目录直投和网络直销的营销方式获得了大量的客户，使红孩子获得巨大成功。其实，京东商城有先天的大量会员优势，可以在定向的目标中实施大规模、高频率的 DM 客户覆盖，使之转化为直接的购买行为。京东 DM 传播的缺失使京东的销售形成阶段性的增长，不利于商城的长期销售增长与商城的品牌发展。

(4) 市场活动。市场活动是配合广告、促销等提高市场占有率的有效行为，如果活动创意突出，而且是具有良好的执行性和操作性的市场活动策划案，无论对于企业的销售额、知名度，还是对于品牌的美誉度，都将起到积极的提高作用。京东商城在此方面形式单一，只是简单地与广告、促销相互渗透，并没有形成品牌与商城特色相适合的市场活动。

(5) 网站。网站的内容化发展将是网站发展的大趋势，京东论坛的单一性与专业购物论坛相距甚远，没有形成完整的营销传播链，与网站论坛内容来带动流量的趋势有一定距离。京东获得风险投资后的发展使京东成为行业最具影响力的电子商务网站，但京东网络整合营销传播没有形成系统有效的传播策略，与绿森数码、红孩子等电子商务网站相比发展速度还有一定差距。

参 考 资 料

[1] 梦里秦淮. C2C 还是 B2C——规划电子商务模式必须慎之又慎[EB/OL](2009-01-26)[2009-02-24]. http://column.iresearch.cn/u/grandalex/archives/2009/49051.shtml.

[2] 原诗萌. 中国 B2C 电子商务新兴代表:京东商城模式之研究[EB/OL](2008-01-29)[2009-02-24]. http://b2b.toocle.com/detail--2250227.html.

[3] 王杰聪. 专访京东商城 CEO 刘强东:京东商城今年会维持 2 到 4 倍增长[EB/OL](2009-01-16)[2009-02-24]. http://www.cbinews.com/inc/86657.html.

[4] 李剑峰. 京东商城:大家电销售另辟蹊径[J]. 电器, 2008(7): 60-62.

[5] 李楠. 京东的口碑传奇[J]. 互联网周刊. 2007(11): 60-62.

[6] 李黎. 颠覆中关村卖场[J]. IT 世界经理. 2008(12): 78-79.

[7] 陈晓平, 王晶. 京东商城二轮融资完全解密:多收了 8 美元. 21 世纪经济报道. 2009-1 -19(31).

[8] 2015 跨境进口电商平台大事件盘点:京东全球购[EB/OL](2015-10-13)[2015-10-22]. http://www.cifnews.com/Article/17340.

[9] 京东众筹成创业创新首选平台 创业者高度评价京东众创生态圈孵化功能[EB/OL](2016-01-22).[2016-01-22]. http://www.ccidnet.com/2016/0122/10088254.shtml.

[10] 京东智能:树立互联互通行业标准解决智能实用化困局[EB/OL](2016-01-22)[2016-01-22]. http://news.163.com/16/0122/15/BDUN63FF000146BE.html.

案例 4　苏 宁 易 购

4.1　苏宁易购电子商务网站简介

苏宁创办于 1990 年 12 月 26 日，是中国商业企业的领先者，经营商品涵盖传统家电、消费电子、百货、日用品、图书、虚拟产品等综合品类，线下实体门店 1600 多家，线上苏宁易购位居国内 B2C 前三，线上线下的融合发展引领零售发展新趋势，正品行货、品质服务、便捷购物、舒适体验。苏宁云商集团股份有限公司(SUNINGCOMMERCEGROUPCO.，LTD.)原为苏宁电器股份有限公司(SUNINGAPPLIANCECO.，LTD.)，2013 年 2 月 19 日，公告称由于企业经营形态的变化而拟将更名。

苏宁易购，是苏宁云商集团股份有限公司旗下新一代 B2C 网上购物平台，现已覆盖传统家电、3C 电器、日用百货等品类。2011 年，苏宁易购强化虚拟网络与实体店面的同步发展，不断提升网络市场份额。未来三年，苏宁易购将依托强大的物流、售后服务及信息化支持，继续保持快速的发展步伐；到 2020 年，苏宁易购计划实现 3000 亿元的销售规模，成为中国领先的 B2C 平台之一。目前位居中国 B2C 市场份额前三强，总部位于江苏省南京市。2015 年 8 月，苏宁和阿里相互参股之后，苏宁易购已经成功登陆天猫。图 4-1 是苏宁易购的互联网首页。

图 4-1　苏宁易购网上商城互联网首页(www.suning.com)

据苏宁 2014 年财报显示，2014 年公司实现营业收入 1089.25 亿元，同比增长 3.45%。实现净利润 8.67 亿元，同比增长 133.19%。其中，苏宁实现线上销售 225.99 亿元，开放平台 31.92 亿元，总计 257.91 亿元。截止 2014 年底，苏宁会员总数达到 1.67 亿，从苏宁易购等渠道注册会员增加 4872 万。2015 上半年苏宁线上业务实现自营商品销售收入 146.05 亿元(含税)，开放平台实现商品交易规模为 35.62 亿元(含税)，上半年线上平台实体商品交易总规模为 181.67 亿元(含税)，同比增长 104.65%。苏宁线上增长高达 90%，特别是移动端占比接近 50%，远超行业平均水平。

根据《2015 第二季度 B2C 市场分析报告》，中国 B2C 市场规模中，天猫占据了中国 B2C 市场的 55.6%，京东占了 23.5%，仅此两家企业就已经占到中国 B2C 市场规模的 79.1%，苏宁易购以 4.2%位居第三位；可以预想到通过与天猫的合作，苏宁易购未来的市场份额将会得到一定程度的提升。

4.2 苏宁易购电子商务的成长历程

2000 年下半年，苏宁投入 3000 万元的 ERP 管理系统正式上线。彼时，中国的 B2C 市场刚刚起步，对电子商务尚不了解的苏宁进驻了新浪网上商城，尝试门户网购嫁接。2005 年，苏宁先后两次对集团的信息化系统做了调整，组建 B2C 部门，开始自己的电子商务尝试。2007 年 12 月，苏宁电器网上商城(www.suningshop.com，简称苏宁网上商城)正式上线。

该网站以“年销售额超亿元”为口号，以全方位服务、立体化的理念、娱乐化的态度打造了新一代网上商城模式。2005～2008 年，经过三期苏宁网上商城的建设，活动覆盖了南京、上海、北京等大中型城市并且拥有了单独的线上服务流程。2009 年，苏宁电器网上商城全新改版升级并更名为苏宁易购，8 月 18 日新版网站进入试运营阶段。2010 年 2 月 1 日正式对外发布上线；2010 年 9 月 26 日又进行重新改版，赢得了广大网民的一致好评。2011 年 10 月 31 日，家电销售巨头苏宁正式进军网络售书业，“苏宁易购图书馆”开张，正式向着多元化 B2C 模式发展。2012 年世界品牌实验室在北京发布了 2012 年《中国 500 最具价值品牌》榜单，苏宁品牌价值突破 800 亿元人民币，成为中国消费者最值得信赖的连锁经营品牌之一，是中国的“沃尔玛 + 亚马逊”。2013 年 4 月 2 日，苏宁易购宣布红孩子母婴网和缤购网将全面并入苏宁易购平台，届时红孩子将全面共享苏宁易购仓储物流系统、供应链管理系统以及会员管理系统。2015 年 8 月 10 日，阿里巴巴集团投资 283.4 亿元人民币投资苏宁云商，占增发后总股本的 19.99%，成为苏宁云商的第二大股东。与此同时，苏宁云商将以 140 亿人民币认购不超过 2780 万股的阿里巴巴新发行股份；8 月 17 日，苏宁易购将于 8 月 17 日正式入驻天猫。目前，天猫上的“苏宁易购官方旗舰店”已开始系统维护和商品上架。

与其他购物网站的 B2C 模式不同，苏宁易购充分利用苏宁云商的配送、仓储、门店、售后服务和品牌信誉等优势，在网络购物的每个环节提升用户购物体验，从而避免了网上网下销售价格混乱，无法保证售后服务，信誉保障有限等弊端。

4.3 苏宁易购电子商务网站内容与服务项目

4.3.1 商品对比

以苏宁易购的电器商城为例，当顾客看到了几款自己中意的商品，但又无法从中做出抉择时，苏宁易购为顾客提供商品对比的功能。图 4-2 是 4 种笔记本的相关性能、价格比较。

图 4-2　苏宁网上商城笔记本电脑比较结果

4.3.2　支付方式

苏宁易购的支付方式主要有四种：

(1) 网银支付。网银在线支付是通过银行卡进行网上在线支付购买商品。

(2) 门店支付。门店支付是在网上订购，顾客根据个人的需要，选择方便的提货站点支付货款。

(3) 优惠券支付。优惠券支付以账户形式存在，分电子虚拟券和实体券两种。客户可以通过在网站购物、参加网站线上线下活动或者通过网站合作伙伴获得。凡参加苏宁易购的会员，都可以在网上商城享受为他们提供的特属权利。不同商品的购买，可以获得不同的积分，获得不同的优惠券。

(4) 基金券支付。基金券是苏宁易购与合作伙伴共同出资设置的，基金券在购物使用时直接冲抵一部分货款，使顾客享受到网购带来的便利与实惠，经常关注网站的用户都有机会得到基金券。

4.3.3　提货方式

(1) 同城免费配送。苏宁电器提供安全、方便、快捷及服务标准统一的送货方式，得到广大顾客的认可和支持。苏宁易购网上商城销售大件商品如：冰箱、洗衣机、空调、彩电类商品，由苏宁专业配送服务人员进行集中配送；数码、通讯、笔记本电脑及小家电类商品也可以为顾客提供专业的配送服务。同城免费送货是苏宁电器网上商城自开通运营以来一直为广大顾客提供的特色服务之一。

(2) 多种自提方式。采用网上支付方式的，对于通讯、数码、电脑、生活小家电等小商品，顾客一般在订单支付成功 6 小时后可以持网上订单号、会员卡号、校验码到选择的自提门店发货处，由苏宁仓库管理员为顾客发货，并收回有顾客签字的提货联。提货完成后，顾客可将货品交由促销人员提供验机、试机、填写保修卡等相关服务。若采用门店支付，顾客一般在订单生成订单号后，到所选择的自提门店的收银台，向收银员提供订单号进行商品付款(付款形式可以使用现金或刷卡)。付款完毕后请领取商品发票至发货处，由苏宁仓库管理员为顾客发货，并收回有顾客签字的提货联。提货完成后，顾客可将货品交由促销人员为其提供验机、试机、填写保修卡等相关服务。

(3) 直接送货方式。对于大件电器，苏宁易购网上商城将依托于苏宁云商遍及全国的超过 1400 家连锁店，让虚拟的网络的送货变得触手可及。苏宁电器网上商城承诺 24 小时内送货上门，在苏宁电器网上商城购物同样享受苏宁电器的"至真至诚、阳光服务"。

4.4　苏宁易购电子商务营销策略

4.4.1　规范网络经营环境

随着网络经济的迅速增长，网络交易安全等问题也日益凸显。苏宁易购认为，诚信和安全问题是网络营销行为中最为关键的因素。网络欺诈行为，网络虚假广告宣传等行为其实已经触犯了法律。作为有经营资格的主体，哪怕是再小的欺骗行为，都已经违反了相关法律法规。作为虚拟化的网络经营，更要严格把控信息的真实性。苏宁易购建立了严格的监督管理制度，实时监控网络宣传和网上交易行为；整个销售系统建立了严格的安全认证体系，通过身份验证、授权管理以及矩阵式权限管理方式，确保系统的安全性和信息的真实性。

网络信息的真实性得到保障是经营者和购买者交易的前提，商品质量和服务等是购买者权益的体现。消费者购买行为产生后，形成了网络消费合同，但往往消费合同的履行面临着很大问题，主要体现在延迟交货，产品质量存在瑕疵，售后服务无法保证，发票提供困难等问题，以至于消费者的权益受到极大的损害。苏宁易购将后台保障作为经营的底线，着力提升后台服务实力，做好线上和线下卖场的销售结合工作，充分保障购买者合法权益，使客户对苏宁网上商城的商品和物流产生信任感，从而大大提高了网上商城的销售额。

4.4.2　针对性推广

在家电零售连锁销售中，很多产品的区域性价格不一样，各地消费者的习惯也不一样，物流配送也受到区域的限制。对此，苏宁易购采用了集中分布式的组织架构，总部与分部之间的职能分工非常明确。总部负责策划全国性网络分销渠道合作、广告投放、网站界面及流程的修改完善、会员积分奖励计划、流量统计等决策性和支持性工作；各分部则负责制定产品的促销方案、会员地面商品流的服务跟踪、会员客服支持、本地网络广告投放等。这样的好处是各分站点可以更紧密地贴近市场，而总部统一的战略性指导又能为分部提供强劲的后台支持。

通常，消费者去苏宁云商的家电连锁实体店购物，可以和营业员讨价还价，包括价格优惠幅度、赠品的选择等，而网上商城标的则是最终售价。苏宁易购商城认真研究了网上销售和网下销售的区别，积极探索吸引和发展网上会员的策略。苏宁易购充分利用苏宁云商遍布全国的有形网络和服务体系，在网络上着力宣传苏宁的品牌优势，吸引顾客参与网上购买活动。

苏宁易购积极了解当前网上销售的特点，结合公司门店销售特色，先后在网上推出了多项促销活动，包括手机节，"双 11"大促、"特色 818"等活动，根据相关数据统计，推出系列活动后，网上商城的访问量有了很大提升，订单数量也有所增长。目前苏宁易购正在策划更多的活动方案及市场宣传方案，计划定期更新，实现与门店同步的营销方案，进一步增强苏宁易购的电商知名度，实现网上销售的大突破。

4.4.3　整合型后台

苏宁云商一直在进行 ERP 整合项目与流程梳理工作，与后台 ERP 无缝集成的电子商务，才能在前端为消费者开设一个自助服务的窗口。

如果某位顾客要购买苏宁易购电器商城的一台空调，这张订单将在苏宁云商的后台系统中经历一次这样的“旅行”：订单下达后，系统会自动检查出来是否有货，如果仓库中有现货，顾客将得到“可以下订单”的确认，并进行网上银行支付。支付完成后，系统会自动扣除一台空调的库存，并将需要送达的时间、地点等信息经系统传递给物流部门。与此同时，安装空调的客服部门也会收到订单信息，当空调送达顾客家中时，他随时可以拨打服务热线要求安装。如果顾客在下订单时，信息系统检测出缺货，苏宁易购会自动提示顾客进行预约。

不过，这样的订单“旅行”更适合冰箱、洗衣机、空调、彩电等大件家电，因为它们通常都存放在大库。而对手机、数码相机、MP3 等通常存放在门店的小件商品，苏宁的做法是先在中心仓库里为网上商城留出一定数量的商品，同时系统允许店面之间进行调货。当顾客在网上下了一款手机的订单后，且要求苏宁送货而不是自行取货时，信息系统会寻找距离顾客最近的店进行调货，并自动生成调货单。对于热销的数码类产品，如果就近的门店缺货而网购的顾客又愿意等待，系统会将订单信息推送到别的门店。苏宁针对线上销售也在做整合型推广，如和银行、积分机构进行合作，与网上促销相呼应。另外，在技术层面上，苏宁正在优化网页设计、推进搜索引擎，向顾客提供更多的搜索与查询功能。

4.4.4　持续优化

苏宁推广会员制。目前，苏宁线上和线下渠道采用同一个会员体系，超过 1.67 亿的会员。其线下渠道的会员只需到网上商城激活，便可进行在线购物。所有线下顾客的积分查询与兑换，包括交易流程的查询、送货服务的查询、退货等服务，都可以整合到一起，用相关电子商务去支持这些功能。另外，苏宁下一步还要继续深度整合电子商务和 ERP。

此外，苏宁还将根据电子商务和消费电子产品的销售特点，在线上系统里设置更多复杂的功能，如与系统联动的退货服务。消费类电子产品的退货现象比较普遍，即便是在线下渠道购买的，若出现质量问题，按照国家的“三包”规定，退换货需要到相关机构做鉴定，手续非常麻烦，且这些过程都需要顾客与商家紧密互动。苏宁将对网购的顾客开放与线下渠道一样的服务体系，当顾客在网上给苏宁易购网上商城发送退货订单后，苏宁将派人上门帮顾客鉴定，或让顾客到最近的门店进行退换。

4.4.5　与厂商直接挂钩

为了减少包括电器在内各种大小商品流通的中间环节，苏宁易购网上商城加强了与厂商的直接联系。苏宁潜心打造“共享价值链条”，其基本的出发点是：以商业信息化为核心，通过无缝对接，实现厂商之间的信息资源共享，从而带动行业资源充分利用；另一方面，也可以通过信息系统的建立来推动供应商自身的管理变革，让双方的生意可以“更简单地做”。

2005 年，苏宁电器与 SONY 的 B2B 系统实现了联网。双方业务操作的每个环节都会在 B2B 上得以体现，通过系统的运行发现操作流程中不完善的地方，促使操作流程进一步优化，使得与 SONY 公司的业务操作进入良性循环的状态。之后，苏宁电器又与 MOTO 公司的 B2B 系统实现了联网，使苏宁电器的销售人员能够及时、准确地了解到 MOTO 公司对网上商城的订单处理状态和采购订单的满足率。

2007 年苏宁电器实现了与海尔的 B2B 系统对接，并开创了全新的 ECR 合作(Efficient Consumer Response，高效消费者响应)新模式。双方共同建立了“联合经营推进机构”，负责海尔全系列产品在苏宁全国的销售，从而实现货源、资金、客户信息的全面共享。苏宁电器在和三星公司的合作中，通过系统融合，苏宁电器连锁店和三星电子公司的仓库、设计系统等实现即时对接。三星公司可以通过该系统随时了解到其产品在苏宁的销售情况，通过苏宁的终端消费者数据对消费需求进行分析；而苏宁电器则可以及时了解三星产品的结构变化和新产品的情况，看三星正在研制什么新产品，能给苏宁销售多少。

苏宁电器副总裁、营销管理总部执行总裁金明在总结苏宁电器与生产厂商在信息化领域深度合作的作用时说：“这对我们提高产品周转率和降低库存占用非常有帮助，通过系统我们还可以对这些知名品牌的产品动向比同行更早了解，能够抢占先机和降低积压风险。”[1]目前，苏宁易购与国内外绝大多数的知名品牌展开了合作，许多家喻户晓的品牌隆重入驻苏宁，为苏宁的会员提供了品种繁多的选择。2015 年 8 月 10 日，阿里与天猫牵手成功；苏宁易购于 8 月 17 日正式入驻天猫。天猫上的“苏宁易购官方旗舰店”已开始系统维护和商品上架。

4.5 苏宁易购营销过程中的不足

4.5.1 目标市场定位模糊

苏宁易购主要定位于大中城市，销售 3C 产品以及日用百货(如化妆品/服饰鞋帽等)。目前家电市场竞争激烈，在很多大中城市出现饱和的现象，低价压缩了家电生产企业利润空间，有的企业甚至出现了巨额亏损，面临破产。而在经济发展较慢的落后城市定位模糊。

4.5.2 客户体验感不强

苏宁易购在线客服效率低，信息反馈不及时，造成与消费者沟通有一定障碍。虚拟的网络购物，让传统的消费者在产品价格和质量等方面有所顾虑，苏宁易购虽然提供了产品的图像和文字信息，但消费者购买产品时更喜欢看见实物的“体验式的消费”，对于整体客户体验感不强。

4.5.3 网站系统存在问题

近年来，苏宁易购的网站系统被消费者经常投诉，其投诉的问题主要集中在以下三个方面：

(1) 系统不稳定。消费者在购物时，经常会遇到订单出现异常的情况，如订单无故被系统取消“无法提交订单”的问题困扰。

(2) 库存信息更新不及时，很多用户在购买产品时，商品显示有库存，能够成功下订

---

1 刘宏君. 苏宁扩张，顺势?逆势?[J]. 中外管理.2009(2)：72-75.

单，但由于缺货不能够及时发货，且单方面取消订单。

(3) 无法支付。用户在购买过程中，有时会出现易付宝充值和支付页面打不开，或不能显示完整信息无法支付、出错等情况。

4.5.4　线上和线下业务分离

苏宁虽然推出了自己的网购平台苏宁易购，但苏宁易购是独立运营的，苏宁想在电子商务市场分一杯羹，却没有充分考虑将苏宁易购与实体门店进行有效整合。苏宁易购作为一个网购平台，产品的虚拟性使得消费者不能直接触摸产品，不能满足消费者购物时的消费体验。随着时间的推移苏宁易购对传统实体门店冲击加速，在 2012 年频频发动价格大战，目的是想通过价格大战不断扩大市场份额，提升对供应商的议价能力和利润率，但苏宁没有充分利用自己实体门店的优势为线上营销服务，导致自己为他人作嫁衣裳，成为京东、国美等其他 B2C 电商的体验中心。

4.6　苏宁易购电子商务营销启示

4.6.1　满足消费者需求提高品牌忠诚度

在这个以产品为王的时代，苏宁易购为了提高自身的竞争力，针对消费者需求进行产品和服务创新，从而提高品牌的忠诚度。

(1) 产品创新。以消费者需求为中心，卖消费者想要的产品为核心思想。苏宁易购可以利用网络平台，与消费者及时地进行沟通和交流，鼓励消费者积极参与到整个产品的开发和建设中来。通过一起交换思想提供网络个性化定制服务，对产品进行创新，真正适应市场的需求，并接受他们的监督。也可以通过网络收集更多、更详细的顾客需求信息，比如产品样式、色、产品新用途等，通过对产品进行重新定位，刺激顾客的消费欲望。通过产品创新，满足消费者个性化的需求，还能开拓市场，提高顾客的品牌忠诚度。

(2) 服务创新。苏宁易购可以通过共享现代信息技术，对服务产品和服务流程进行创新，为消费者提供一站式服务和个性化服务。消费者可以足不出户，了解产品的各流通环节的动态。针对大客户或 VIP 客户提供专业化、个性化的定制服务和管理外包服务；另外，苏宁易购在客服方面可以利用现代网络用语进行创新，进行人性化的设计，语言的使用网络化、口语化，与网民更亲近，顾客只需在家动动鼠标，不出门，就能轻松享受购物的乐趣。

4.6.2　为满足需求消费者所愿付出的成本

在网络营销环境下，消费者可以通过网络了解更多更详细的产品信息，对产品的价格也更加透明。苏宁易购根据自身运营发展的合理盈利需求，以及产品和服务同质化的条件下，制定的低价策略，来提高竞争优势，给消费者提供最高价值的购物体验。

苏宁易购时刻关注消费者的心理价位，通过严格控制生产经营成本，让产品的实际价格比消费者的心理预期要低。一方面，苏宁易购利用自身完善的物流服务系统的优势，在库存、人工费用、基础设施投资、促销广告等方面节约成本，帮助顾客省钱；另一方面，通过时尚流行的网络交流平台，实现智能推荐及口碑传播，降低消费者的选择成本。

4.6.3　提供优质服务方便消费者购物

苏宁易购利用网络所具有的优势，以消费者为中心，为网上购物的顾客提供产品检索、比较等服务帮助其方便的选购商品，让其轻松、安全地完成网上结算，安全便捷的物流配送服务，让顾客真正体验到全程的“方便”购物。

(1) 合理进行产品分类以方便消费者选购苏宁易购作为大型网上零售企业，运用自己庞大的信息管理系统，有效地提高消费者的满意度和忠诚度。苏宁易购拥有十多个大类、一百多个小类，丰富的产品品类，能满足消费者多样化的需求还有一些特色服务，如促销优惠产品推荐、苏宁易付宝、俱乐部、帮客等，帮助消费者选购，通过合理地对产品进行分类，方便消费的选购。

(2) 提供人性化的网站服务登录苏宁易购网站的顾客，从浏览到最终购买，都能享受周到和人性化的服务。

① 产品搜索对比服务。苏宁易购以网络和信息技术为支撑，在低成本的情况下，根据与供应商达成的协议来延长网站上的产品目录。当顾客登录网站进行购物时，苏宁易购可以提供产品搜索对比服务帮助其选购，比如产品检索工具、产品对比工具、实时推荐工具等，让顾客轻松方便地找到自己所需的商品，且拥有更多的选择空间，久而久之给消费者一种“买电器就去苏宁易购”的心理定位。

② FAQ 服务。消费者在网上购物时，难免会遇到一些问题，苏宁易购利用 FAQ 系统，帮助消费者解决相关问题。在网上与消费者进行适时双向交流，普及产品知识，让消费者感受每个购物服务环节的乐趣。

③ 延缓购买式服务当顾客登录网页浏览的产品时，网站系统会自动记录顾客的浏览情况，苏宁易购利用延缓购买式服务，对顾客打开的网页链接进行实时跟踪性，方便顾客决定购买时随时找到。这种人性化的服务，不仅满足了顾客的需求，同时也提高了网站产品的销售概率。

(3) 完善网上支付结算服务。苏宁易购网为了方便顾客结算，现有多种支付方式，如网银支付、银联在线支付、苏宁易付宝支付"货到付款等，且网上支付流程简单快捷。苏宁易购还需不断地完善网上支付结算服务，满足消费者不同的支付需求。由于网上支付主要通过银行转账完成资金划拨的，消费者在选择网上购物时，比较关注网上支付的安全性。苏宁易购为了消除消费者的担忧，在计算机中安装相应的安全认证软件，保障个人财产和信息的安全。

(4) 完善物流配送服务。网上购物的方便快捷性成为消费者购物的首选途径。良好的网站服务能快速帮助消费者选购商品，多样的支付渠道能方便消费者结算，消费者只需通过点击鼠标就可顺利完成。而物流配送是网上交易的最后一个环节，是实现产品所有权的转移，其服务好坏将直接影响到网上顾客购物体验是否“便捷”。目前，苏宁在多个大中城市建立自动化仓库，可以实现方圆 200 公里 24 小时送货。苏宁易购通过不断地完善物流配送服务，形成线上线下协调一致的有效配送体系。

4.6.4　加强与消费者的沟通

苏宁易购清楚地认识到，与消费者进行积极有效的沟通和交流，可以增进企业和消费者之间的感情，让消费者真正感受苏宁易购的真诚，进一步激发购买欲望。因此，其以积极的方式去迎合消费者的情感，建立共同利益上的新型关系。

(1) 利用网络媒介加强沟通。苏宁易购加强与优秀网站媒介进行有效互动，加大其宣传力度。比如积极参与各项公益及赞助活动进行网站推广。

(2) 利用搜索引擎进行网站推广。搜索引擎能最大程度的提高网站的曝光率，通过排名顺序，提高网站的流量，实现网站品牌推广的目的。苏宁易购可利用搜索引擎技术，对关键词设置、站结构调整等方面进行优化，对网站品牌进行推广。

(3) 利用聊天通讯工具加强沟通。苏宁易购可以利用现代的聊天通讯工具，加强与顾客交流。同时，消费者也可以把自己对产品的要求、偏好、心理价位等信息放在网上和苏宁易购交流，便于苏宁易购可以更准确、迅速掌握客户的需求状况，并制定合适的营销策略。借助现代化的网络平台，苏宁易购可以打破时间和空间的限制，拉近与消费者之间的距离。

4.6.5　线上线下业务整合

(1) 线上线下价格和服务统一。苏宁易购凭借自己全国第一的规模优势，实行线上线下产品种类和售价统一。保证线上线下产品种类的同步销售的同时，消除双方潜在的竞争关系。通过利用网上的价格优势，引导消费者进行网络购物，缩减销售成本，实现自己线下线上协同共享，优势互补的共赢模式。

(2) 线上线下业务整合。苏宁易购是苏宁实体店的另外一个发展渠道，苏宁易购可以有效地整合线上和线下的资源，利用线下实体店产品的实在性，以及与消费者面对面接触与沟通，将苏宁实体门店变成消费者的购物体验中心，这是京东、国美、亚马逊等电商无法比拟的。而线上营销利用自身的规模价格优势和服务品牌，为消费者提供了便捷的购物流程和低廉的价格优势，满足消费者新鲜的购物体验，消除消费者对网上商品质量的不确定性，形成线上线下优势互补的关系。消费者可以在全国的 800 多家实体门店体验商品，用户可以选择在苏宁易购网上支付，然后到附近的苏宁实体店取货的方式，这为用户提供了更多实惠和安感。完美的使实体店向体验中心进行转变，实现苏宁易购线下线上业务整合的战略。

参考资料

[1] 苏宁电器. 苏宁电器发布 2009 服务蓝皮书[EB/OL](2009-03-06)[2009-03-20]. http://www.cnsuning.com/news/suningnews/8908.html.

[2] 新浪科技. 全国政协委员苏宁电器董事长张近东两话[EB/OL](2009-03-10)[2009-03-20]. http://tech.sina.com.cn/e/2008-03-10/18402068263.shtml.

[3] 吴珍. 析谈苏宁易购网络营销策略[J]. 安徽电子信息职业技术学院学报, 2014(1): 98-100+110.

[4] 冯嘉雪. 十年再造苏宁之苏宁易购——“苏宁第二连锁”[J]. 中国新时代, 2011(11): 52-54.

[5] 本报记者. 苏宁云商 2015 年上半年实现商品销售规模 750.63 亿元[EB/OL](2015-08-05)[2015-09-10]. http://news.winshang.com/news-510582.html.

[6] 宓迪. 阿里283亿战略投资苏宁达成线上至线下合作[EB/OL](2015-08-10)[2015-09-10]. http://finance.cnr.cn/gundong/20150810/t20150810_519499949.shtml.

[7] 苏宁云商：打造线上线下融合 O2O 模式[EB/OL](2016-01-22)[2016-01-22]. http://jjckb.xinhuanet.com/2016-01/22/c_135033493.htm.

案例5 唯 品 会

5.1 唯品会电子商务网站简介

唯品会(www.vip.com)是一个 B2C 网络销售平台，属于广州唯品会信息科技有限公司。该公司 2008 年 12 月在广州成立，成立以来发展迅速，2010 年即获得红杉和 DCM 风险投资，并且于 2012 年 3 月成功在美国上市。

区别于其他网购品牌，唯品会定位于“一家专门做特卖的网站”，每天上新品，以低至 1 折的深度折扣和充满乐趣的限时抢购模式，为消费者提供一站式优质购物体验。图 5-1 是唯品会的互联网主页。

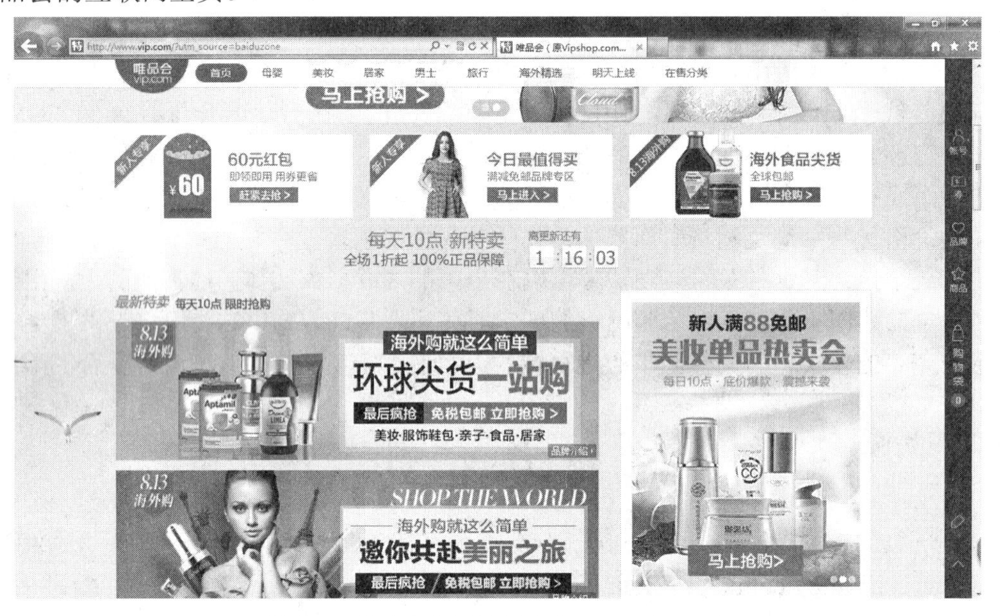

图 5-1　唯品会的互联网主页(www.vip.com)

根据唯品会公布的财务报表，2015 年第二季度唯品会实现净营收 90 亿元人民币，较去年同期增长 77.6%。至此，唯品会已实现创纪录的连续 11 个季度盈利[1]。按非美国通用会计准则计算，2015 年第二季度唯品会运营利润较去年同期增长 113%至 5.686 亿元人民币，净利润较去年同期增长 96.6%至 5.176 亿元人民币，净利润率自去年同期的 5.2%提升至 5.7%。与此同时，财报还显示，2015 年第二季度唯品会来自移动端的销售占比已高达 76%，保持行业领先。不计团购和乐蜂业务，活跃客户数及订单数同比分别增长 84.4%及 86.1%。

在《福布斯》中文版发布的“2015 中国移动互联网 30 强”榜单中，唯品会在全国电

---

1 Vip.comInvestorRelations.Vip.comAnnouncesSecondQuarterSalesup77.6%to$6.70Billion；罗提.唯品会连续 11 个季度盈利 2015 年二季度销售劲增 77.6% [EB/OL](2015-08-12)[2015-09-10].http://finance.chinanews.com/it/2015/08-12/7462481.shtml

商企业中排名第三。而在易观智库最新发布的《中国手机购物市场季度监测报告 2015 年第二季度》显示，消费者移动网购的主要推动力已从“促销推动”转变为“便利性推动”，手机唯品会在本季度中国手机网购市场份额排名第三。

5.2　唯品会电子商务网站的成长历程

闪购模式又称限时抢购模式，起源于法国名品折扣网——VP 网(Vente-privee.com)，它以 B2C 的形式，定期推出各类奢侈品商品，以原价 1～5 折的价格向网站会员出售，每次特卖规定时限，消费者先买先得，售完即止。消费者点击购买商品之后，20 分钟之内必须进行结算，否则商品将会被重新放回到待销售商品行列。该模式有着巨大的吸引力，这种抢购的快感适用于各个阶层的消费者，包括渴望得到名牌的中低收入人群和已经拥有名牌的高收入人群。

成立之初，唯品会选择销售一线顶级奢侈品的库存商品，但是这种方式由于受众面窄，规模难以扩大。在对各家购物网站的订单进行分析之后，唯品会迅速将目标消费群转向了 25～35 岁的白领消费者，折扣最低至 0.9 折。它舍弃原先的顶级奢侈品牌，瞄准了飞利浦、阿迪达斯、耐克、欧时力、安莉芳等中国消费者更熟悉的一、二线名牌，而且范围涵盖服装、皮具、家居、小家电等多种商品。

唯品会信息科技有限公司成立于 2008 年，同年 12 月唯品会名牌限时折扣网正式上线。2009 年 10 月掌上唯品会正式推向市场，掌上唯品会即唯品会的手机版，该软件的问世也意味着唯品会开始面向移动终端，同年营业收额达到了 280 万美元。2010 年 10 月，唯品会收到了来自美国 DCM 和红杉资本的第一轮风险投资，投资额高达 2000 万美元。值得一提的是，这笔风险投资也是国内电子商务企业所收到的最大一笔第一轮风险投资。2011 年 5 月，唯品会进行第二轮融资，融资额达到 5000 万美元。同年，唯品会营收额达到 2.3 亿美元。2012 年 3 月唯品会成功在美国纽约证券交易所上市，同年唯品会实现营收额 6.9 亿美元。2013 年 3 月唯品会成功通过股票增发申请，实现增资扩股，再次募集资金近 2 亿美元。2014 年 2 月为拓展其化妆品方面业务，唯品会斥资 1.125 亿美元现金收购东方风行旗下子公司乐蜂网 75%的股权。

5.3　唯品会电子商务网站内容与服务项目

唯品会自建立以来发展迅速，作为一家特卖的网站，主要在其网站上进行衣物、鞋类、配饰等一些和日常生活息息相关的商品进行出售。该电子商务网站的内容有三大特征：

“名牌折扣”。唯品会在建立之初从品牌定位上是名副其实的线上奥特莱斯。在成立之初，唯品会平均每笔订单金额高达 1000 元，是一家绝对的电商名牌商店。就目前而言唯品会的包邮门槛依然设在 288 元，相比其他 B2C 网站(聚美优品的包邮条件是任意购买两件商品)足见唯品会的名牌范。就价格而言，因为唯品会处理的大多都是厂家尾货，所以价格相对便宜。笔者经调查发现，唯品会网站上所出售的品牌衣服较淘宝、天猫等其他网站上的售价要高出很多，但就线下实体店而言，唯品会上的商品价格都有不同程度的折扣，相当于天天线上促销活动。

“限时抢购”。唯品会采用目前盛行的闪购模式(flash sale)，这种形式源自于法国的 Vente-Privee 网站。闪购模式，即电子商务网站提供限量的名牌商品进行限时出售，消费者在规定时间里进行购买，先到先得。可以说唯品会进入闪购市场时，中国的闪购还是一片蓝海。就目前而言，不论是京东还是天猫都进入闪购市场，中国闪购市场正逐步变为红海。

“正品保险”。在电子商务发展之初，阿里巴巴旗下的淘宝网在中国市场一家独大，而由于未能很好地控制商品的来源，淘宝上的商品一直难以摆脱消费者对其质量的质疑，这也是天猫出现的一个推动因素。正是借鉴了淘宝网的经验，唯品会通过与厂商协商直接将正品引入线上，从而实现对商品质量的保障。这也是目前很多 B2C 网站采用的方式。

从服务项目的业务构成角度分析唯品会的主营业务，大致可以分为三个部分，分别是特卖会、爱丽奢以及唯品团，如图 5-2 所示。

图 5-2　唯品会的业务结构

特卖会。每个消费者登陆唯品会主页时默认进入的都是唯品会的特卖会，这个栏目展示了唯品会出售的绝大部分产品。该栏目每天十点会对线上产品进行更新，除了唯品会的100%正品承诺以外，还提供支持货到付款、七天无条件退货以及退货免邮的服务。在这一点上对于具有冲动型购买的消费者来说有很强的吸引力。特卖会同样也是唯品会的最主要部分。

爱丽奢。作为线上奥特莱斯的唯品会，其得名便是来自于爱丽奢。爱丽奢出售的商品都是国内外的知名品牌。由于唯品会正品保证的承诺，消费者可以通过唯品会放心的买到心仪的奢侈品。该栏目同样是每天十点推出新的特卖。在爱丽奢推出的商品当中有一部分是网络独家出售的，还有一部分是海外直达的，包括 GUCCI、CK、D&G 等一系列国际知名品牌。

唯品团。团购形式的电子商务活动。在唯品团上推出的商品都享受包邮服务，此外秉承了唯品会的风格，每天九点进行货品更新。

5.4　唯品会电子商务营销策略

5.4.1　产品策略

产品品牌策略。每天上午十点准时在线限时售卖一二线名牌，既满足高消费人群对品牌的挑剔要求，又满足中低收入人群对品牌的向往。唯品会的明智之举在于舍弃一线顶级奢侈品牌，瞄准了阿迪达斯、耐克、菲利浦、安莉芳、欧时力等中国消费者更熟悉的一二线品牌，对于熟悉的品牌消费者在挑选时比较方便，也易于从短期需求转向长期需求。唯品会所提供商品均为 100%正品，保证每个品牌提供多种的时尚单品和搭配商品，满足消费者对时尚的要求。同时，每天多品牌同时上线，极大地吸引消费者，激发其购买欲望。

产品种类较齐全。唯品会范围覆盖服装、鞋帽、儿童用品、小家电、化妆品、潮流配件、家居用品等多种商品，同时满足消费者的多种需求。消费者在网站上停留的时间越长，所选购的商品越多，越会发现潜在需求的商品，越倾向于统一下订单，以免去重复收件的麻烦。

注重时尚，体现心理产品的概念，包括产品时尚感和包装时尚感两个方面。

(1) 注重产品时尚感。心理产品给顾客提供心理上的满足感。随着生活水平的提高，人们对产品的品牌和形象看得越来越重，唯品会牢牢地抓住这种心理产品的影响，在服装的展示上，提倡搭配度较高、时尚感较强的商品一起售卖，这样，在选购一件上衣的同时就可以搭配出一套服装，甚至是鞋和包。除服装产品外，家居产品也注重以充满时尚感的产品进行促销。

(2) 注重包装的时尚感。唯品会专用的包装袋和包装盒，采用粉色装饰，加上大大的 VIPSHOP 标志，在众多快递包装中十分醒目，既起到保护商品不受损伤的作用，又起到很好的广告宣传效果。

保证 100%正品，是唯品会与其他网络购物网站的最主要区别。消费者在选购商品时，不需要考虑商品质量问题，也避免多方挑选的麻烦。100%正品，使消费者在唯品会上购买有了在大型百货商店购物的保障，极大地提高了网站信誉，从而吸引更多消费者长期持续关注，并带动更多潜在消费者加入到唯品会购物的行列。

5.4.2　价格策略

对供货商的价格策略——最低特许折扣。与一般的网上购物平台相比，唯品会实行“零库存”模式，每周开售 4 期，每期推出 8～12 个品牌。限售时间一到，库存商品马上从仓库撤掉，腾出空位上架新的单品，这样每个品牌单品在仓库滞留的时间不超过 8 天，极大地缩短了与供货商的结账周期。唯品会结账周期最短为两周，大大减少了品牌商的现金流压力。与进入大型百货商场相比，免去了巨额进场费和 10%的销售提成，而且结算一般需要 3 个月。唯品会设计定金先付及一个月内结算的原则，避免因结算周期长，造成供货商资金回笼慢的现象，从而增加对供应商吸引力。

对消费者的价格策略——产品限时折扣、最低折扣、服装等生活消费品在普通消费者的购买决策过程中，最敏感的决策因素便是价格，打折对于消费者来说最具吸引力，并且打折还能够买到品牌的正品，增强了消费者的购买动力。限时，是催促消费者在较短时间下订单的动力，避免消费者因考虑是否购买而耽误交易时间。消费者一旦这期没有抢购到心仪的商品，还会继续关注下一期该品牌的在线限时折扣售卖，将消费者“钓”在唯品会网站上。

5.4.3　渠道策略

商品限时销售，减少库存，及时补充新品，与同一品牌在一年内合作不超过 6 个档期，每个档期只有 8 天左右，能有效避免供应商传统渠道的冲击，从而维护品牌形象。限时售卖，缩短商品在库时间，能够及时腾出有限的库存空间来存放下一期限时售卖的商品，对提高合作品牌的商品流通性大有益处。

大区物流中心，集中发货。唯品会将全国市场划分为 4 大区域——华南、华东、华北和西南，根据网购者 IP 地址予以归类，同一时段各个区域销售的品牌及销售网页完全不同。根据各个区域的购买特点设置大区物流中心，减少订单的送达时间，缩短了退货的周期，提高了交易成功概率。从消费者退货角度来分析，统一区域退货也缩短了唯品会网站和消费者收到货物和退款的时间，减少物流压力，商品在最短时间退回，降低库存压力。

5.4.4　促销策略

“名品折扣+限时抢购”。作为唯品会最具鲜明特征的促销策略，取得了非常成功的促销效果。这种商务模式强调消费者在购物过程中抢购的快感，进一步使网站拥有名品销售的主导权。消费者的购买行为主要取决于消费者的购买欲望，而这种欲望非常容易受到企业促销等外界因素的影响，具有较强的可诱导性。名牌商品是消费者购买过程中比较愿意追求的。品牌代表了消费者的消费观念，体现了购买者和使用者的品位，而商品本身也传递着品牌背后的故事，具有明显的设计理念。限时折扣增加了消费者下订单的紧迫感，从而促进成交量的大幅度提升。许多消费者常常会因没有及时下订单而错过了自己喜欢的品牌商品，这样，在消费者心中形成一种失望，继而还会持续关注唯品会下一期该品牌的特卖。

(1) 积分促销。唯品会针对会员的购买情况，进行相应积分，成交金额越高，积分越多。在一定的积分基础上，可以换购相应档次的商品，消费者通过多次购买来增加积分以获得奖品。积分促销在网络上的应用比起传统营销方式要简单和易操作。网上积分活动很容易通过编程和数据库等来实现，并且结果可信度很高，操作起来相对较为简便。唯品会的积分促销提供多种商品，由此增加上网者访问网站和参加某项活动的次数，增加上网者对网站的忠诚度。

(2) 节假日促销。利用节假日特殊时期进行某类商品的促销，是多数网购网站常用的促销策略。唯品会目前也会根据节假日的临近，提前进行宣传，预告促销活动的品牌和折扣情况。一方面，节假日消费者都是抱着参加优惠活动、购买打折促销商品的心理；另一方面，节日需要有特殊的商品来配合节日气氛，适时推出特价商品带动更多消费。

(3) 广告策略。随着近年网络购物网站的竞争激烈，唯品会开始在电视等媒体上做广告进行大力度宣传。唯品会的广告以女性为主，以宣传只做品牌特卖为主要特点，将唯品会的鲜明特征展现在观众面前。对于以销售生活用品为主的购物网站，选择电视这种能够直接传播到大众的广告媒体是正确的广告策略；从媒体传播范围来分析，电视媒体在全国各地都有受众，传播范围极其广泛，媒体传播范围越大，广告信息传播的影响越大。唯品会的电视广告在主要的几个省级卫视播放，传播范围相当广泛。

5.5　唯品会营销过程中的不足

5.5.1　网络营销产品的种类过于单一

唯品会的网络营销产品分类过于简单，在网站上销售的商品主要集中在时装、化妆品、家纺等等，其商品种类较少，在这一点上无法与淘宝、当当、京东等网站相比，虽然当当网主营商品是图书，京东主营的商品是家电，但两者经营的产品的种类也涉及了其他方面，而淘宝网店经营的产品更是包罗万象。虽然这三家电子商务巨头与唯品会的经营模式不一样，但消费者只会从商品的性价比来选择商品，他们并不会在乎网站的经营模式。与这三家企业相比，唯品会的商品种类还稍显单调。

5.5.2　价格策略不够灵活

唯品会产品的价格策略过于简单，主要是以低价位来吸引消费者。虽然这种策略能够吸引消费者的目光，但同时也会导致消费者迷失在繁杂的产品中，无法体会到唯品会的其他优势，比如商品的品质、真诚的服务等等。目前，唯品会价格策略主要集中在少数名牌产品，并没有针对客户的需求和市场的变化而制定相应的策略。

5.5.3　网络用户忠诚度有待提高

唯品会在建网站之前，并没有针对用户的体验度建站，顾客在网上购物的流程过于简单，网站的内容也过于简单，顾客无法从中搜索到自己需要的信息，从而使大量顾客流失。

网民的聚集与分散是一个动态过程，但是唯品会在建设过程中并没有建立网络营销会员制，消费者在购买过程中无法提高自身的体验度，从而导致失去黏性，与唯品会的感情也越来越疏远。

5.5.4　忽视网络负面信息

网络负面信息对于网站的影响非常深远，负面信息积累到一定程度，将会给网站带来致命性的打击。有些客户对于网站的评价是客观、公正的，对于这些评价，唯品会必须给予更多的重视，及时回复，以提高客户的满意度。有些客户会发表恶意评价，甚至是诋毁式的评价，如果唯品会对于这些评价置之不理，将会影响唯品会的品牌形象，进而影响唯品会的经济效益。

5.5.5　网购平台过于简单

目前，唯品会的网购平台还过于简单，与淘宝、苏宁易购等网购企业还无法相比。在平面作品、摄影、视频以及插画等方面还略显单调，网站的广告并未对奢侈品的功能进行拓展，在话题营造方面也稍显不足，网购平台打造已经迫在眉睫。

5.6　唯品会电子商务营销的启示

唯品会率先实现了“名牌折扣+限时抢购+正品保险”的网络营销运作模式，同时加上“零库存”的物流管理和电子商务无缝化接触，希望将自己的品牌打造成为国际化的“线上奥斯莱斯”。但是电子商务的战役从来都是商场中的焦点，大型的电子商务网站，如淘宝商城、京东、凡客，都在涉足这个领域；传统的百货商城，如银泰、百联，甚至还掌握着丰富的优质资源，非常具有竞争力，所以对唯品会的威胁越来越大，就好像是腾讯复制了淘宝，华莱士复制了肯德基等。因此，唯品会的未来战略启示具体如下：

(1) 丰富网络营销产品。目前，唯品会汇集了上千家一二线的商品，其中大部分是名牌服装、箱子、配饰、香水、化妆品和奢侈品等品类，品类集中是唯品会的一大优势。唯品会可以通过在网站上开辟新的专栏，不断拓展其产品的种类；对于刚问世的新产品，唯品会应当加大产品的宣传力度和促销力度，从而给消费者留下一个种类丰富的印象，为日后的战略发展打下基础。

(2) 适时调整价格策略。唯品会的定位就是名牌折扣的网站，它通过与国内外品牌代理商或者是厂家合作，直接代售其商品，无形中省去了中间商的费用，所以在长期的合作中应当建立相互信任的合作关系，使价格尽可能低，减少自身发展过程中的压力，同时在质量也应给予相关保证。错开季节的采购模式使商品更加优惠，降低积压风险，通过订单量降低成本，开拓更大的让利空间；保证消费者进入唯品会能够以比一般的零售价更加低的折扣买到自己喜欢的正品名牌，吸引忠实的顾客。做好相关产品的售后服务工作，从顾客满意度的层面入手，不断发现顾客需求，拓展新的业务。

(3) 提高网络用户忠诚度。唯品网可以采用会员制的模式来提高网络用户的忠诚度，具体做法为：一是采取注册会员的模式，用户在成为唯品会的会员后，登录网站能够查询更加细致的相关信息。由于唯品会网站的商品主打是折扣优惠，关注唯品会的用户多是看重的这点，采用会员制之后，购买人群相对会比较稳定，价格折扣也可以增加用户的黏度和提高顾客对奢侈品的忠诚度。会员制度使奢侈品消费者拥有相对独立的空间，也可以保持网站流量的稳定。二是完善智能搜索引擎，根据客户的需求和反馈，不断增加搜索的智能化引导，在优化应有的资源同时整合其他的搜索平台的力量；唯品会根据不同的搜索引擎来制定整合营销的能力，根据市场的变化，加强网络投放的力度，实施监控关键词来增加点击，从而提高用户的关注程度。

(4) 不断做好网络公关。在网络销售中，消费的主力是网民，网民对于新闻相对比较敏感，唯品会应当注意口碑的传播。方式方法一是在唯品会网页上开辟新的专栏，定期发布推广内容，比如发布一些有利于网站的新闻、帖子以及微博信息等等，使消费者了解网站的动态。二是对于一些恶意攻击的网民，要正面对抗，以消除对网站的不利影响。三是积极与消费者互动，关注消费者的评论，从反馈的信息中把握消费者心理，为网络营销的创新提供支持。

(5) 加强网购平台建设。所谓的多元化网购平台，就是改变过于唯品会过去单一的营销手段，慢慢向整个营销系统进行推广产品，可以同淘宝、苏宁易购等网购企业进行战略合作。同时针对媒体的特点选择广告内容的创作，并对广告效果进行管理，对终端销售、生动化配置与培训等多个方面进行系统调整。奢侈品的主流是引领潮流和创造时尚的话题，唯品会需要将自己的创新理论与卖点加入到多元化的网络平台当中，包括产品的平面作品、摄影、视频和插画等，为企业搭建满足双向需求的平台，拓宽奢侈品功能。奢侈品网络营销的每个环节都需要更多的技巧，保持高贵姿态，竭尽全力让消费者满意。

参 考 资 料

[1] 么志丹. 唯品会营销策略分析[J]. 中国市场, 2014(5): 32-33.

[2] 姜海纳. 唯品会电子商务平台的盈利能力分析[D]. 湖南大学, 2014: 8-13.

[3] 张伟. 浅谈唯品会网络营销策略[J]. 现代经济信息, 2013(11): 136.

[4] 覃凯. 唯品会:“后团购时代”网络闪购模式的新出路[J]. 电子商务, 2013(10): 7-8.

[5] 罗提. 唯品会连续 11 个季度盈利 2015 年二季度销售劲增 77.6%[EB/OL] (2015-08-12) [2015-09-10]. http://finance.chinanews.com/it/2015/08-12/7462481.shtml.

[6] 李培胜. 唯品会特卖不断升级为一亿会员带来惊喜[EB/OL](2015-08-09) [2015-09-10]. http://news.163.com/15/0809/22/B0K1D5U000014AED.html.

案例 6　1 号店

6.1　1 号店简介

1 号店，是由世界 500 强戴尔公司的前高管于刚(全球副总裁)和刘峻岭(全球副总裁，中国和香港区总裁)联合在上海张江高科园区于 2008 年 7 月 11 日创立的中国电子商务行业第一家网上超市。1 号店是定位于综合型 B2C 模式的网上超市，在售商品超过 800 万种，涵盖食品饮料、酒水、生鲜、进口食品、美容化妆、个人护理、服饰鞋靴、厨卫清洁、母婴用品、手机数码、家居家纺、家用电器、保健用品、箱包珠宝、运动用品及礼品卡等分类，相较于只有在 2～3 万种商品的传统线下超市而言，是名副其实的“网上超市”，海量的商品可以满足消费者的一站式购物需求。图 6-1 是 1 号店的互联网主页。

图 6-1　1 号店的互联网主页(http://www.yhd.com/)

1 号店的两位创始人都是前美国大公司的高管。刘峻岭为前戴尔公司中国和香港区总裁，于刚为前戴尔公司全球采购副总裁，在加入戴尔之前，于刚还曾任亚马逊全球供应链副总裁，对亚马逊的供应链进行改造并取得巨大成功；在戴尔，他负责 180 亿美元的采购。“为顾客带来价值”是他们共同持有的价值观。

1 号店以“全力满足顾客需求，追求最完美的顾客体验”为核心理念，以“比超市还便宜的丰富产品”和“免费送货上门”送货上门为主要的竞争手段，以“在确保商品高质量的前提下尽量降低成本加快速度，实现高效率的流通，给顾客提供一种前所未有的购物体验和生活方式”为宗旨，在电子商务为主导的市场上占据了有利地位。

截止 2014 年底，1 号店在线销售商品超过 800 万，注册用户接近 9000 万，移动注册用户超过 3600 万，订单占比超过 40%；在全国 8 大城市实现当日达，166 个城市实现次日达，在 11 个城市实现自营商品 58 元包邮，超过 6400 名员工，年度顾客满意度也超过 90%。相比前一年，1 号店的销售种类增长了十倍以上，持续优化供应链管理，运营成本下降了 37%，1 号店还组建了价格管理团队，开发了价格智能管理系统，在上海、北京、广州、武汉、成都的巨型仓库可以让周边 200 公里半径内区域的顾客都能享受到第二天货物送达，在 1000 多个城市实现了货到付款。为了让系统能够支撑其快速扩充的顾客群体的购物需求，2012 年，1 号店的技术团队发展到近千人。根据咨询公司 OC&C 发布的 2013 年及 2014 年电子商务及百货公司排名指数显示，2014 年 1 号店位列第 9，相较 2013 年名次上升 3 位；在电子商务公司中，2014 年 1 号店排名第 4(B2C 电商排名第 3)，与 2013 年持平。

6.2　1 号店发展历程

2008 年始，于刚和他的搭档在上海一间 10 平方米的办公室里花了 4 个月的时间写商业计划，组建团队，2008 年 7 月 1 号店正式上线，当时只有 3000 个商品品种，今天这个数字已经超过了 800 万。

在销售业绩增长的同时，1 号店还吸引了更多资本的加入。2010 年 5 月，中国平安集团出资 8000 万元收购 1 号店 80%股权成为最大股东；2011 年 5 月，中国平安向沃尔玛转让了部分股权，沃尔玛首次染指 1 号店，当时占股 17.7%；2012 年 8 月，中国商务部批准沃尔玛对 1 号店的控股增至 51.3%，至此这个美国超市巨头成为 1 号店最大股东。在此过程中，包括于刚和刘峻岭在内的 1 号店管理层及其员工股份被严重稀释，所占股份仅剩下 11.8%。国际巨头的入股给 1 号店带来了巨大改变，于刚和刘峻岭展开大手笔做了很多大型的营销活动，包括联合吉尼斯世界纪录认证方推出的一系列世界纪录挑战活动。

2014 年，1 号店在海购、互联网金融、O2O、互联网医药、营销和大数据应用方面均有动作。2014 年 4 月，1 号店面向供应商、入驻商户、第三方合作伙伴和顾客的全方位金融平台“1 金融”正式上线。目前，1 号店已经陆续推出的金融产品包括“1 订贷”、“1 保贷”、“1 元保险”和“1 号钱包”，为数千商家提供贷款金额数亿元。对于当下流行的 O2O 概念，在上海和其他区域都有尝试。如 2014 年 4 月，1 号店推出的首个 O2O 实践项目，涵盖了送货集散地、顾客取货点、营销中心三大主题功能的中远两湾城社区体验店。

2014 年 9 月，经过三个月高效筹备的“1 号海购”项目上线，以“保税进口”和“海外直邮”的双模式为用户带来海外商品。“1 号海购”现拥有近百家商家，在售商品达 12,000 种，来自美国、澳大利亚、日本、韩国、英国、德国、新西兰、中国台湾等地，品类覆盖母婴、美护、营养保健、进口食品、3C、箱包、轻奢等。

其后，1 号店又陆续在古美湾、北新泾等地增设了线下社区体验店，并推出“社区团”服务，最快可在 3 小时内完成社区内的急速配送。12 月，1 号店在“社区团”的基础上推出“小区雷购”服务，上海中环以内的消费者当日 16:00 前通过 1 号店移动客户端选定区域下单，即可享受优质的生鲜产品及其他民生商品当日包邮到家，所有产品保证价格低于 1 号店自营价。2014 年 8 月，1 号店获得国家食品药品监督总局许可，从事互联网药品第三方平台试点。截至目前，1 号医药馆在售医药商品数量已达 25 000 余种。

6.3　1号店独特营销手段

6.3.1　移动端营销

用户在1号店移动端购物往往要比在电脑端消费更划算，1号店会设置手机专享的优惠价格、优惠活动，消费者在移动端可以看到更多的促销信息，而手机客户端页面也比电脑上1号店主页更为简洁，商品列表与优惠信息一目了然，结算过程更快捷省时，管理个人账户、查询已有订单更加方便。图6-2为1号店App首页。

6.3.2　社交化营销

1号店和新浪微博结成战略合作伙伴关系，开发基于新浪微博平台的App。目前已经推出“微客服”和”微团购”两个应用。

6.3.3　区域化深入

1号店做了很多针对区域市场的营销，如1号店移动端特有的小区雷购，上海、北京两地市区内的用户18点前下单3小时内即可收到商品。图6-3为1号店小区雷购活动页面。

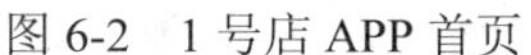
图6-2　1号店APP首页

图6-3　1号店小区雷购活动页面

6.3.4　多平台策略

“中国好商品”平台。2012年，1号店邀请所有的商家和个人将他们的新产品或创新产品的概念通过短视频的形式提交申报，并将视频展示在“中国好商品”的平台上，让顾客来决定什么产品是他们最需要的。最终选出的商品可以得到1号店过百万元的促销资源、品牌宣传资源的奖励。图6-4为中国好商品活动评选结果页面图。

图 6-4　中国好商品活动评选结果页面

6.3.5　低价格营销

“剁手价”、“1 贵就赔”、“低 50” 是 1 号店 2015 年价格策略的三大标签。在进一步巩固北上广深一线城市市场的同时，也通过多种渠道、多个模式深耕区域市场，往二三线城市下沉。

1 号店强大的 PIS 系统(价格管理系统)通过实时监控全网 70 多家主流电商 1700 万种商品的价格和库存信息，根据 1 号店的价格策略实时调整价格，保证了 1 号店的价格竞争优势，为顾客省钱。同时，在价格规范监管方面，1 号店在 2013 年上线了基准价流程，并在公司内部设立专人负责价格巡查，通过系统和人工方式对价格进行更严格的规范管理。图 6-5 为 1 号剁手价活动互联网页面。

图 6-5　1 号店剁手价活动互联网页面

6.3.6　构建网上药店

1 号店和其他网上超市的区别在于旗下有 1 号药网和 1 号医网，1 号药网原名平安药网，是 1 号店在广东壹号大药房的基础上，创立的新一代专业医药健康产品 B2C 电子商务网站。1 号药网中提供了中西药品、医疗器械、中药贵细、计生用品、个护健康等产品分类。1 号医网则构建了包括专家诊疗、健康服务商城、健康档案管理、医患交流社区、健康自测及电子病历等多重服务载体在内的互联网健康管理平台，内容丰富性、多样性，服务深入性、创新性史无前例。图 6-6 为 1 号店医药互联网页面。

图 6-6　1 号店医药互联网页面

6.4　1 号店供应链管理

1 号店自主拥有多项专利和软件著作权，并大力推进系统平台采购仓储配送客户关系管理等的建设，以提高自己的核心竞争力，公司独立设计研发的多套电子商务管理系统更是具有世界领先水平。在于刚看来，供应链是电商最核心的竞争力，他认为电商未来的比拼就是供应链，“我们需要在顾客需要的时间和地点，以他需要的方式将商品送到他的手中。2015 年，1 号店将继续优化供应链管理，为消费者和我们的商家提供价值”。

6.4.1　严格的商品质量安全管理

从 2013 年起，1 号店开始对仓储、配送进行 ISO9001 质量管理体系认证。同时，1 号店制定了“4+1”质量控制安全管理体系，即在供应商审核、产品入库检查、存储配送管理、产品质量问题追溯等 4 个关键环节制定了详细的产品质量安全监督流程，并对供应商违法违规供货行为一查到底，全力维护消费者权益。数据显示，通过严格的标准管理，在 2013 年，1 号店临期商品投诉达到 5.6 个西格玛水平，即临期不良商品投诉率仅为十万分之二。

6.4.2　强大的商品库存仓储能力

在供应链方面，1 号店与沃尔玛共享部分仓库，并借鉴沃尔玛的经验管理仓库系统，提高自动化程度，形成专业高效的流水线，运作成本降低一半，1 号店的平均出单时间能控制在半小时，一个原来日订单承载量在 2 万单的仓库，目前日出单总量能达到 5 万～6 万单，和沃尔玛一样，1 号店重视效率超过响应性，1 号店配送中心接收到订单之后把订单投入订单池，系统根据每个订单的关联划分拣货波次。

以库存周转天数为例，目前 1 号店的库存周转天数已经降到 10 天以内。自配送在全国 8 个城市实现当日达，16 个城市实现准时达，166 个城市实现次日达。2014 年，1 号店在上海、北京、天津、广州等 11 个城市降低自营商品包邮门槛，实现 58 元包邮。

6.4.3　高效的自有物流体系

1 号店自有物流配送，保持了快速响应性。虽然增加了运输成本，但减少了库存，提高了产品的可获性1号店在27个城市拥有90多个配送站点，且70%自有物流配送，如此强大的物流能力正是网购的坚实后盾。1号店自行开发软件，将全国划分为200万个区域，分区度比邮政编码更细腻，配送的准确率大大高于同行，目前1号店在北上广深的配送人员达到500多人，处理能力达每天3万个订单，配送速度大大快于竞争者。另外，1号店推出最后一公里的跟踪送货，半日达指定地点时间送货现场开箱验货送达，以及手机订货掌上1号店等特殊服务，迅速了解终端的需求，满足响应性。

1号店利用位于商店网络中心的配送中心来减少设施数量和提高效率。1号店长三角市场的营销中心和配送中心在总部上海，其研发中心在南京；同时，北京广州深圳各有分部和库房，负责京津唐和珠三角市场的物流配送和营销服务。1号店还将把分部设到全国50个二三线城市，大大提高了运输资本的效率。

为了降低货损率、提升物流效率，1号店推出“托盘共用体系”，已经被“品牌直通车”合作品牌商宝洁、联合利华、雀巢、百事等跨国巨头采用；“品牌直通车”也是1号店的模式创新，通过与全球消费品巨头300个全球品牌达成销售信息、市场营销活动、库存备货、物流绿色通道、顾客满意度、运营数据、全球经验七个层面的“直通”，1号店为顾客提供更安全可信、更具价格优势的产品和服务。

6.4.4　完善的信息数据技术系统

1号店注重利用信息技术整合供应链，使用信息因素改善响应性和效率 。1号店将供应商平台结算系统WMS(仓储管理)系统TMS(运输管理)系统客服系统以及数据分析系统整合于1号店自主研发的SBY(Service By YHD)平台，实现了数据统一管理1号店对SBY平台投入很大，该平台所储存的大量客户数据，能模拟分析出很多规律性的信息进一步挖掘后，1号店把顾客购买搜索收藏，甚至商品浏览的路径信息全部记录下来，作为顾客行为模型，去预测消费者需求，从而开展个性化服务，推荐提醒顾客购买喜欢的商品，使得供应链具有更强的响应性。

此外，在信息共享方面，1号店跟多个知名门户网站形成战略合作伙伴，包括GOOGLE支付宝腾讯等，以提高人气顾客流量和黏性，形成多方共赢的局面。

6.4.5　高质的供应商采购体系

1号店确定了其销售产品的有效供应源，启用类似大型商超的供应商联盟营销模式，只向具有一定品牌效应和规模的供货商供货，1号店结合沃尔玛的经验进行中国好商品创意营销供货商推荐商品视频到1号店，再由1号店顾客和网友投票筛选，胜者将被摆上1号店货架。这种方式不仅增加了与顾客的互动，还能真正了解顾客需求，对商家的产品也是一次低成本的推广。在对供应商进行严格筛选和管理的过程中，采用平衡计分卡评价供应商，包括质量、价格、交货及时率和服务等，另外还辅以付款条款、退换货原则以及其他附加的成本等各方面加权测度。1号店还考察供应商的营业额、业务流程、财务稳定性、管理团队信息技术系统能力，确保真正提升顾客体验1号店利用规模经济批量订货，保证了货品的质量和供应的连续性，大幅降低了采购成本。

6.4.6　有力的价格管理控制系统

1号店与全球零售巨头沃尔玛建立战略合作关系。与其他B2C企业相比，1号店使用优质的价格加上超级低价的商业逻辑，结合超市限时抢购等促销措施，极大地吸引了消费者。此外，1 号店的 PIS 系统(智能定价系统)会自动根据竞争对手的价格，对商品售价实时对比调整，保证 1 号店的价格优势，这样就可以确保客户需求不会随价格变化而发生波动。

6.5　1 号店的不足之处

6.5.1　发展速度待提升

在电商领域，1 号店的奔跑速度显然还不够快。数年之间，聚美优品、京东商城、阿里巴巴等国内电商企业先后赴美上市，曾被认为是“上海电商代表”的 1 号店的步伐却显得比较迟缓。更危险的是，1 号店“网上超市”的定位也正在受到天猫、苏宁易购、京东商城等其他同行的挑战。据《2014 年中国网络零售市场十强榜单》的数据显示，1 号店的市场份额在逐年下降。截至 2014 年 12 月，1 号店市场份额排名第七位，仅为 1.4%左右，与 2013 年相比份额下降了 1.2%。1 号店在几年的时间内被苏宁易购等迅速超越，这从于刚此前公布数字的过程中可以得到印证。2014 年，于刚公开表示，前一年也就是 2013 年公司的销售额为 115.4 亿元。但在 2015 年的业绩发布会上，于刚却没有披露前一年的销售额，他对此解释为“沃尔玛方面的要求”，更多人将此理解为 2014 年 1 号店的业绩并不理想。

“1 号店在中国电商企业的排名一直徘徊在七、八位，很难进入前五。”万擎咨询 CEO、知名电子商务观察者鲁振旺向《财经天下》周刊表示，1 号店的优势只存在于柴米油盐、牛奶副食之类的食品领域，而这些产品的毛利率并不很高。

6.5.2　市场影响欠深远

1 号店的影响力一直未能辐射全国。1 号店始终盘踞在上海，虽然电商用户大多处于长三角地区，但比较而言，1 号店在其他地区无法和天猫、京东、苏宁比肩，对二三线城市的影响和进入不够深入。1 号店保守的战略影响了它的进一步发展。

参 考 资 料

[1]　仲韦. 1 号店营销策略研究[D]. 北京交通大学, 2014.

[2]　袁婕. 1 号店的增长模式[J]. 现代商业, 2012(27): 12-14.

[3]　张乾坤. “1 号店”行业竞争五力模型分析及结论[J]. 科技视界, 2012(31): 26-27.

[4]　陈艳华, 吴冲. B2C 网上超市创新商业模式研究：以 1 号店为例[A]. 中国教育技术协会实践教学委员会、上海高职电子信息类职业教学指导委员会. 2011 年全国电子信息技术与应用学术会议论文集[C], 2011:5.

[5]　田雪, 刘莹莹, 司维鹏. 电子商务的顾客满意度分析：以 1 号店为例[J]. 电子商务, 2015(2): 3-4.

[6]　余笙. 新市场环境下网络超市项目成功运营研究[D]. 华东理工大学, 2011.

[7]　1 号店. 1 号店发布 2014 年业绩及 2015 年战略[EB/OL](2015-01-09)[2015-03-09]. http://net.chinabyte.com/176/13208676.shtml.

[8]　pchome 电脑之家. 1 号店 VS 京东 2015 电商大战继续升温[EB/OL](2015-02-13)[2015-06-23].http://mobile.163.com/15/0213/20/AIC1H1M900112K8G.html.

案例 7　百联 E 城

7.1　百联 E 城简介

百联电子商务有限公司是由上海百联集团股份有限公司、联华电子商务有限公司、好美家装潢建材有限公司等国内知名大型零售企业共同投资成立的。

为了方便顾客在众多的商品中选择购物，顾客不仅可以在百联 E 城(www.blemall.com)搜索和选购商品，而且可以通过公司的一系列分类网站，进行针对性的商品选择，主要分类购物网站包括 OK 手机城(oksjc.blemall.com)、电脑数码网(oksmw.blemall.com)、OK 家电城(okjdc.blemall.com)、OK 金饰网(okjsw.blemall.com)、佳家建材家居网(jaja123.blemall.com)、OK 数卡网(okng.blemall.com)、OK 票务网(ticket.blemall.com)、保险网(baoxian.blemall.com)、网上代理销售系统(esale.blemall.com、日本商品馆(meiribuy.blemall.com)，而且公司还整合和提供了 021-96801 电话订购及客服平台、手机 wap 订购及客服平台(wap.blemall.com)、会员俱乐部(okcard.blemall.com)、会员卡在线支付平台、生活 OK 网(www.shokw.com)等网络平台，为顾客网上购物和获得相关资讯提供服务。

2007 年百联电子商务公司被上海市经济委员会授予《上海市电子商务样板企业》称号，同时，“百联 E 城”网站作为“2007 年度上海市引进技术的吸收和创新年度计划”财政扶持项目，获得 100 万元的技术扶持资金。2008 年，百联电商还通过了软件企业的资格认证和 ISO9001：2000 质量管理体系认证。

百联电子商务公司依托百联集团大量的优质网点资源以及集团所属企业的技术资源、商品资源、网络资源，通过优势资源的整合，进一步发展电子商务业务。2007 年，百联电子商务公司所属百联 E 城等关联网站共计实现网上电子商务交易额 56 785 万元，网上经营商品多达 6 万余种，拥有 1500 多万 OK 会员资源，OK 会员 2007 年的持卡消费额达到 88 亿元。图 7-1 是百联 E 城及其部分附属网站的因特网主页。

图 7-1　百联 E 城及其附属网站的因特网主页(1)

图 7-1　百联 E 城及其附属网站的因特网主页(2)

7.2　百联 E 城的销售模式

百联 E 城通过不同的网站和 96801 电话购物系统，为广大消费者构筑起了一个安全、方便、快捷的网络服务平台。目前，网上销售的各类商品达 6 万余种，涉及百姓家庭日常生活的方方面面，为广大消费者提供了质优、物美、价廉、可供性广且丰富多样的商品，受到了消费者欢迎。公司还充分利用因特网的特色，根据广大顾客的消费需要和市场需求，推出了以通讯产品 PDA 家电等非超市类商品的经营，取得了良好的经营效果。百联 E 城网的销售模式可分为以下四种类型：(1) 标准门店销售模式。标准门店销售是百联 E 城网最为常见的模式。百联 E 城网最终选择了 80 家门店作为百联电子商务的配送点，主要销售超市中的一般生活用品、食品等。如果客户通过网络或热线电话成功下单，订单的数据首先会传送到百联电子商务总部的数据库中，然后由数据库分配到那家离顾客位置最为接近的门店，由门店送货员将货物送到客户手中。门店在完成配送后，凭顾客的签收单与百联电子商务分成。百联 E 城网可利用门店现成的库存就近送货，可实现低成本运作，对客户、对百联 E 城网来说都有重要意义。(2) 百联电子商务总部直接销售。由于门店销售配送的商品一般金额不大，因此并不是百联电子商务的主要利润来源。在网上经营手机、PDA、笔记本电脑等商品则是百联电子商务利润的重要来源。这部分商品通常由百联电子商务公司直接向厂商拿货，顾客通过网站成功下单后，订单数据直接到达百联电子商务数据库，百联电子商务公司便直接从总部或者厂商那里调货进行配送，其利润完全属于百联电子商务公司。(3) 卡类产品网上销售。由百联电子商务公司直接销售的产品还包括手机充值卡、上网卡、游戏卡等卡类产品，这些卡通过网上支付的方式使销售成本控制在最低水平。目前，各类充值卡基本都由客户直接在网上订购，通过网上支付后，直接在网上传递密码，不再需要进行实物的配送，这样既可降低营销的成本，又可为客户带来极大的方便。(4) 品牌专卖店合作销售模式。为了让客户在网上订购到知名品牌的产品，百联电子商务公司与众多品牌专卖点进行了成功合作。在百联 E 城网上，可以订购的品牌产品包括蛋糕、鲜花、钢琴、名表等。客户在百联 E 城网的品牌专卖点下了订单后，这些订单直接传送到百联电子商务网站的数据库，工作人员再把这些订单通过网络转到各个供应厂商，由他们自行分配订单，并进行送货。成交后，凭顾客的核对单数据，百联电子商务公司收取一部分手续费。

7.3　百联 E 城的特色服务与优势

7.3.1　百联 E 城的特色服务

为了最大限度地方便客户，百联 E 城网推出了与众不同的特色服务，主要有以下四种。

(1) OK 会员制服务。因特网为进一步密切超市与客户之间的关系创造了理想的条件，百联电子商务公司采用会员制的方式对客户进行专门的管理，并为他们提供更有针对性、更富个性化的服务。成为百联电子商务公司的正式 OK 会员后，除了可以享受网站特别会员折扣价格以及网站特快 3 小时后免费送货上门的特别服务外，还可享受网上、电话、手机 wap 网购物消费、积分和各类服务。这一做法得到了广大会员的支持与欢迎。目前，已经正式成为百联 E 城 OK 会员的客户数已达 1500 万，这些客户信息已成为了公司极为宝贵的经营资源，对百联超市业务的发展和电子商务的运作都有重大意义。

(2) 实时在线支付服务。百联 E 城不仅支持国内 30 多家银行的用户网上银行实时支付和实时转存 OK 会员卡，而且支持财富通、支付宝、快钱、IPS、安付通等国内主流第三方支付平台的实时支付或转存 OK 会员账户的功能，更可以通过汇款、各类促销 OK 积点卡转存等方式，进行在线储值和实时购物消费。OK 会员利用在线储值实时交易平台，可以充分享受网上网下购物的乐趣和便利。

(3) 实时方便的电话服务。百联 E 城拥有自建的 180 门线路的 021-96801 短号自动语言和人工服务的购物和客服平台，提供每天 17 个小时人工服务和 24 小时的自动语言服务，并且建有网上在线客服咨询、投诉处理系统，为各类用户提供电话购物和客户服务。电话自助语音购物提供上海移动、联通、电信卡、各类游戏卡的购买和直充功能，并且具有缴纳上海各类公用事业费功能，而自助语音服务则提供会员自助查询余额、积分、消费明细、积分兑换、密码修改等各类功能，每天接入的电话达到 30000～80000 个。

(4) 专有的短信和 wap 平台服务。百联 E 城与移动、联通建有专线，拥有独立的手机短信号：10622158，建有自己独立的手机短信和 WAP 购物和查询服务器系统，为顾客提供短信通知、促销宣传、购物、兑奖、查询等各类移动服务，已有的 OK 会员手机用户达 80 万以上。

(5) 异地服务。百联 E 城充分利用自身网点分布广的独特优势，在自行开发应用软件的基础上，采取甲地付款、乙地送货或顾客选店送货等服务方式，将电子网络数据上交换上跨时空的长处得以充分发挥，方便更多的不同层次用户的需要。

7.3.2　百联 E 城的服务优势

与其他电子商务公司不同的是，百联电子商务公司在发展电子商务时一直把发挥自身的各种优势作为一项重要内容，以致在国际、国内经济发展处于低潮时依旧能生机勃勃，蒸蒸日上。这些优势主要表现在：

(1) 依托完备的实体超市网络。百联集团旗下有近 8000 家营业网点，遍布全国 25 个省市。门店之间通过内联网连接起来，内联网又通过因特网与顾客连接起来，能够很好地解决制约电子商务发展的市场需求和实体网络不足的瓶颈，为百联电子商务的发展提供了坚实的基础。

(2) 品种和价格优势。依托百联集团多年来形成的良好的商品集中采购体系，“百联 E 城网”经营的商品，无论在品种数量上，还是在价格上都具有明显的优势。百联具有大规模的采购体系和物流配送体系，商品基本上都是从生产商直接采购，既有数量上、品种上的规模优势，又有极大的价格优势，多数商品都比同类电子商务公司的商品便宜，使消费者最终获益。

(3) 良好的信誉优势。百联电子商务公司销售的实物商品的物流配送主要由遍布全国各地的百联门店提供和完成，对许多顾客来说，百联超市已是身边的老朋友。

(4) 先进的技术优势。百联 E 城网在技术上有许多特色与创新，尤其是系统流程、后台业务管理以及与超市业务结合的使用性等方面，具有突出的专业优势，实现了业务流程的全自动化：系统采用先进的三层式结构配置，选用适宜网络业的 Sun 系列高档服务器，通过 Web、E-mail 和数据服务器托管方式，经专线和同步复制服务器与公司主机数据同步；系统采用 Solaris 操作系统和大型数据库系统，并采用先进的防火墙系统，确保系统高效安全运行；为了向客户提供快捷送货服务，公司还专门开发了门店配送调度系统；百联集团强大的信息系统为百联 E 城网提供了资源和技术的支持，保证了系统稳定、可靠地运行。

(5) 强大的智力支持优势。百联电子商务公司拥有一支技术支持和开发队伍，同时和上海多家技术公司有广泛的技术合作关系。为保证技术上、管理上的领先性，公司从各地高校聘请计算机网络、电子商务和管理方面的著名专家、学者组成公司的顾问班子，为公司提供强大的智力支持。同时百联电子商务有限公司依托于传统企业，了解传统行业市场的货源调配、顾客管理、市场营销等，具备商业能力合理应用的实战经验。

7.4　百联 E 城电子商务策略分析

7.4.1　百联 E 城运营的三大法宝：低价、服务、推广

2008 年是经济运行跌宕起伏的一年，在国际金融海啸的影响下，我国经济领域亦不能独善其身。与不景气的大气候相反，百联 E 城却呈现一片生机盎然景象。2008 年，百联 E 城 OK 会员已发展到 1500 万名，网上交易额突破 10 亿元，同比增幅 100%以上，全年上缴利税也有较大幅度增长。总结百联 E 城的成功，“低价、服务、推广”是该公司电子商务业务迅猛发展的三大法宝。

与实体门店销售相比，网上购物房租、管理、人员工资等运营成本要低得多，这就奠定了网上购物实行低价策略的基础。不仅如此，百联 E 城还通过总代理、总经销、买断经营、门店销售与电子商务相结合的方式，取得进价、售价上的最大优势。以手机为例，同

样的品牌、型号，在百联E城旗下的OK手机城(oksjc.blemall.com)购买，一般要比门店便宜几百元，有的高价手机两者价差达到近千元。由于2008年百联E城加大了低价促销力度，OK手机城网上销售同比增加7.5倍。2008年底，百联E城又开通了电脑数码网(oksmw.blemall.com)，2000多种电脑、家电配件、耗材以及其它数码产品，一线品牌，超低价格，刚一亮相，就受到网购者的青睐，比实体门店便宜1000多元的夏普、索尼液晶彩电网上销售更是火爆。

网购业务的发展单靠低价还不够，消费者往往担心的是网站的信誉和服务。百联集团作为全国知名的大型商业企业，为公司提供强大的品牌信誉度支持，同时注重售前售后服务，从把好进货渠道、商品介绍、售前咨询到物流配送、客户沟通、商品退换、投诉处理等都有一套流程。此外，百联E城还不遗余力为1500万OK会员开展代缴公用事业费、报刊订阅、手机充值、游戏卡充值、机票旅游预订、积分积点服务、装潢装修咨询、生活资讯等网上及电话服务项目，以服务带动业务，促进销售。

网络世界浩如烟海，酒香也怕巷子深。2008年以来，百联E城加大市场推广力度，通过媒体、网络、会员制以及重大节庆等一系列丰富多彩的推广活动，把低价位高品质的商品尽快介绍给消费者。特别是2008年上海购物节期间(9—10月)，与众多网站、金融机构联手，成功承办电子商务购物节，使百联E城(www.blemall.com)的访问量节节攀升，网站综合排名大幅度提升，一个月的网上交易额就突破1.8亿元。

2008年11月，百联E城又与佳家网、地产星空联合在上海举办大型家居建材团购会，吸引大量一线品牌如TOTO、科勒、誉丰、骏牌、斯林百兰等参与活动，利用网上与网下的联系，为网民提供广袤的挑选空间，受到广大网民的普遍欢迎。

7.4.2　聚合用户信息，增强百联E城功能辐射

百联电子商务联系自身特点和经营定位，从其网站运作的第一天起，便把“多渠道发展会员、多层次吸引客户、多侧面综合资料”作为聚合用户信息、增强辐射功能、抢占市场份额的主攻方向。百联电子商务除了改进网络系统、优化商品结构和推出一系列营销举措之外，主动出击，把“百联E城”的经营特点、网站功能、问卷调查、商品推介、优惠促销以及交流方式等宣传资料，通过“五管齐下”，即邮政报刊的夹送、多处设点的发送、公司员工的分送、注册会员的投送、联系单位的专送等形式，广为宣传、大力张扬。百联电子商务根据用户的需求层次、上网次数、购物频率、消费等级以及投诉内容等用户的基本信息，运用网站的客户资源管理系统的数据综合处理和信息探索分析，进行梳理和跟踪，对那些上网次数多、消费频率高的用户，实行重点关照、进行专门关心、推行交流关联，为公司研究制定和调整经营决策提供依据；为营销部门及时提出合情合理、适宜适合的营销举措或促销手段提供数据信息，并始终把“质量至上”、“安全第一”作为经营管理工作的首要任务来抓。

百联电子商务十分注重“百联E城”网运行过程中网络信息的整合。一方面总结应用软件和程序系统在数据信息传递、物流配送环节、商品供应链中的运作情况，及时补充、调整、完善；另一方面，深入进行数据挖掘，从大量的、不完全的、随机的实际销售数据中，提取潜在有用的信息，发现潜在客户，分析市场动向，及时调整网站的营销策略。

7.4.3　分析需求信息，挖掘“百联 E 城”网市场潜力

利用网络购物平台和“96801”电话订购平台，进行 B2C 和 B2B 业务的电子商务活动，是百联电子商务基本的经营格局。而网上经营的精选出来的 6 万种商品，则是百联电子商务整个经营活动中的主要业务。

随着网络化、信息化的飞速发展，广大顾客的消费行为和观念不断变化。根据消费市场的调研和顾客需求信息的分析，百联电子商务积极采取各种销售途径和多种营销方式，在网上经营取得较为成功经验的基础上，广开门路，拾遗补缺，积极拓展“副业”的经营领域，如手机及配件、各类电话通讯卡、PDA 产品、大家电、电脑、钢琴、文化用品等，其中，仅手机经营品种就达 200 余种，各类手机配件及通讯卡单品高达上千余种。到目前为止，百联电商已与中国联通、上海移动、上海广电、上海电信、上海钢琴销售公司、吉通等 80 多家供应商进行了经营或经销合作。

在进行非主营商品经营的过程中，“百联 E 城”网根据顾客的款式要求和时间约定，实行统一免费上门送货。从网站“订货——送货——收货”的一般程序来看，用户除了看重商品的质量、规格、标准之外，更注重的是商品的附加值，其中送货的约定性和及时性是一个很重要的方面。为了方便顾客即时消费，“百联 E 城”网抢占市场制高点，将原来 24 小时送货时间减少到订货后的 3 小时，大大拉近了网上购物和电话订购与消费者之间的距离。百联电子商务根据用户的需求，还开辟了综合性、实用性、指导性的信息咨询和查询窗口，诸如房产、股票、报刊、BBS、彩票查询等。百联电商灵活的经营模式，为以后进行的多元化经营格局的探索和 B2B 网上批发业务的拓展，积累了经验，打下了基础。

7.4.4　利用链接信息，扩大“百联 E 城”网品牌形象。

百联 E 城凭借比较成熟和完备的网络技术、坚实和庞大的实体网络，吸引了上海大型门户网站的关注。本着资源共享、双赢互利的意愿，百联 E 城不失时机地与《东方网》和《上海热线》联袂，分别推出一系列促销活动，提高了自身的知名度和点击率；与易趣网站合作，吸收易趣成为了 OK 卡的网上特约商户。

为进一步做大、做强，百联 E 城采取以动制动、不进则退的发展战略，利用自身实力雄厚的资本，在多方求证和科学评估的基础上，寻求经营上的合作伙伴，积极探索多元化经营和投资的新格局。2008 年 7 月，百联 E 城与光大银行合作，推出网上使用 OK 卡缴纳各类公用事业费用的代理业务。2008 年 8 月，百联 E 城又与每日通贩(上海百必百商贸有限公司)签订了商业合作协议，结为合作伙伴。双方在“百联 E 城”网络平台上联手创办“日本商品馆”，并将开设“中国电信 IPTV 商城日本商品频道”，全面展开网络及电视购物业务。通过合作，百联 E 城将让更多的消费者享受到高质量、高品位、时尚、平价，更适合国人的日本商品。

7.5　百联 E 城的启示

网上百货商城是百货实体店的延伸，实体店的品牌和商业资源将保证网上商城的健康发展，而网上商城也会推动实体店的发展。依托于实体百货商场的网上商城将拓展百货实体店的经营空间，使商圈范围更大，对传统零售商自身而言，也是在日益激烈的竞争中寻找新的利润增长点。

百联电子商务公司是国内较早成立的以大型超市为背景的专业电子商务公司。作为国内第一大商业零售企业的专门电子商务网站，百联 E 城从一开通就以准确的市场定位、清晰的发展思路、丰富的网上销售商品、低成本的物流方案以及全方位的服务等优势切入零售业电子商务领域，也正是因为对电子商务的深刻认识，才使得百联 E 城网在近几年电子商务网站的大浪淘沙中得以生存、并得到快速发展。

百联电子商务公司在多年的发展经营过程中，始终坚持“立足百联、依托百联”的经营宗旨，充分发挥百联的品牌、信誉、货源、门店、服务等各种资源优势，并把这些优势与因特网的特点高度融合起来，使两者相得益彰，互动发展，可以说是一种极其有益的成功探索。

值得指出的是，百联电子商务公司在电子商务业务的发展过程中，并没有局限在传统零售业固有的经营范围之内，而是充分考虑到因特网在销售通讯产品、电脑产品和卡类产品中的独特优势，把这些业务做深、做好，创造出了实实在在的效益，这一点是值得其他相关企业学习借鉴的。

百联 E 城在运营过程中总结出来的“以低价为中心，以服务为基础，以推广为导向”的营销策略充分说明，电子商务不仅仅是营销活动中的技术更新，更重要的是营销思路的转变。如果电子商务业务活动中抛开了“商务为本，效益为先”的经营思想，则必将误入歧途。这一点是我国企业从事电子商务所必须认真思考的。

参 考 资 料

[1] 百联 E 城. 逆势走强，百联电商网上购物进入快车道[EB/OL](2008-12-26)[2009-3-20]. http://info.jaja123.com/newsshow2.php?dlsh=342886.

[2] 姚国璋. 新编电子商务案[M]. 北京：北京大学出版社. 2004.

[3] 上海市电子商务行业协会. 百联电子商务有限公司[EB/OL](2008-3-26)[2009-3-20]. http://www.sh-ec.org.cn/hy_unit_con.php?dlsh=372019.

[4] 杨坚争. 电子商务网站典型案例评析(第二版)[M]. 西安：西安电子科技大学出版社. 2005.

[5] 百货商业. 百联电商 8 周年多元营销闹申城 3 天销售 33.5%[EB/OL] (2015-1-3) [2015-3-20]. http://www.comme.com.cn/news-21095-1.html.

[6] 赢商网. 百联启动全业态门店改造 互联网+全渠道打造新格局[EB/OL](2015-6-1) [2015-7-10]. http://fj.winshang.com/news-485315.html.

案例 8　小米手机官网

8.1　小米手机官网简介

小米官网是小米科技有限公司的官方网站，小米是一家专注于高端智能手机自主研发的移动互联网公司，由雷军组建。小米官网是一家专注于高端智能手机自主研发的移动互联网公司的官方网站。小米公司正式成立于 2010 年 4 月，是一家专注于高端智能手机自主研发的移动互联网公司，已获得来自 Morningside、启明、IDG 和小米团队 4100 万美元投资，其中小米团队 56 人投资 1100 万美元，公司目前估值 400 亿美元。小米手机、MIUI、米聊是小米公司旗下三大核心业务。“为发烧而生”是小米的产品理念。小米公司首创了用互联网模式开发手机操作系统、60 万发烧友参与开发改进的模式。图 8-1 为小米官方网站截图。

图 8-1　小米官方网站截图

8.2　小米手机官网的营销策略

8.2.1　产品策略

在小米手机的标准版发售之前，小米公司决定先出售工程机，并以秒杀的形式在小米官网进行销售。销售时间为 2011 年 8 月 29 日至 8 月 31 日三天，规定每天限量销售 200 台，并比标准版手机优惠 300 元，同时要求，只有会员并且其必须在 8 月 16 日之前在小米论坛达到 100 积分以上才有资格参与此次秒杀活动。消息从小米官网发出后，搜索如何购买小米手机的新闻瞬间在网络快速流传开来。显然这次秒杀活动只是针对那些早就已经关注小米手机的“发烧友”们进行销售。小米手机这一限制，让更多的人对小米手机产生了好奇。

8.2.2　促销推广策略

小米手机之所以在花团锦簇的手机市场占有一席之地，不得不说它前期的网络广告起了不可忽视的作用。

小米手机是采取线上销售模式的，也就是说，厂家与客户直接在小米手机官网交易，而不用通过中间的经销商，这就省掉了花费在市场和渠道上的成本费用，且随着网购的流行，小米手机的这种线上销售更有时尚感，符合年轻一代的消费模式。小米手机通过口碑营销＋事件营销＋微博营销＋体验营销＋饥饿营销的销售模式一步步走上神坛，其中处处有网络广告的作用。

小米公司刚刚成立的时候，资金并不雄厚，所以小米选择了采用门户网站和科技网站结合的网络广告结合模式，之间穿插着网站上的深度报道和正面软文，提高公司知名度。

在小米手机工程机的秒杀活动过后，之前没有资格参与到上次活动中的“米粉”们产生强烈的购买欲望，小米手机总是让媒体和“米粉”追着它走，每次产品发售以后，小米手机官网总是会出现货源不足的情况，这让想买手机的消费者却买不到，从而吊足消费者的购买欲望。

8.2.3　渠道策略

官网线上销售，电子商务为主。小米手机在分销渠道上主要采取了电子渠道加物流公司合作的分销模式。目前小米手机的销售主要依靠小米科技旗下 B2C 网站小米官网的网路直销，规避了与实体店和分销店的利润分割，避免了网络诈骗和多余的成本，杜绝假冒商品，又很有时尚感，能吸引年轻顾客的兴趣，同时更强化了自身的品牌影响力。

致力增加新渠道。小米手机在成功的营销战略下长期处于缺货状态，小米手机官网的网络经常瘫痪，单靠网络解决售后服务已经跟不上小米科技的成长速度。因此，小米官网还与手机运营商建立了合作，以及开辟社会渠道来拓展渠道。但由于小米手机采取的是饥饿营销模式，所以小米手机官网作为小米手机的主要销售渠道是一时间难以改变的。

8.3　小米手机官网的运作流程

小米科技每次开售新款手机，都会在小米官网上提醒消费者预约抢购，只有预约成功的消费者才有抢购机会。图 8-2 为小米官网购买新款手机流程图。

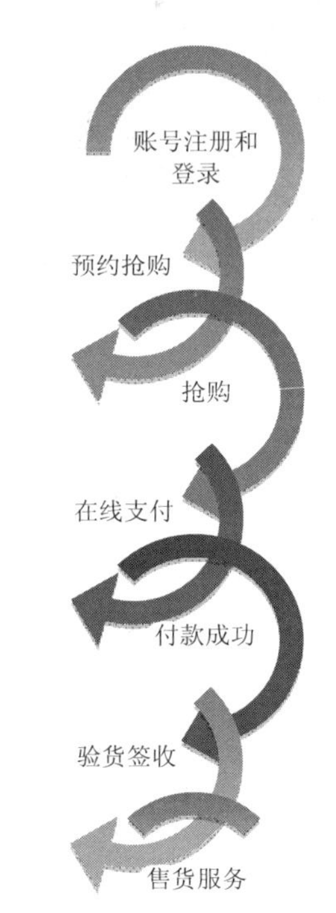

图 8-2　小米官网购买新款手机流程图

8.4　小米手机官网的支付方式

小米官网提供支付宝、财付通，手机支付等第三方平台支付，同时支持国内二十多家主流银行机构的储蓄卡、信用卡的网上付款。之外，还开发了自己专属的支付工具——小米钱包。

2015 年 1 月，小米官方网站低调上线小米钱包页面，支持绑定信用卡、储蓄卡，支持充值。在小米钱包注册的账号可以登录到小米科技的许多服务，例如：小米官网、MIUI、小米与服务、米币中心、小米应用商店、小米主题商店、米聊、小米社区等多个以 MIUI 为中心的衍生产品。

目前小米钱包只能用于购买小米官方网站相关产品，目前尚未支持淘宝、支付宝之间的转账汇款操作，只能充值及支出功能非常单一。在安全及可靠性方面，由于小米钱包与小米手机进行绑定，绑定之后还赠送“盗刷险”，同时受风控团队保驾护航，因此有很大的保障。图8-2为小米钱包界面。

图8-2　小米钱包界面

小米金融业务是基于小米的海量互联网用户和数据的增值业务。在小米“硬件引流，软件搭台，服务赚钱”的模式下，金融是其中最重要的“服务”之一。小米准备进入零售金融领域，为消费者提供贷款和理财服务。小米如果向央行申请第三方支付牌照，拿到牌照后，小米钱包将会成为像支付宝这样的第三方支付平台，用户在网购时可以选择小米钱包进行支付。

参考资料

[1]　丁利民，孙丁力．浅析小米手机营销策略[J]．河北企业，2012(8):59-60.

[2]　常亚南．小米手机网络广告营销策略探索[J]．产业与科技论坛，2015(14):14-16.

[3]　苇丽，庚淑荣．小米手机营销策略和模式[J]．商业文化，2011(12):93-95.

[4]　小米钱包．常见问题：[EB/OL](2013-07-05)[2014-01-05]．http://static.account.xiaomi.com/html/faq/zh_CN/faqBasis.html.

[5]　小米手机官网．关于小米：[EB/OL] (2013-07-05) [2014-01-05]．http://www.mi.com/about/history.

[6]　小米手机官网．帮助中心：[EB/OL] (2013-07-05) [2014-01-05]．http://www.mi.com/ service/help_center/guide/.

[7]　雷军晒小米2014年业绩出货6112万台销售额743亿.[EB/OL](2015-01-05)[2015-01-05]. http://www.sh.xinhuanet.com/ 2015-01/05/ c_133897454.htm.

[8]　2014 年小米手机全年销量图解[EB/OL](2015-01-04)[2015-01-04]．http://help.3g.163.com/15/0104/15/AF4J9U7O00964KJA.html.

案例 9　飞　牛　网

9.1　飞牛网简介

飞牛网(www.feiniu.com)，由上海飞牛集达电子商务有限公司创建，于 2013 年 6 月份正式成立，2014 年 1 月 16 日上线。上海飞牛集达电子商务有限公司的母公司为中国大陆零售百货业冠军“大润发”。因此，在一定程度上也可以说“飞牛网”是大润发实体零售店开设的网上商城，是利用线上空间的无限性和便利性所开设的自营式的网络零售平台。

飞牛网在上海市青浦区有一间 4 万平方米左右的仓储物流中心，运营着包括生活用品、家电、数码 3C、母婴产品、食品等多达 16 万种全方位品类，20 万余种商品，并且仍在不断扩充。品牌商的货物在统一进入飞牛网的仓库管理体系之后，顾客透过网络购买，再由飞牛网于 24 小时内集中送达顾客手中，商品的库存与送货时间管理十分精准，这可能也与其背后有“UITOX 集团”这样一个拥有十多年网络信息管理经验的合作伙伴有关。总之，飞牛网可说真正实现了生意人最注重的“货畅其流”的零售目标。图 9-1 为飞牛网互联网主页。

图 9-1　飞牛网互联网主页(http://www.feiniu.com/)

9.2　线上线下融合模式

9.2.1　供应链共享

飞牛网执行董事黄明端同时担任大润发董事长，大润发是经营快消品为主的大型超市，采购的品类虽然与大润发有所不同(任何一家实体大润发零售店都不能完全覆盖飞牛网上的全部商品)，但是其采购团队和供应商资源却处处可见大润发的优势。

大润发和欧尚是联合采购，在中国大陆每年有一千多亿的采购量，同时管理得当，连续六年在供应商评选中成为最满意的合作伙伴。这对大润发的管理效力和供应规模的信赖被移植到飞牛网上，通过网购的形式，将其优势无边界无区域性地放大。

在全国就供应链而言，飞牛网与大润发共享，设有专门发货组，总体来说是“两个牌子，一套人马”。飞牛网与大润发一同与供应商洽谈，从而促成 1+1>2 的效益，有效降低了运营成本，这既让飞牛网具备了正品低价的条件，也容易让消费者相信其商品的物美价廉。对飞牛网，也是对任何一家线上零售平台来讲，现阶段的任务之一正是成为一个能让消费者产生信赖的网站。毫无疑问，大润发为其做了最可靠的保障。

9.2.2 门店发货仓

2015 年 3 月起，飞牛网实施了拓展全国业务的计划，依赖强大的大润发门店资源，快速辐射全国。从上海、江苏、浙江和安徽的配送范围扩展至广东、山东、福建、海南、辽宁、北京、天津、湖北、云南，开启了华北、华中、华南、东北、西南地区的“购物直通车”。

飞牛网之所以能够快速覆盖全国，与大润发在全国范围内已经开设的 300 多家门店密不可分，大润发十几万员工都可以在服务 300 多家门店的同时服务飞牛网的用户，不用额外增加人力成本。故飞牛网在发货仓及人力成本等方面的优势可谓得天独厚。

对飞牛网而言，“门店发货仓”带来的改变无疑是巨大的，不仅节省了仓管成本，更无形地扩大了其经营范围和商品运送效率，也对大润发的库存处理带来很大的积极影响。

9.3 仓储管理

仓储管理是飞牛网的一个制胜点。在库存控制方面，通过对进货、销售、处理滞销、保质期等方面的管控，飞牛网迅速达到了电商 28～35 天的健康库存周转天数。这与大润发的多年的零售经验是密不可分的。

由于飞牛网依托于大润发超市的属性，诸多商品尤其是生鲜类商品的损耗都大大低于同行竞争者。以生鲜商品为例，生鲜类电商的平均损耗在 30%左右，而由于市场等因素造成的产品积压，在确保质量的前提下，可以在其实体店以折扣方式促销。因此，飞牛网可以将生鲜的损耗控制在 10%以内，未来，飞牛网致力于实现“零损耗”。

同时，线上的飞牛网有着线下“接口多”的天然优势，由此飞牛网未来的仓储发展理念是“先订单，后建仓”。当一个地区的订单数量较少时，飞牛网的仓储基本与该地区的大润发超市共享，但是一旦订单数量达到一定水平，飞牛网就会在该地区建设自己的仓储，这样有利于合理扩张，节约成本。

有数据显示，飞牛网目前的进销和寄销比例约为 6∶4，其他 B2C 电商大约为 8∶2，相较之下，飞牛网的寄销所占比例比较大。物流管理方面，飞牛网采取的是自建物流与第三方物流相结合的模式。自建物流飞犇物流已经全面覆盖上海以及部分江浙沪地区。

9.4 规模发展

2014 年飞牛网的销售额大概 2 亿元，2015 年飞牛网扩大运营规模，预计营业额将达到

20 亿元。

目前，飞牛网的配送范围涵盖上海、江苏、浙江、安徽、山东、广东、福建、海南、辽宁、北京、天津、湖北、云南等省市，配送产品种类已经包含了生鲜冷藏、食品酒水、厨餐具等 17 个大类，自营商品项数近 20 万 SKU(库存量单位)，并且还在持续快速扩充。

飞牛网的注册会员大概有 150 万人，对于一个新生电商是不错的成绩，其会员基本为终端零散客户。

大润发对各个地区顾客的习性、需求、喜好等特点十分了解，这也是大润发在传统零售业集团不景气的情况下能够独占鳌头的原因之一。充分了解所在地顾客的需求，使得大润发单店销售每年平均销售额超过 2.5 亿元，远远领先于其他同行。大润发在全国有近三千万会员，每个门店每天接待一万多名客人，这些会员都可以转移到飞牛网上。作为大润发的网上超市，飞牛网与大润发享有相同的供应链、相同的商品品质控管、相同的用户口碑以及相同的品牌认同，使得顾客对飞牛网的可信赖度高。

9.5　品牌宣传

飞牛网对上海市大约 5300 个小区采取地面推广方式，17 个门店的员工耗时 8 个月，每周一至周五到各个小区的信箱投递宣传单和体验优惠券，并张贴开箱提醒；每周末到各个小区设立宣传点分发传单等，为小区居民宣传讲解飞牛网的服务。

2014 年 6 月开始，飞牛网渠道下沉，电商下乡，启动“千乡万馆”计划，即在一千多个乡镇社区开设一万多个体验馆，与喜士多便利店、邮政营业厅合作，作为物流终端及包裹代提点，满足“最后一公里”配送服务以及体验，形成一定的社区终端效应，对于客户的体验、投诉、咨询等业务需求有了理想的业务处理环境。

此外，在全国各个大润发门店均设有飞牛网宣传摊位；在娱乐场所、公交车站、地铁站等客流量大的地点张贴宣传海报；积极分发飞牛网购物 50 元抵用券。飞牛网力争做到“哪里有大润发，哪里就有飞牛网；哪里没有大润发，哪里也有飞牛网”。(图 9-2、图 9-3、图 9-4 分别为：飞牛网网购体验馆、团购服务中心及运送班车、飞牛网优惠券)

图 9-2　飞牛网网购体验馆

图9-3　团购服务中心及运送班车

图9-4　飞牛网优惠券

9.6　未来规划

9.6.1　物流配送

在未来，飞牛网全资物流飞犇快递会不断扩张，将致力于铺满全国。以苏州地区为例，若每天市中心的订单量达到200单以上，便可建立飞犇快递站点，招募自己的团队，充分利用自建快递团队的优势，令员工服务能够完全按照公司标准，而不受第三方物流公司的制约，如员工工作时可衣着代表飞牛网的统一制服、制定企业标准(如冷藏标准、送货时间等)无需给第三方物流公司传达等。但从长远来看，飞牛网不会摒弃第三方物流，实现社会资源节约化管理。

9.6.2　成本损耗

电商不是一个短期盈利的行业，而是一个长期烧钱的行业。其中生鲜电商无疑是电商企业面临的大难题，其对冷链和供应链的要求都居高不下。飞牛网目前已经实现将生鲜的损耗控制在10%以内，损耗的减少可以直接带来利润的增加。飞牛网与大润发的仓储管理理念相结合，在未来，飞牛网致力于实现“零损耗”。

9.7　公司SWOT分析

9.7.1　竞争优势

(1) 产品质量有自信，售后服务有保障。有实体店的信誉背书，飞牛网的产品就更值得消费者信赖。网上购物常常真假商品鱼龙混杂，但飞牛网不存在这类问题，上线至今一年多，从未发生一起因为客户质疑商品假货而产生的退换货案例，即使出现问题，也都可以直接通过大润发来解决，或大润发员工上门取件，或顾客亲自到大润发门店，等等。实体店带来的信誉优势，目前来看，是1号店等其他网上超市无法企及的。

(2) “天天低价”。飞牛网最大的优势在于其拥有实体经营的支持，也就是拥有大润发的支持。与大润发一直秉承的理念相同，在低毛利与高运营、重物流的多重矛盾下，飞牛网始终坚持着 EDLP(everyday low price，即天天低价)理念。压低价格的同时就压低了利润，这一部分的利润空缺，则由整个零售业务的运营过程中高效的执行力来弥补，形成了薄利多销的稳增长情况。

(3) 生鲜市场。有大润发作强力的后盾，飞牛网在生鲜市场的竞争力不可估量。飞牛网在江浙沪地区生鲜市场的竞争对手如美味七七，最大的限制就是冷链，这也是他们目前局限于江浙沪地段开展业务的重要原因。飞牛网有大润发全国300多家门店的支持，每一个门店都有成熟多年的冷链和采购链，飞牛网共享大润发的冷链和采购链，完全不受地域限制。

另外，但凡生鲜产品都会有新鲜度的损耗。就损耗率来说，现在市场上大部分生鲜电商的损耗率是30%左右，飞牛网能够将接近保质期的生鲜产品拿到大润发门店进行捆绑打折促销，既能保证顾客在飞牛网上购买生鲜产品的新鲜度，又能满足不同顾客在大润发门店购物时的优惠需求，同时把损耗率降为10%左右，一箭三雕。降低20%的损耗率就是飞牛网的利润点，也是其在生鲜市场上最大的优势。

9.7.2 存在的劣势

(1) 引流。大润发董事长兼飞牛网执行董事黄明端在2014联商网大会暨中国零售业发展高峰论坛上曾说过，“引流”是飞牛网最伤脑筋的问题。由于线下引流和线上引流存在相当大的差距，因此即便是业绩卓著的大润发，面对飞牛网的“引流”问题也无法做到胸有成竹。单就线下引流来说，只要选好地点就能确定，只要门店大幅度促销就能吸引顾客。然而线上如何引流？严格意义上来讲，这是电商企业面临的首要问题。对于线上引流来说，线下引流的方法带来的意义微乎其微，例如，在网上商城开展商品免费赠送活动，不一定能够吸引顾客。也就是说，电商需要自己花钱做广告，对广大顾客宣传相关商品。因此，广告费用也是电商企业众多烧钱项目之一。

(2) 起步晚。飞牛网错过了电商发展的黄金时期，起步略晚，就目前来看，无论是市场占有率，还是品牌形象，均落后于京东、1号店等电商大头。当下，全国电商创业的气氛浓厚，飞牛网在拥有众多竞争优势的同时，也伴随着大市场下不计其数的电商压力。然而飞牛网立志达到“5年的时间里追赶1号店，并做到国内电商前三甲”的目标，其潜力还是不容小觑的。

(3) 烧钱。同其他电商企业一样，“烧钱”是共同难题，飞牛网执行董事黄明端曾表明“不怕烧钱”，也“不差钱”。众所周知，做电商不能指望短期盈利，所谓的电商竞争无非是争“谁烧钱少”。即使飞牛网背后有大润发这样一座稳靠山，也无法避免考虑资金链、盈利率等问题，毕竟没有一家企业仅仅为了“烧钱”而“烧钱”，其目的仍要归根于暂时“烧钱”背后的未来利润。

9.7.3 面临的机会

(1) 用户忠诚度。大润发拥有良好的信誉，导致顾客忠诚度也很高，一旦飞牛网引流成功，将能够吸收大量的“回头客”；同时，大润发门店固定，在大量宣传效应之下能够拉拢更多潜在新会员。若飞牛网能深入贯彻“千乡万馆”计划，将邮政、喜士多便利店和大润发门店中的体验馆价值发挥极致，也可降低引流的难度。

(2) 可塑性强。当今是个性化时代，飞牛网作为新兴电商，在借鉴老牌电商成功经验的同时，能够去粗取精，吸取教训，创造适合自身的发展套路，具有更强的市场适应能力和可塑性，为个性十足的市场和顾客量身定做相应产品，首当其冲的是对市场个性化的进一步探索。

(3) 线上线下结合。线上飞牛网与线下大润发各有优势，线上线下相结合，相互依存，又各自保留实力。二者之间无缝合作，加上多年在零售行业的管理经验，完胜各个电商巨头的发展潜力巨大。

9.7.4 潜在威胁

(1) 竞争激烈。越来越多的老牌电商进军生鲜市场，即使飞牛网拥有强大的冷链、采购链以及线上线下相结合的运营优势，也避免不了外界强大的竞争压力，若短期内客流量无法满足，依然不能带来利润。

(2) 资金链。电商行业和传统的互联网行业有很强的相似性——“赢者通吃”，所以前期的资金大幅度投放是各个电商企业的第一步也是最为关键的一步。资金及时投放到位，无疑可以为电商行业带来巨大的关注度和吸引力。但刚起步的飞牛网以及其宏大的企业定位目前仍旧烧钱不止，飞牛网或其母公司能否维持资金链的正常，将决定飞牛网的下一步动向甚至自身成败。

参考资料

[1] 宫谈飞，张良，毕建平，班慧．国内外生鲜电商运营模式分析与启示[J]．商场现代化，2014(27): 27-30.

[2] 张新明．销售型 B2C 网站存在的问题及建议[J].中国管理信息化, 2010, 13(9): 112-114.

[3] 王杨，顾英男．我国农产品冷链物流的研究[J]．物流工程与管理, 2010, 32(9): 4-5.

[4] 张璐．苏宁的“踏云”转型带给传统零售业的启示[J]．管理观察, 2014, (21): 76-78.

[5] 池健．“店商+电商”生鲜运营模式探讨[J].电商物流, 2013: 11-14.

[6] 范云兵．垂直生鲜电商的放与收[J]．中国物流与采购, 2013, (15): 38-39.

[7] 肖筱．被推向风口浪尖的生鲜电商[J]．电子商务, 2014, (8): 136-137.

[8] 肖芳．解析生鲜电商四种模式[J]．互联网周刊, 2013, (5): 50-51.

[9] 段战江．顺丰优选 VS 本来生活：抢位与抢镜[J]．商界评论, 2014: 110-115.

[10] 大润发飞牛网去年销售额超 2 亿 今年想翻十倍[EB/OL](2015-04-05)[2015-05-05]. http://tech.sina.com.cn/i/2015-04-05/doc-iawzuney2552698.shtml.

案例 10　徐家汇商城

10.1　徐家汇商城的简介

上海徐家汇商城(集团)有限公司是成立于 1994 年 11 月的国有独资有限责任公司，是上海市政府确定的第一批现代企业制度试点单位的重点扶持的市级大型企业集团。之后，徐汇区政府为提升徐汇区整体形象和消费能级，出资成立了上海徐家汇商城集团电子商务有限公司，由其运营“徐家汇商城”网站。“徐家汇商城”网站整合了多方位、多内容的消费服务，不仅限于百货超市、宾馆酒店、休闲娱乐、奢侈品类等门类，尤其在百货超市板块更是集结了像上海第六百货、汇金百货、汇联商厦、太平洋百货、港汇恒隆广场等具有强大供应链资源的百货公司，汇聚了国内外主流的 2000 多家一线品牌，可谓是一个全新的时尚综合类高端百货网络商城。图 10-1 是徐家汇商城的因特网主页(http://www.xjh.com/)。

图 10-1　徐家汇商城的因特网主页(http://www.xjh.com/)

10.2　徐家汇商城旗下的百货航母

10.2.1　上海第六百货

上海第六百货简称上海六百，成立于 1952 年，坐落在徐汇区肇嘉浜路 1068 号，地处徐家汇商业地带，是一家主营男女服饰、鞋包、化妆品、首饰等商品的服饰主题商厦。其经营定位是基础商品和中档商品，以全方位满足大众的消费需求。在徐家汇商城网站上，上海六百主打“魅力女装”、“温雅男装”、“鞋履箱包床品”、“母婴童品”四大板块。

在“赤诚奉献，追求领先”的企业精神号召下，首创“自然式”服务模式，坚持诚信经营，赢得了顾客的广泛赞誉。做到“质量保证、价格保证、服务保证”，创出了“上海六百”的企业品牌，并多次获得“全国精神文明先进单位”“全国百家最大零售企业”和“全国百城万店无假货示范店”等荣誉称号。图 10-2 是徐家汇商城上的上海六百页面。

图 10-2　徐家汇商城上的上海六百页面

10.2.2　汇金百货

汇金百货开业于 1998 年，地处徐汇区肇嘉浜路 1000 号，定位为中高档百货，以高品质的商品，优雅的购物环境和浓厚的文化气息形成了“时尚百货”的品牌形象。

汇金百货共有 8 个营业楼层，营业面积达 30000 余平方米。在徐家汇商城的网上平台上，汇金百货以“潮流女装”、“时尚男装”、“运动户外”、“家居家纺”为主要经营范围，汇集了大部分的国际一线品牌。

在线下，汇金百货也积极进行营销推广，积极探索经营与文化的有机结合，宣传品牌的文化内涵。利用商场内外的宽广空间及地处徐家汇商圈中心位置优势，组织各种形式的文化营销活动，如先后组织了青铜器展、恐龙化石展、中国书画展、海洋生物展、宠物大赛，以及各种文艺晚会等一系列文化活动，弘扬传统文化和现代生活理念，营造浓郁的商业文化气息，提升新老顾客的关注度与忠诚度。

汇金百货的知名度和美誉度不断提高，成为沪上时尚消费的集聚地之一。几年来汇金百货的销售额稳居上海零售百货业十强之列，成为上海商界销售增长最快、经营最为活跃的百货商厦之一。图 10-3 是徐家汇商城上的汇金百货页面。

图 10-3　徐家汇商城上的汇金百货页面

10.2.3　港汇恒隆广场

港汇恒隆广场购物中心位于上海徐家汇商业区最大和最繁忙的地铁站的上面，地点便捷，且充分借重徐家汇商圈的聚集优势，全面吸收国外现代化商业 Shopping Mall 的模式，追求卓尔不群的经营特色。港汇恒隆广场购物中心主入口正向地铁站出入口，便利顾客进出。商场包括地上六层和地下一层 7 个营业层面，商铺营业面积 7 万余平方米。

港汇恒隆广场购物中心线上线下的平台几乎同步。线上的平台也汇聚了女鞋、数码电子、包袋饰品、化妆品、儿童用品和家居用品等各大主题系列，涵盖了消费领域各种标杆品牌，例如 Hugo Boss、DKNY、Longchamp、Coach、Armani Exchange、Swarovski、Calvin Klein 等。图 10-4 是徐家汇商城上的恒隆广场页面。

图 10-4　徐家汇商城上的港汇恒隆广场页面

10.3　徐家汇商城旗下的宾馆双雄

10.3.1　上海斯波特大酒店

上海斯波特大酒店是上海斯波特体育发展有限公司投资建造的集餐饮、客房、娱乐、健身、体育休闲、会议等为一体，并聘请申城旅游大型骨干企业之一的东湖(集团)公司全权管理的极具体育特色的四星级酒店。

酒店地处上海市徐家汇中部，占地 3885 平方米，建筑面积 2.7 万平方米，高 87 米，主楼 23 层。在上海斯波特大酒店的线上平台上也详细介绍了各种会议室、客房区、婚宴预订等各项服务，配套齐全，设施一流，服务专业，可满足现代宾客多层次之需求。

酒店四周高楼林立，商厦云集，而与酒店仅一墙之隔的光启公园，又充分体现了酒店“都市山林”的风貌，堪称闹市中的“世外桃源”。加之地铁、轻轨、高架、数十条公交线路纵横于酒店四周，交通极为便利，是旅游者休闲度假的好去处，也是现代商旅理想的办公之地。图 10-5 是徐家汇商城上的上海斯波特大酒店网站页面。

图 10-5　徐家汇商城上的上海斯波特大酒店网站页面

10.3.2　上海天平宾馆

上海天平宾馆坐落于市中心最优越的地段——徐家汇中央商务区内，俯瞰整个徐家汇商圈、徐家汇中央公园等著名景点，毗邻优雅的衡山路酒吧街和著名学府上海交通大学。2010 年由日本设计师倾力打造重新装修。

酒店开业时间 2000 年 12 月，新近装修时间 2010 年 7 月，楼高 21 层，客房总数 155 间(套)。在其线上平台完整而全面地说明了上海天平宾馆的客房种类，包括残疾人客房、城景标准间、行政套房等等，同时还提供周到的餐饮服务。图是 10-6 徐家汇商城上的上海天平宾馆网站页面。

图 10-6　徐家汇商城上的上海天平宾馆网站页面

10.4　徐家汇商城的经营优势

10.4.1　具有实体支撑的电子商务平台

与一般的电子商务平台不同，徐家汇商城具有实力雄厚的实体购物店作为支撑。当顾客需要退换货时，有途径可以找到实体店亲自处理。这与一般普通的小电商入驻式的电子商务平台形成差别。

10.4.2　斐然的声誉与国资背景

徐家汇商城这一电子商务平台背靠上海徐家汇商城(集团)有限公司，具有强大的资金实力与政策优势。徐家汇商圈作为上海老牌的商业繁荣区，具有一大批特定的消费群体。其中不乏高净值人群，他们具有相当程度的品牌认同感和依赖性，对于徐家汇来说是一批稳定的销售来源。徐家汇商城的电子平台成立后，依托其声誉以及国资背景，可以无形中为顾客在网购中承担的风险背书，加强客户对其的信任感，有助于促成客户的大额交易。另一方面，依托实体百货的供应链优势，国际一线大品牌也乐意入驻。高端品牌也更乐于跟国企合作，电商平台在发展中高端消费方面优势显著。

10.4.3　难以复制的体验式消费

虽然徐家汇商城的电商业务刚刚起步，但其最大的优势仍在线下实体店的巨大体量。因此更多地将线上的顾客吸引到线下来，发展体验式消费是徐家汇商城着力的方向。据报道，徐家汇商城新建的 T20 商业地产项目还将以牺牲 5000 平方米商办面积的代价，为徐家汇商圈增添首座空中“廊桥”——在现有徐家汇天桥基础上， 将其二楼与上海六百、汇金百货、美罗城、太平洋数码城等商场二楼连接起来，并在“廊桥”上建垂直绿化带、增添娱乐休闲设施，将其打造成一个空中观景平台。

又如，港汇恒隆广场一楼的 168 米欧亚式露天步行街——兰桂坊，为商场增添了异国情调，其中汇聚了十余家东西方餐馆、咖啡吧、水果吧、点心店、茶坊等，占地 3500 平方米，标志着大都会生活的 Ole 精品超市及 Versus Versace 咖啡厅，为港汇恒隆购物中心提供了多姿多彩的时尚生活经验。

诸如此类的体验式消费是普通电子商务平台所不能及的，也正是徐家汇商城的优势所在。

10.4.4　品牌定位与辐射力

徐家汇商城电子商务平台的设立也将“上海的徐家汇”变成了“中国的徐家汇”，辐射能力大大增强。徐家汇商城定位于高端市场，对于徐家汇电子商务公司未来的发展，电商高层表示：“我们的目标是在未来一年，成为中国一流的互联网中高端时尚购物平台。”

10.5　徐家汇商城的经营特色

10.5.1　徐家汇 e 卡通

徐家汇 e 卡通是由上海徐家汇商城(集团)有限公司所发行的预付卡，除了传统的线下消费功能外，亦可登陆徐家汇商城实现网上充值和消费。商城集团将徐家汇 e 卡通打造成徐家汇商圈的 VIP 会员卡，不仅将整合商圈内各商家的 VIP 会员和网上商城的 VIP 会员，还将实现消费积分的通兑通用。

徐家汇 e 卡通是可循环充值使用的预付费卡，分实名卡和非实名卡两种形式。徐家汇 e 卡通可反复充值、查询余额和历史交易记录，适合用于大型企事业单位的员工福利发放。

徐家汇 e 卡通分为普卡、员工福利卡及 VIP 卡三种，并根据累计消费和充值记录绑定会员制度。会员分五个等级：普通会员、银员、黄金会员、白金会员、钻石会员。依托集团线下百货的强大支撑、专业的服务团队及多渠道优秀的合作伙伴，徐家汇 e 卡通将在徐家汇商圈内打造便民利民的受理环境，为广泛的持卡人提供定点的优质示范商家和定向享受便利和优惠的消费体验。图10-7是徐家汇商城的普卡与员工福利卡。

普卡 v2.0

员工福利卡

图10-7　徐家汇商城的普卡与员工福利卡

10.5.2　韩国馆与台湾馆

徐家汇商城推出的韩国馆和台湾馆，将对商品的风格和区域进行划分。徐家汇商城和韩国东大门的零售企业、台湾的远东集团都在进行良好合作。徐家汇商城韩国馆特色专区提供韩国购物网站网上购物中心，提供种类丰富的产品，如服装、居家用品、电影音乐、数码手机、家电等。此外，随着韩国馆、台湾馆的推出，徐家汇商城也将推出精品代购服务，以满足用户对特色服装以及海外百货的需求，并且将在价格、保真性和售后服务上凸显多年积累的强大供应链优势。图10-8为徐家汇商城上的台湾馆页面，图10-9为徐家汇商城上的韩国馆页面。

图10-8　徐家汇商城上的台湾馆页面

图10-9　徐家汇商城上的韩国馆页面

10.6　徐家汇商城的经营不足

10.6.1　各大百货之间的协同效应体现不明显

徐家汇商城虽然整合了六大百货公司，然而在大多数的时间里，各个百货仍然是各自为战，步调不一。由于各家百货公司购物数据端口的不兼容，数据的不透明，也为各百货公司一起协同作战设下了重重障碍。一时间，各企业也难以摆脱自家“一亩三分地”的传统思维，因此整合的效益大打折扣。

10.6.2　大而杂，多却同

徐家汇商城虽然有丰富的品牌备选项，但将众多的品牌全都纳入到电商平台上是不现实的。同时由于网络资源的限制，顾客不可能将所有的备选商品都浏览一遍。因此如何精心选择推送商品，就需要平台管理者的智慧。这既需要保证经济效益，又要不挫伤所有商家入驻的积极性，同时还要管理者与商家做好沟通协调工作。

此外，百货本身同质化很严重，如何使得各大百货之间合理、错位地竞争，也是以后徐家汇商城需要优化的问题。百货之间要选择不同风格的品牌，参考价格、定位等因素优化组合品牌。徐家汇商城在电子商务方面仍然是一个新手，在做强的道路上仍需要不断努力。

参考资料

[1] 汇金百货公司简介[EB/OL].(2015-08-10)[2015-09-10]. http://www.xjh-sc.com/ huijing.htm.

[2] 恒隆地产概览[EB/OL] (2015-09-01) [2015-09-10]. http://www.grandgateway66.com/ zh-cn/ shopping-mall/overview.aspx.

[3] 上海斯波特大酒店酒店介绍[EB/OL].[2015-09-10]. http://www.sportsihotel.com/ about_1.html.

[4] 拥有徐汇e卡通尊享品质e生活[EB/OL] (2012-12-15) [2015-09-10]. http://www.xjh.com/ News/1110.htm.

[5] 李婷. 徐家汇商城黯然神伤[J]. 中国连锁. 2013(08): 51-54.

[6] 孙文婧. 徐家汇商城二次创业[J]. 区县国资报道. 2013(05): 58-59.

第 2 篇　工业电子商务网站

案例 11　我的钢铁网

11.1　我的钢铁网简介

“我的钢铁网”是上海钢联电子商务股份有限公司创办和经营的，是上海钢联旗下核心子公司。上海钢联电子商务股份有限公司于 2000 年 4 月正式注册成立，5 月“我的钢铁网”正式上线。上海钢联电子商务股份有限公司主要从事信息服务、网上交易、网上分销、网上采购、网站建设、解决方案等，是一个专注于钢铁业的全国性大型综合 IT 服务企业。通过旗下“我的钢铁网”，上海钢联首创了钢材、炉料、特钢、有色、国际等五大资讯频道，提供综合资讯、产经纵横、统计资料、钢厂资讯、下游动态等资讯内容。

11.2　我的钢铁网特色服务

11.2.1　数据服务

上海钢联成立于 2000 年，当时正处于互联网泡沫破灭的前夜，但又值中国的钢铁行业突飞猛进之际，粗钢产量突破 1 亿吨大关，并且还在急速增长，当时市场上并没有专门的机构提供市场价格信息和行情报告，“我的钢铁网”就此应运而生，开始做信息服务。

网站开通后，起初经营并不顺利。不过，上海钢联还是坚持对钢铁市场情况进行跟踪，并成立了由专业人员组成的研究组，对收集过来的简单价格信息进行分析，形成研究报告。一年以后，上海钢联开始通过这种服务获得收入。

“我的钢铁网”较其他电子商务网站有一个特点，即网站具有数据服务的功能。钢联数据是由上海钢联电子商务股份有限公司历时十年全力打造的一款面向大宗商品行业研究的数据研究终端，数据涵盖钢铁、能源、有色、橡胶、纺织、化工、建材、造纸、农产品以及宏观、下游终端需求等多行业、多品种数据，推送各类资讯和研报。模块包含多维数据行情、资讯情报、研究报告、逻辑图集、专题研究模型等。功能集数据统计、数据分析和 Excel 插件数据同步更新为一体等强大的计算功能以及个性化图表制作功能，为客户提供了精细化和专业化的深度研究综合解决参考方案。图 11-1 为“我的钢铁网”数据服务截图。

11.2.2　支付方式

“我的钢铁网”采用的是用国际著名的 SunMicrosystemsOracIe 提供的服务器、数据库、应用软件和配套服务，拥有一个安全、快捷、高效的 B2B 钢铁电子商务平台，因而开通仅几个月就有 160 多家钢厂及钢材流通商加盟。“我的钢铁网”推出钢材网上在线交易服务功能，为了解决资金结算问题，该网站与招商银行联手，将“网上企业银行”引入到钢材在线交易。“网上企业银行”是通过 Internet 网络或其它公用信息网，将客户的电脑终端连接到招商银行的网络，客户可以在线进行账户支付交易，收款方可以是国内任何地方、任何银行开户的企业。“我的钢铁网”把“网上企业银行”引入到钢材在线交易，解决了资金结算难的问题，由此钢材电子商务的“血脉”输送渠道畅通了，受到了众多钢材经营商的欢迎。

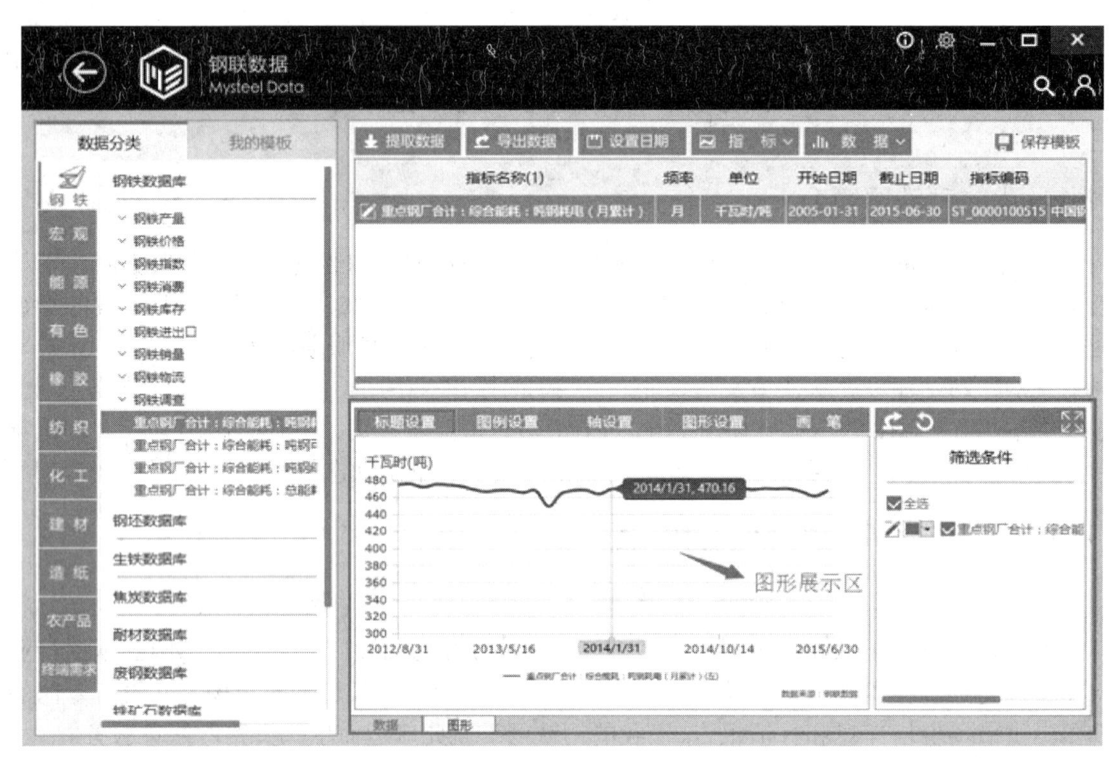

图 11-1　“我的钢铁网”数据服务截图

11.3　“我的钢铁网”的盈利模式的质疑

“我的钢铁网”主要收入来源是向收费注册会员提供信息服务和向钢铁及相关行业内企业提供网页链接服务，即采用“会员+广告费”的盈利模式。由于会员的数量始终是有限的，导致“会员+广告费”这种模式不利于网站的长远发展。对此，中国电子商务研究中心分析师冯林曾指出，基于“我的钢铁网”现行商业模式及盈利比例，其网站的营收增长将主要取决于收费会员数量及单位会员收费价格的变化，并不是用户体验的实质改善。

此外，上海钢联也曾在上市时坦承：会员数量的增长速度和钢铁及相关行业企业选择本公司增值服务的规模，将对公司的发展速度产生较大影响。未来不断对公司商业模式进行调整和创新将是公司盈利能力持续增长的重要保证。但另一方面，商业模式的创新本身也具有很大的不确定性，如果公司创新的盈利模式得不到市场的认同或是失败了，将在很大程度上影响公司未来的成长速度。

参考资料

[1] 斯文. “网上企业银行”打通钢材电子商务血脉，“我的钢铁网”生意红火，中国物资报/2000 年/08 月/30 日/第 B0 4 版/企业·市场.

[2] 谢岚. “我的钢铁网”领军行业网站上市潮，盈利模式仍是一道坎，证券日报/2011 年/4 月/20 日/第 D01 版.

[3] 我的钢铁网. 钢联数据[EB/OL](2016-01-22)[2016-01-22]. http://data.glinfo.com/ about.html.

[4] 2015 年 11 月份会员钢铁企业钢材营销统计分析[EB/OL] (2016-01-22)[2016-01-22]. http://finance.sina.com.cn/roll/2016-01-22/doc-ifxnuvxe8342453.shtml.

案例 12　中国制造网

12.1　中国制造网简介

中国制造网(Made-in-China.com)是一个中国产品信息荟萃的网上世界。该网站面向全球提供中国产品的电子商务服务，利用因特网将中国制造的产品介绍给全球采购商。经过多年的踏实积累和成功运营，中国制造网现已成为最知名的 B2B 网站之一，有效地在全球买家和中国产品供应商之间架起了贸易桥梁。图 12-1 为中国制造网的主页。

图 12-1　中国制造网的主页(http://cn.made-in-china.com/)

中国制造网由焦点科技股份有限公司开发及运营。焦点科技股份有限公司成立于 1996 年，是国内最早专业从事电子商务开发及应用高新技术的企业之一，致力于为客户提供全面的电子商务解决方案。

面对日益增长的中国贸易出口商和互联网用户，焦点科技股份有限公司于 1998 年推出了在线的国际贸易平台——中国制造网，目前中国制造网已经运营了 17 个年头，是国内第一家大规模面向中小企业提供第三方权威机构实地审核服务的 B2B 电子商务平台，它长达 10 余年的大型电子商务平台运营经验，覆盖 26 个大类 1600 多个子类的丰富产品信息，遍布全球 200 多个国家和地区的采购商会员，高达 100 万种以上的中国产品数据，以及高达 600 万条以上的商业信息，都为中外客商的满意度和不断增长的访问量提供了坚实的基础。2007 年，中国制造网被《中国电子商务世界》杂志评选为“中国行业电子商务网站 TOP100”；被《互联网周刊》授予“2007 年中国商业网站排行榜(B2B)”第 1 名；荣获第十届中国国际电子商务大会组委会授予的“电子商务行业应用优秀平台奖”。

2009 年 8 月，以中国制造网为主要平台的焦点科技 IPO 申请通过证监会审核，2009 年 12 月，焦点科技在深交所中小企业版挂牌交易，正式上市。这是继阿里巴巴 2007 年在港交所上市后又一家 B2B 电子商务平台登陆资本市场。截至 2012 年年底，中国制造网拥有注册会员超过 800 万位，仅 2012 年就有来自超过 240 个国家和地区的用户访问了中国制造网，访问量超过 5.5 亿人次。

12.2　中国制造网的设计优势

12.2.1　独特的域名

中国制造网的域名——www.Made-in-China.com，经过多年的发展在国际市场积累了较高的知名度。该域名对中外商家都非常直观熟悉，容易识别和记忆，具有很强的亲和力和天生的知名度。中国制造网的十六大产品目录前加上“china”，通过 Google 进行搜索，或者在 Google、yahoo 等国际搜索引擎上搜索 made in China product、China suppliers、China Light Industry 等，搜索排名都非常靠前，极大地吸引着国外商家。

12.2.2　简约的网站设计

中国制造网一直以网页简约著称。与国内很多网站不同的是，中国制造网没有令人眼花缭乱的广告图片和动漫效果，网页上只限于简单的供求信息，展现了中国制造网务实的企业文化。中国制造网的设计符合海外买家的使用习惯，节约浏览时间，提高浏览效率；24 大类的产品列表，清晰鲜明，分门别类地列出了行业项目；在专门的页面为求购、销售与合作提供服务，很容易让商家找到自己需要的目标。图 12-2 为中国制造网产品目录页面。

图 12-2　中国制造网产品目录页面(http://cn.made-in-china.com/)

“我的办公室”是中国制造网为会员提供的在线商务中心。会员可以在此管理商业资料，处理在线贸易，自由访问中国制造网产品数据库及浏览最新商情；查看其他会员的联系方式，或者通过中国制造网直接与对方取得联系；轻松管理公司资料，发布产品及商情图文资讯，实现在线贸易；还可以自助建立功能齐全的“我的展示厅”：这是一项会员服务，只需免费注册就可以享受此项服务。贸易服务全面配合客户对中国进出口业务需求，价格合理，类型多样，贸易服务专员随时和客户保持联系。商务手册则提供了一些常用的贸易术语和常识，最后的广告服务则是增值服务。

12.2.3　找准定位，注重外语网站的建设

在 1996 年成立之初，中国制造网的前身焦点科技开发有限公司就将主要的服务对象定位于外贸行业，为各类大大小小的外贸公司、出口企业提供互联网的基础服务。1998 年正式创办中国制造网，也是为给外贸客户提供一个集中平台，在更好地展示其产品的同时，提供一些有效渠道，把他们的产品推向海外。

基于这样的定位，中国制造网开始致力于打造外贸电子商务平台。国内的电子商务网站的语言大部分为中文，而中国制造网则将网站建设的重心放在了英文网站上。在这一正确路线的指引下，国外商家的注册人数显著增加，点击率大幅度提高。图 12-3 为中国制造网买家分布图。

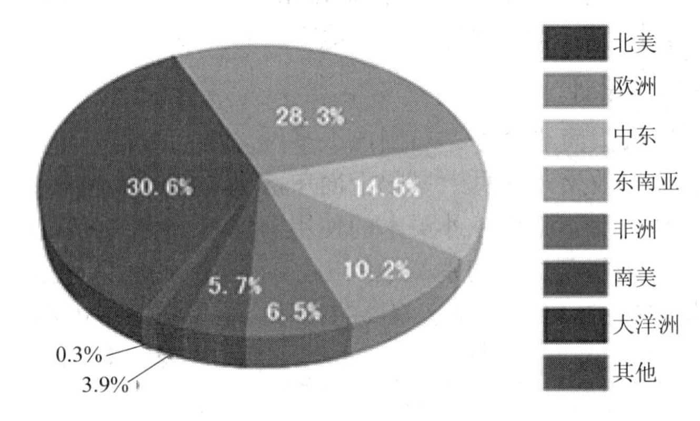

图 12-3　中国制造网买家分布图(截至 2008 年 4 月)

2005 年，中国制造网与西班牙著名网站“PymesOnline.com”开展合作，将高级会员——“中国供应商”的公司及产品信息整合入“PymesOnline.com”西班牙语网站，将中国制造商的详细信息送入了另一个全新广阔的市场，带来了无限商机。图 12-4 为中国制造网的英文网站。

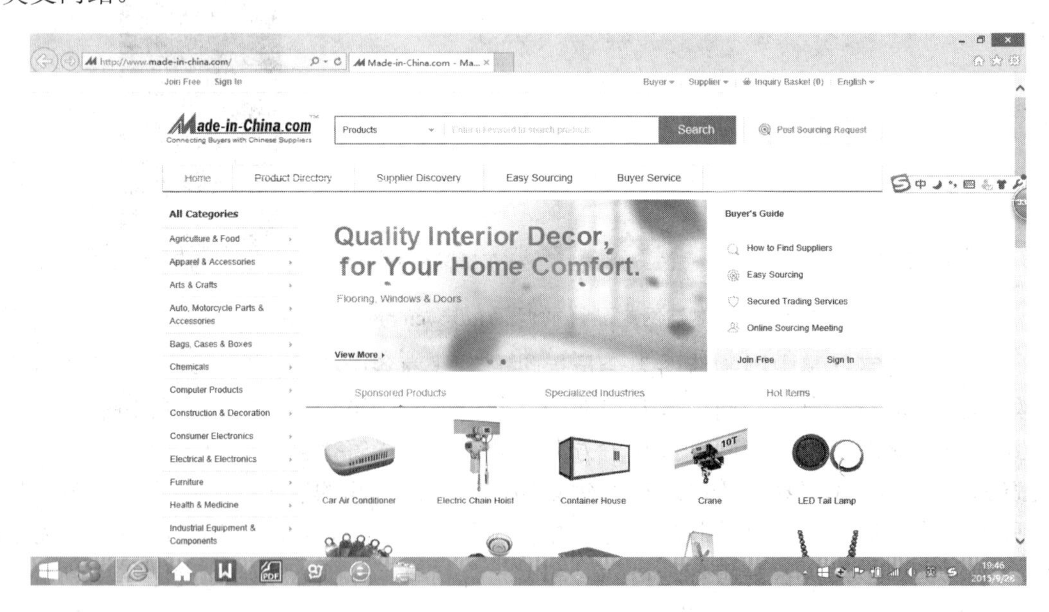

图 12-4　中国制造网的英文网站(http://www.made-in-china.com/)

12.3　新颖的营销策略

12.3.1　信用认证

网络交易一个巨大的瓶颈是信用风险，很多贸易公司在网站上发布的厂区、产品图片都不是自己工厂的，造成了电子商务市场上鱼目混珠的混乱局面。2007 年 1 月 9 日，中国制造网与全球测试和认证领域的领导者——瑞士通用公证行——在北京签署战略合作协议，并正式推出由双方共同合作提供的“认证供应商”(Audited Supplier)服务。这是一项专为外贸型中国供应商提供的、展示企业生产贸易能力和品质管理体系的标准化实地审核认证服务。我国出口企业通过此项服务可以获得第三方权威机构的实地认证，从而更好地展示企业的综合实力、出口能力和品质管理；同时，该服务也为国际商家提供了诚实可靠的采购保障，使采购商可以更放心地利用互联网寻找诚信的合作伙伴。

此前国内 B2B 电子商务也有对供应商的认证服务，但是大都比较简单，如简单的电话认证，提供公司的法人、工商注册资料、公司的经营场地等，并不能反映企业的真正现状。很多海外的买家很难通过简单的企业信息面的认证，来了解一家国内企业的实际生产能力、持续的质量记录等方面的信息，加上认证机构不是全球权威认证机构，所以认证结果对国外买家来说不具有权威性。

瑞士 SGS 集团成立于 1878 年，是全球知名的检验、鉴定、测试和认证服务提供商，1991 年与隶属于原国家质量技术监督局的中国标准技术开发有限公司成立合资公司 SGS-CSTC 通标标准技术服务有限公司，在国内外认证领域占据了突出地位。与中国制造网联合推出的“认证供应商”(Audited Supplier)服务又是 B2B 领域中第一个采取实地认证的服务，将传统的买家委托第三方审核，变成由中国制造网作为中间机构委派第三方直接上门审核。认证工作由专业人员实地上门进行，独立完成报告，每份报告拥有唯一 SGS 编号，全方位展示企业综合出口实力。报告包含六大内容：企业真实性情况、企业生产贸易能力、企业产品研发能力、企业品质管理体系及产品认证、企业发展计划、企业主要证书、实景图片。

此项服务极大地巩固了电子商务的网络信用基础，规范市场及用户行为，使中国制造商能更好地展示企业的实力，了解自身与采购商要求之间的差距，在竞争中脱颖而出和赢得更多买家的青睐。国际采购商只需下载认证报告，就可获得对候选合作伙伴从企业出口实力、品质管理等各方面的评估，快捷方便地对比不同供应商，提高选择中国供应商的效率，节约实地来到中国或选择合适检验公司考察中国供应商的时间和费用成本，降低了国外买方通过 B2B 交易的成本和风险，提高交易成功率。此项服务一经推出，就得到了国内外商家的一致好评和大力支持。

在 2007 年的广交会上，有很多中国制造网的客户把实地审核的服务证书放在广交会的展台上，以此来吸引外商。越来越多的中国制造商家已经将“认证供应商”证书看作进入国际市场必不可少的身份证明。

12.3.2　与会展的完美结合

多年来，中国制造网一直致力于通过各种形式推广 B2B 电子商务平台，推广“中国制造”的产品，展览会被公认为优质买家的聚集地，因此毋庸置疑要结合会展推广。从2000年起，中国制造网就开始在海内外参展众多大型的国际展会，如广交会、汽配展、华交会、消博会、高交会、东盟博览会、英国伯明翰国际博览会、德国慕尼黑电子展、美国拉斯维加斯汽车配件展等，旨在弘扬中国制造，服务国际贸易。

一年两次的广交会是中国制造尤为重视的一个展会。广交会，即中国进出口商品交易会，截止2008年年底已成功举办了104届。广交会以其111.5万平方米的展览总面积、55.620家代表本行业先进水平、产品优良、资信良好的参展商以及近20万名来自210多个国家和地区的到会客商而被誉为“中国第一展”。广交会兼具出口贸易及进口贸易两大功能，是海外客商对华贸易的最佳平台，也是中国目前历史最长、层次最高、规模最大、商品种类最全、到会客商最多、成交效果最好的综合性国际贸易盛会。

在每届广交会上，中国制造网利用自身的B2B电子商务平台向外商全面展示“中国制造”的产品和企业，采取一系列的举措，让外商与“中国制造”有着更广泛、频繁的“亲密接触”。

1. 在广交会的各“战略要点”展开品牌攻势

中国制造网在外商必经的一系列“战略要道”以及必然接触的服务物品上，架起中国制造网的形象广告，让“中国制造”通过各种途径和方式成为外商关注的焦点。例如，在地铁通道的墙画上，在火车站香港到达厅出关通道的墙面上，在广州市区的近百辆巴士的车身上，中国制造网都投入了广告宣传。这些形象广告，无疑会让“中国制造”成为广交会当仁不让的焦点。

中国制造网还参展了与广交会同期开展的广东相关展会，如2008(秋季)广州国际采购中心博览会(展位在媒体区)，第十届东莞国际电脑资讯产品博览会，以及第十三届广州锦汉服装及服饰、家纺、纺织面料及辅料展览会，全方位展示“中国制造”的产品和信息。同时，综合10年来的海外推广经验以及对大量海外买家的信息积累，中国制造网将在广交会期间，通过“广交会电子邮件”等多种渠道向海外买家传递“中国制造”，确保线上线下双向推进，实现海外推广的效果最大。

2. 利用接待人员和各类资料对“中国制造”进行全方位的宣传

来自中国制造网买家服务部的工作人员，通过现场面对面的沟通方式，热情地为买家提供咨询服务，将“中国制造”更加精确、完美地介绍给买家，让海外客商更真实地了解“中国制造”；同时，工作人员会将掌握的买家的第一手信息，反馈给中国制造商，创造更多外贸商机。中国制造网还精心准备了涵盖各行业的中国供应商企业信息、产品信息的DVD光盘，免费提供给海外客商，让未能参展广交会的会员同样能跟采购商零距离接触。在第104届广交会上，中国制造网为海外参展商制作了数十万份英文资料和数十万份精美的礼品，通过展馆、咖啡廊、巴士、酒店等场所发给海外买家，同时还提供了漂亮的环保无纺布袋子，为海外买家提供方便。

B2B网站的价值旨在为会员提供商机，促成客户的生意。在展交会上，中国制造网这种全方位、多渠道的立体攻势和积极表现，为中国制造商打造了更多生意机会，为“中国制造”赢得更多外商的青睐。正是这种一贯的务实风格，全方位创造B2B商业网站价值的做法，赢得中国供应商和海外买家的信任和好评，让中国制造网走得更远、更稳健，得到业界的承认和客户的好口碑。

3. 高级会员服务

注册会员可以享受会员服务，中国制造网有超过20万条的产品信息，一经加入就可以享受这些丰富的信息资源，还可以得到国际贸易专家的指导和帮助。升级为中国制造网高级会员还可以享有更特别的服务：

(1) 尊贵标记：中国制造网高级会员标记是“China Suppliers”的缩写“CS”，同时也是中国传统吉祥物龙的形象，寓意在国际市场领域腾飞的各类优秀中国供应商。高级会员将拥有一款相应级别的尊贵标记。

(2) 高级会员展示厅：中国制造网高级会员的展示厅具有信息齐全、管理便捷(包括信息、风格与功能等)等特点。高级会员在中国制造网上的公司/产品信息将直接链接至展示厅。高品质的网上展示厅不仅可以塑造企业良好形象，更方便会员在电子商务时代与客户进行无距离的宣传与交流。

(3) 更多信息与功能：高级会员可发布数量更多的产品/商情图文信息，可联系更多的海外买家，还享有自主即时发布企业新闻与证书、邮件下载和展示厅管理等功能。更多的信息意味着更高的几率被海外买家关注，更多的功能意味着您的商务活动将更主动。

(4) 优先排序：中国制造网各级高级会员拥有不同数目的“主打产品”。高级会员可以自主将某一重点产品设置为主打产品，主打产品在产品目录搜索中享受优先排序，在关键词搜索中作为一项指标优先考虑，并带有主打产品标志。

(5) 优先审核：高级会员发布的公司/产品/商情信息将优先享受中国制造网专业编辑的快速审核服务。

(6) 客服支持：高级会员享受中国制造网客服中心提供的有关中国制造网各项服务的支持。

4. 快速敏锐的应对国际环境

2008年，金融海啸来袭，中国进出口贸易受到了严重影响，出口额不断缩水。2008年11月，我国出口出现了自2001年6月以来的首次负增长。面对严峻的经济形势，中国制造网针对国际市场的变化，从五个方面入手，调动全部资源，为中小企业客户走出困境提供服务。

(1) 加大市场推广力度，开拓新市场。从2008年9月起，中国制造网已开始将海外宣传方向向多元化调整，加大了市场推广力度，特别是2009年，中国制造网市场推广的资金投入力度将增加两到三倍左右。首先，鉴于欧美市场不可忽视的重要地位，公司会保持对欧美市场的推广力度；其次，积极开拓南美、东欧、中东等新兴市场，精选巴西、俄罗斯等地更多的大型展会参展。根据11月、12月两个月的调查，中国制造网的很多会员已经有了良好反馈。他们普遍表示，最近收到了很多南美的询盘，并且询盘质量很高。由于一些出口企业已不是单纯的贸易公司，而是拥有自己的工厂，在这样的情况下，行业或产品转换比较困难。中国制造网此时帮助他们开拓一个新的市场，加上企业自身努力，起码可以在困境中生存下来。

(2) 利用数据统计分析，提供科学服务。从2008年6月起，外贸环境开始发生巨大变化。中国制造网通过网站后台的强大技术支持，对各种市场信息、数据进行分析整合，密切关注客户在网站上的推广情况。中国制造网提高了数据统计分析的频度。每周、每月均要进行深度分析、汇报，并将数据统计结果按部门职责分配。例如，根据统计结果，客服部门将重点帮助询盘表现有待提高的客户优化信息，利用网站资源给予客户更多的推广机会；推广部门将对某些行业进行更大力度的宣传；市场部门将更有目的性地挑选展会；买家服务部将充分利用多年积累的买家数据库资源，筛选优质买家，向其推荐供应商，进一步促进买卖双方贸易机会。

(3) 强化买卖双方匹配，促进生意机会。中国制造网的买家服务部过去的工作主要是面向买家做一些积极的宣传，创造机会，让买家主动去联系中国供应商。进入 2008 年 9 月，公司推出了一项更加实际的措施——买卖匹配。买家服务部会整合网站的信息，通过搜索、查询，找出目标买家，然后主动向他们推荐客户。虽然此工作量相当庞大，对工作的细致程度要求也很高，但切实地给客户带来了良好的效应。除了买卖匹配以外，买家服务部还会主动做一些拓展。中国制造网计划在 2009 年的每个季度，都在一些重要城市举办针对性各有不同的买家见面会。另外，也会把各种渠道得来的采购信息及时反馈给供应商。在严峻的经济大环境下，中国制造网加大推广的力度，更加主动、频繁地促进买卖接洽的活动。

(4) 细分服务队伍，提升服务品质。中国制造网分析研究当前外贸形势，成立区域服务部和专项服务组，为客户提供更加细致的服务。中国制造网在重点城市的办事处设立了区域服务部，由专门的客服队伍主动提供上门服务，给客户面对面的指导。这种一对一的上门培训是我国 B2B 行业服务的一项创新，服务理念处于行业领先地位。专项服务组则通过电话回访，了解客户的满意度，给客户更多的支持。此外，还配备高级客服，为大客户、知名企业提供更主动、更完善、更专业的服务。同时，中国制造网总部行业客服加大了回访频度，充分重视与客户的沟通。客户培训部也在全国范围内广泛开展客户培训活动，不仅介绍网站本身的操作技巧，还就当前的经济形势传递外贸及政策方面的资讯，传授外贸知识，被广大客户评价为针对性强、时效性高。

(5) 加强政企、校企合作，让客户得到最大实惠。中国制造网积极与各地政府展开深度合作。在江苏、四川、宁波等地，中国制造网已协同当地政府，推出了区域网站，如“江苏省国际电子商务平台”(Made-in-Jiangsu.com)等。中国制造网承诺，未来将在全球范围内提供更多区域化的服务。中国制造网还与中国互联网协会合作，组织全国大学生网络商务创新应用大赛，为中小企业储备电子商务人才。面对 2009 年严峻的就业形势，这种举措在企业和大学生就业间搭起桥梁；中国制造网计划推出人才网站，也帮助外贸企业解决人才招聘的问题。

参 考 资 料

[1] 中国制造网. 应对危机看我的：中国制造网义乌客户培训会支招金融海啸[EB/OL] (2008-12-11) [2009-4-20]. http://www.qywd.com/soft/831.htm.

[2] 新华日报. 江苏企业竞相借“网”拓市场信息[EB/OL]. (2009-1-13) [2009-4-20]. 中国江苏网. http://economy.jschina.com.cn/node5045/userobject1ai1985575.shtml.

[3] 江苏商报. 在危机中, 他们这样成长信息日期[EB/OL]. (2008-11-27) [2009-4-20]. 中国制造网: http://cn.made-in-china.com/infopublish.do?action = news_detail&id = DqMQbEnksxlv.

[4] 张洁. 追求简单的中国制造[J]. 电子商务世界. 2007(4): 84-85.

[5] 焦点科技: 服务中小企业的中国制造网[EB/OL] (2014-12-12) [2015-4-20]. http://news.sina.com.cn/c/2014-12-12/075031277127.shtml?from=wap.

案例 13　东 方 钢 铁

13.1　东方钢铁电子商务有限公司简介

东方钢铁是宝山钢铁股份有限公司下属的专业提供电子商务服务的公司，致力于协助钢铁及相关企业实施电子商务战略，提供基于共享平台的运营支持及增值服务，并面向钢铁流通提供第三方电子交易和网络中介服务，是上海市高新技术企业和上海市电子商务示范企业。

东方钢铁运营的面向行业的电子交易平台——东方钢铁在线(http://www.bsteel.com，图 13-1 为东方钢铁在线的电子交易平台。)主要开展钢材及相关物资的现货交易，集高效的网上交易、安全的支付结算、便捷的实物交收于一体，支持供应链融资及一站式物流服务，为钢铁及上下游企业提供全流程的第三方电子交易服务。“东方钢铁在线”于 2000 年 12 月上线运行，现已发展成为集钢铁商务、信息咨询及网络增值服务于一体，基于会员服务的中国网上最大钢铁网络商区，成为国内应用模式最完善、交易量最大、手段最为齐全的钢铁企业 B2B 电子商务平台。

图 13-1　东方钢铁在线的电子交易平台(http://www.bsteel.com.cn/exchange/?client_ip=222.213.188.31)

“东方钢铁在线”2005 年 11 月 1 日进行了第二次改版，突出了以“资源为核心、资讯为特色”的网络商区服务宗旨，目的是让网站能为用户带来更大的经济效益及形象推广效果。在 2008 年 8 月 8 号东方钢铁在线第三次改版中，东方钢铁以所提供的电子商务外包服务、数据交换服务和电子交易服务等三大服务为切入点，倾力打造东方钢铁电子商务专业服务企业的形象。2010 年 8 月，“东方钢铁在线”又进行了第四次改版，以改善用户在使用网站时的体验，突出网站的网络营销功能，以帮助会员单位促进公司宣传和产品销售为重点，为会员单位提供现货资源采购的一站式服务。

13.2　企业发展目标和运作思路

13.2.1　企业发展目标

"东方钢铁在线"定位于以企业对企业(B2B)电子商务模式为基础的、服务于整个钢铁行业的电子交易平台。在这里，钢铁企业的买家、卖家可以在任何时间、任何地点以灵活的方式进行交易。交易平台通过提供安全、可靠、高效的交易系统，创建一种全新的业务模式，为包括原料供应商、钢铁生产厂、贸易商、剪切服务中心以及最终用户在内的整个企业链提供增值服务，最终建成完整的基于互联网技术的、集交易、管理、信息服务、技术服务于一体，覆盖全球的钢铁在线交易系统。2004 年 11 月 22 日，东方钢铁积聚经营资源，重新划分业务方向，并对组织机构进行了调整，形成"平台建设事业"、"应用服务事业"和"网络发展事业"三大事业方向。

"东方钢铁在线"的目标是成为国内领先的协同商务解决方案及相关服务的提供者，为大型制造企业提供符合企业运营特点的采购、销售供应链的专属及共享电子商务应用，加速中小企业的参与与融合，为宝钢集团企业协作商务提供平台及增值服务，为中国钢铁行业相关企业商务协作提供平台。力争通过不懈的努力把自己打造成为钢铁行业领先的第三方电子商务交易平台，成为最具竞争力的 B2B 电子商务服务提供商。

13.2.2　运作思路

东方钢铁应用丰富的电子商务开发及实施经验，协助用户规划完整的电子商务体系，帮助用户整合供应链。提供业务流程优化、技术开发支持、项目管理及应用实施等咨询服务，并帮助用户构建完整的电子商务系统。

东方钢铁根据用户的个性化需求，为客户建立完整的企业信息门户和高效的电子商务门户，协助客户实施电子商务应用，帮助客户创建其独特的网上品牌和网上营销平台。

针对客户的业务需求，东方钢铁为客户的电子商务平台运行及电子商务应用提供一天 24 小时不间断的全面高品质的运营支持，包括系统管理、操作培训、系统监控、安全管理、故障处理、信息保密等多维运营管理服务体系，确保用户的商务应用能在一个稳定、健康、高效、可靠、灵活的系统中运行。

东方钢铁以多年的钢铁行业电子商务服务经验，以促进钢铁行业的经营、流通、供应链协作及商务社区繁荣为己任，建成了钢铁行业领先的大型电子商务应用平台，建立了钢铁电子商务供应链的数据交换中心及单据交换行业标准，建设并运营了钢铁及相关物料交易平台，构筑起钢铁行业全面的电子商务应用环境及社区。在此基础上，东方钢铁为钢铁相关企业提供三大类型服务，即：电子商务外包服务、数据交换服务和电子交易服务(图 13-2 所示为"东方钢铁在线"的服务体系示意图)，有效地解决了钢铁相关企

图 13-2　"东方钢铁在线"的服务体系示意图

业实施和应用电子商务过程中面临的诸多难题。

这三大服务体系构成一个统一的整体，确保企业电子商务活动的开展和实施，同时三者各负其责，其中：

(1) 电子商务外包服务的目标是：快速、高效建立用户所需的专业的电子商务应用环境。

(2) 数据交换服务的目标是：确保供应链企业间数据交换畅行。

(3) 电子交易服务的目标是：提供诚信、安全的网上现货交易。

13.3 东方钢铁在线电子商务解决方案

2006年，东方钢铁结合宝钢业务发展规划提出了电子商务总体规划，在宝钢现有商务应用框架的基础上新增加开发应用实施项目达29个，其中已完成上线运行的应用项目17个，正在实施的应用项目12个。

13.3.1 东方钢铁电子商务平台的建设

1. 实现电子商务对宝钢主要制造单元销售业务的覆盖

2006年东方钢铁通过完成三个重要项目，实现了电子商务对宝钢主要制造单元销售业务的覆盖。

(1) 建成三钢联合销售业务支持系统。作为支撑宝山分公司、不锈钢分公司、梅钢公司碳钢产品统一销售的电子商务基础平台，三钢联合销售业务支持系统使各地区公司/专业公司可通过统一的电子商务界面向各制造单元订立碳钢期货，并获取相应的合同执行进程信息及质保书有关信息查询；同时，该平台标志着“宝钢在线”由原来的碳钢销售平台扩展为面向不锈钢等多种产品的在线销售平台，从而为支撑宝钢碳钢制造单元实现一体化销售提供电子商务的系统支持。

(2) “宝钢在线·钢管销售频道”顺利开通。该频道针对钢管产品的特点量身定制，目的是对钢管产品的国内外网上销售、业务过程服务及质量异议在线处理进行有效支撑，并实现钢管产品的国内销售完全通过宝钢在线进行。

(3) “宝钢在线·特钢销售频道”高效开通。该频道进一步扩展了“宝钢在线”电子商务平台的产品销售范围，新增功能覆盖国内期货订货、辅助管理(目的地维护、订货用户及最终用户管理)、合同进度跟踪及查询、发票信息查询、发票计划查询、发货实绩查询等核心功能，为宝钢用户提供一条快捷、高效、经济的特殊钢产品服务通道，很好地满足了宝钢特钢产品网上销售的业务需求。此外，不锈钢分公司电子商务系统正式投运，宁波宝新电子商务系统开发完成，标志着宝钢电子商务工作在不锈钢领域形成了更为全面的业务覆盖。

2. 发展电子商务的业务协同模式

东方钢铁致力于发展电子商务交易的业务协同模式，为宝钢的贸易体系建立一体化的营销服务平台，整合宝钢制造和营销的服务资源。目前该网站已经整合了3个制造单元、6个营销单元的服务，实现了电子商务在不同企业间的协同运营，使宝钢的营销服务水平又上了一个新台阶。

在原料采购物流业务领域，东方钢铁从宝钢与承运人、货代、船代等物流企业之间的协同入手，规划设计采购物流业务协同模式，并实现宝钢对国际远洋船舶及近海、长江内河船舶的监控，初步实现宝钢对原料异地库存的动态掌握；在采购 ESI 工作中，东方钢铁承担了 PSCS 系统涉及电子商务相关功能的模式设计与应用建设；在工程采购 ESI 中，东方钢铁与业务部门共同分析项目生命周期中的协同点，梳理出 130 多个协同环节，为形成电子商务协同方案打下基础。

“宝钢股份——一汽大众协同商务系统”通过 2006 年的完善和升级，综合考虑天津分公司及长春分公司业务需求，建立包括采购计划协同、订单协同、工作流协同、信息协同、物流协同、服务协同、财务协同等功能的在内的供应链协同平台，应用状态稳定良好；“宝钢股份——长安股份协同电子商务系统”覆盖了供应链全程的协同功能；“宝钢股份——上海通用协同商务系统”全套业务均顺利运行，应用效果良好；“宝钢股份——家电行业协同商务系统”已形成业务解决方案，并完成需求分析。此外，面向中船的业务模式研究及供应链协同解决方案在不断完善过程中，并启动了面向中集、中石油的协同模式研究。

3. 在业务应用上的深度探索

2006 年 3 月 10 日，东方钢铁与上海数字证书认证中心(上海 CA)签订 RA 建设合作协议及战略合作协议，确定在数字证书应用方面进行合作。东方钢铁将数字证书成功应用于“宝钢不锈钢质保书”、“宝钢股份贸易分公司电子商务”、“宝钢 MIS 系统用户认证”等具体业务领域。

2006 年 7 月 5 日，东方钢铁负责开发的“钢铁企业一体化协同商务平台软件(UECP) V1.1”获得国家版权局颁发的软件著作权登记证书，这是宝钢在电子商务数据传输和交换领域获得的第一个拥有自主知识产权保护的软件产品。评审专家认为，UECP 将在宝钢国际化运作以及其他钢铁及大型集团企业规模化、集团化的运营过程中具有良好的行业应用推广价值。

2006 年 11 月 28 日，东方钢铁申报的“钢铁供应链多方业务协同平台”项目通过上海市专家组评审和国家发改委组织的专家组答辩，成为国家发改委 2006 年度电子商务重点资助项目。这表明了国家对宝钢多年来在信息化建设尤其是在电子商务建设方面所取得的成果，以及对宝钢电子商务未来整体规划的认同。

13.3.2　积极发展钢材现货电子交易模式

2006 年，东方钢铁积极探索钢材现货的网上交易，并在现货电子交易中取得重要进展。2006 年 5 月，东方钢铁钢材现货电子交易系统投入运营；同时，东方钢铁与银行联合推出安信宝电子交易服务，并建立了相应的一整套管理流程及规章制度。该交易平台不仅为宝钢的贸易公司提供了又一销售渠道，也吸引了大批江浙沪钢铁贸易商的加入。

2006 年 8 月，该公司携手上海浦东发展银行推出“东方钢铁在线”网上现货交易模式，并于年内实现了网上现货供应链融资模式的业务实践，极大地丰富了钢材产品的网上销售方式的内涵。公司旗下网站“东方钢铁在线”也被正式确定为宝钢的现货竞价销售平台，成为宝钢价格政策的唯一官方发布渠道。截至 2006 年 12 月 21 日，公司提前实现 2006 年度 9 万吨的交易成交目标。

13.3.3　聚焦电子商务专业化服务

东方钢铁清楚地认识到为客户提供高质量支持服务的重要性，并组建了由具有丰富行业知识、协同商务实践经验和优秀职业精神的专业人员组成的咨询与服务队伍，为客户提供钢铁及上下游行业，包括咨询、实施和培训等在内的全方位的高品质服务。

2006年以来，东方钢铁积极调整优化自身功能定位，聚焦电子商务专业化服务，在“平台整合”和“电子交易”两项核心工作上均取得了突破性进展，为建设国内钢铁行业最具竞争力、最有价值的电子商务公司打下了坚实基础。

东方钢铁建立了与系统创新部、业务部门、宝信软件四方共建的合作机制，凸显专业化电子商务的服务功能，初步建立起包括电子交易系统、运营管理系统、贸易ERP系统、仓储管理系统、融资监管系统在内的平台体系。在营销领域，通过整合的标准化电子商务平台提升宝钢营销整体能力。目前，宝钢绝大多数地区公司和专业公司均已完成了标准版的切换。在原料采购物流领域，东方钢铁规划设计了采购物流业务协同模式，实现了宝钢对国际远洋船舶及近海、长江内河船舶的监控，促进企业间的业务协同和网络化生产经营方式的形成，大大增强了企业群体的精准生产和市场反应等综合竞争能力。东方钢铁大力推动物资器材备件供应商协同，建立了涵盖供应商培训、在线服务支持、问题跟踪改善的完整的推进机制。

在对外延伸服务上，东方钢铁全面规划、建设、运营并持续改进钢材现货电子交易中心，实现以电子交易、信息中介为核心的现代贸易服务形态，支撑宝钢适应全球化网络化贸易竞争。目前，交易中心已经初步建立起包括电子交易系统、运营管理系统、贸易ERP系统、仓储管理系统、融资监管系统在内的平台体系，推出了挂牌交易和竞价交易两种模式。东方钢铁在线被宝钢股份指定为宝钢现货的竞价销售平台，相继为宝钢国际宝山公司、实业公司、钢贸公司等开展竞价业务。从2007年3月起，特殊钢分公司、五钢公司通过东方钢铁在线竞价平台，开展废旧物资及积压库存的销售，取得积极成果。截至2007年底，网上竞价交易会员达600余家，累计交易量突破25万吨。挂牌交易平台为企业开辟了网上销售与采购的窗口，已有40家社会企业作为卖家会员通过平台销售，试运行以来实现销售6万多吨。

随着宝钢一体化进程的推进，东方钢铁积极从加工制造、销售、采购三大领域构建电子商务平台，以产业链为基础，以供应链管理为重点，整合上下游关联企业相关资源，实现了电子商务对宝钢主要生产单元销售业务的覆盖，形成了面向汽车行业战略用户较为全面的协同业务模式，并开始向家电、造船、石化行业延伸。

13.4　东方钢铁在线电子商务交易平台提供的服务

“东方钢铁在线”从满足广大中小买家需求出发，以电子商务交易平台作为支撑、整合物流资源、为钢铁上下游企业提供完整的交易、结算、融资、物流及信息服务，形成覆盖全国的钢材现货流通网络服务渠道。

13.4.1　交易服务：多元、多样的满足用户的不同需求

(1) 竞价交易：竞价交易是指卖方将拟售物资的详细资料通过交易中心预先公告，在约定时间内，买方自主竞价，最后按“价格优先，时间优先”的原则确定成交结果，成交后双方签订电子交易合同并进行实物交收的交易方式。

(2) 挂牌交易：是指卖方匿名挂牌销售资源，通过中心发出要约，买方自主选购、洽

谈、最终签订电子交易合同，并按合同条款进行现货交收的一种交易模式。

(3) 监管交易：是指买卖双方通过交易平台、指定银行及指定仓库进行交易、支付、融资、交收，其货物是通过本交易中心的指定仓库完成交收。

(4) 非监管交易：是买卖双方通过平台交易但不通过指定仓库交收货物。结算方式由买方自行选择，可以通过本交易中心控制结算过程(即场内结算)，货物交收凭本交易中心统一格式的提货指示单到相应的仓库提货；也可不通过本交易中心而由买卖双方自行结算(即场外结算)，买方凭通过本交易中心统一格式的成交通知单，到卖方处自行结算、提货。

东方钢铁在线提供多种交易方式，帮助客户开展网络营销和策略采购，在线谈判系统和竞价交易让客户交易方便、快速。

13.4.2　专场服务：专业、贴心的网上专场服务，让信息转化为商机

(1) 宝钢不锈钢专场：作为宝钢不锈钢资源的聚集地，其及时性强、与交易市场直接互动，密切关注无锡、佛山、杭州等地不锈钢交易市场，实时发布国内流通市场行情、世界各地不锈钢市场行情及伦敦期货市场镍价行情；提供大量行情分析评述、市场专题调研和各类型各地区不锈钢企业资料等。

(2) 闲废物资专场：东方钢铁的闲废物资专场是专业化的闲废物资渠道，每日跟踪辽宁、河北、山西、山东、江苏、上海、广东、四川等地闲废钢行情；国内外钢厂主流采购价格汇总；国内闲废钢主要资源地价格汇总；美国、日本、英国、荷兰等国每日闲废钢行情；闲废钢市场运行态势分析及价格走势预测；拆船市场概述；中、日、美、韩等国闲废钢月度进出口统计。

13.4.3　信息服务：权威、及时、准确、专业的钢铁咨询

(1) 交易分析：准确、全面汇总每天国内主要钢材市场、主要品种的价格信息，对其交易进行分析，实时发布钢铁交易行情走势。

(2) 东方研究：利用强大的钢铁数据库和知识库、专业的采编和专家型分析师以及 200 多个钢铁咨询业务伙伴，跟踪调研 22 大类钢材品种和国内国际 200 多家钢厂情报。提供各种品种月度咨询报告、市场深度分析报告、数据咨询报告、钢铁产品市场需求调研、竞争对手分析及国内外钢铁企业经营管理、营销策略的相关报告。

(3) 今日热点：跟踪市场热点，网罗大量权威资讯，从宏观和微观角度，进行深层次剖析。

(4) 钢材调价：关注各地钢材价格及其走势，发现价格波幅。

(5) 各地行情：每天提供国内 30 个城市 22 个钢材品种以及国内 10 个产地铁矿石、生铁、废钢、铁合金、焦炭、煤炭 6 个炉料的价格行情；每周提供国际生铁、废钢、铁合金、焦炭 4 个炉料品种，钢筋、盘条、型钢、热轧、冷轧 5 个钢铁品种的国际价格；CRU 钢铁价格指数。

(6) 各地市场：搜集国内大中型钢铁企业的资料，包括企业简介、企业动态、价格政策、产品目录、生产设备、技术经济指标等；搜集国际知名钢铁企业资料，包括企业简介、产品目录、经济指标等。

(7) 东方内参：东方内提供宝钢的钢材资讯、价格动向、了解其月度报告、进出口数据和产量统计，帮助客户从不同的角度寻找和发现商机。

13.4.4　广告服务：突破时空、凝聚核心客户，实现商务互动

(1) 网上专卖：在首页显著位置，整合供应商情、供应专版、可供资源等信息，以文字链接形式显示企业简称。

(2) 图片广告：提供全屏广告、对联广告、卷页广告、横幅广告、按钮广告、浮标广告、画中画广告、文字链接广告等服务形式。

(3) 搜索引擎：提供关键字排名及产品分类排名两个途径。

13.4.5　栏目定制服务：完全个性化的信息内容定制和全自动推送

利用“东方钢铁在线”的信息资源和咨询能力，通过技术手段为客户网站提供动态信息的服务。对托管在东方钢铁平台上的客户网站，以信息自动推送的方式，根据客户需求提供定时、定量、定栏目的信息免维护定制服务，实现客户网站和东方钢铁在线的实时同步发送及信息的全文检索功能。

13.5　东方钢铁在线电子商务交易平台的交易模式

13.5.1　基本交易模式

图 13-3 显示了东方钢铁在线电子商务交易平台的基本交易模式。

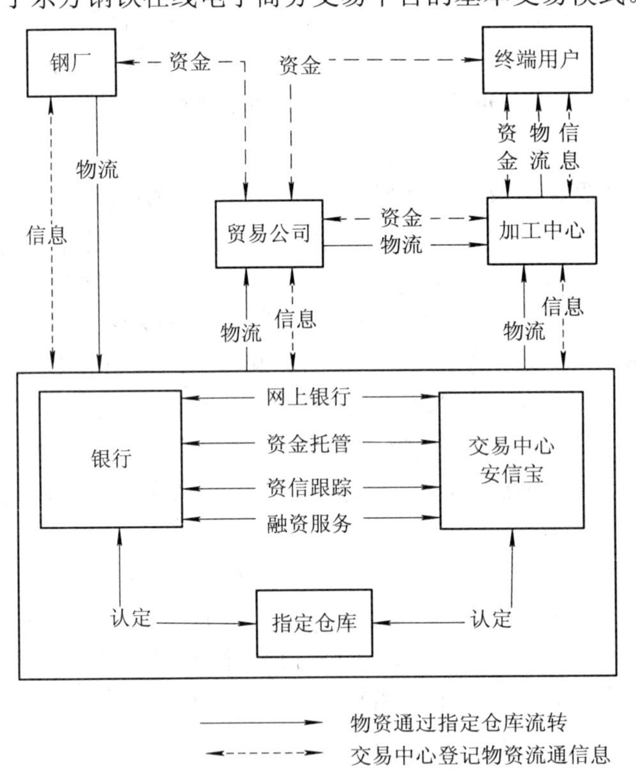

图 13-3　东方钢铁在线电子商务交易平台的基本交易模式

13.5.2　监管现货交易模式

监管现货交易是指买卖双方通过交易平台、托管银行及监管仓库进行合同缔定、货款

划拨及货物交收的一种新型现货交易模式。它集交易、支付、融资、交收为一体，为钢贸企业提供了一个安全可靠、方便快捷的商务平台，以达到扩充渠道、降低成本、提高效益之目的。其特点如下：

(1) 卖方通过交易平台快速销售，实现销售渠道的拓展，通过“安信宝”控制货款，确保资金安全到账，可大大减少销售成本的支出。

(2) 买方通过交易平台便捷采购，可在线洽谈，货比三家，通过“安信宝”控制资金划拨，还可在指定银行获取贷款，满足业务扩张的需要。

13.5.3　监管现货交易模式

非监管现货交易是买卖双方通过平台交易但不通过监管仓库交收货物的一种相对灵活的电子交易模式。在交易中心诚信的交易环境里，“安信宝”为买卖双方控制资金提供了强有力的保障。其特点如下：

(1) 卖方通过交易平台可销售存放在多个仓库的现货资源，实现渠道的扩展，通过“安信宝”控制货款，确保资金安全到账，可大大减少销售成本的支出。

(2) 买方通过交易平台便捷采购，可在线洽谈，货比三家。买方可通过“安信宝”控制资金的划拨，确保资金安全，也可选择与卖方自行付款提货，灵活交易全由自己掌握。

13.5.4　竞价交易模式

东方钢铁在线竞价交易服务产品中包括了“英式”、“荷兰式”、“封闭式”等多种竞价模式，帮助客户发现适合价格。

东方钢铁在线竞价模式中引入了同挂牌交易相同的履约保证金制度，帮助买卖双方防范交易风险。其特点如下：

(1) 竞价交易服务产品为客户提供了“拼盘”(即资源组合)，让客户的销售策略更加灵活。

(2) 竞价交易服务产品中“一口价”或者“委托系统出价”的方式，排除了客户实时关注的烦恼；同时东方钢铁在线还可以根据客户的需要将竞价模式转换成挂牌交易，参与挂牌交易大厅的网上贸易。

(3) 东方钢铁的对外营销宣传吸引更多的交易商参与交易，为客户的网上交易资源吸引更多的贸易商或终端用户。

13.6　东方钢铁在线的支付工具——安信宝(SCB)

网上交易的发展，尤其是在 B2B 交易领域，最关键的问题在于支付、物流和诚信这三个方面。当买家通过网上交易平台购买物品，又对卖家的信用不甚了解时，运用第三方支付工具能提供信用中介服务，降低交易中的支付风险，增进买卖双方的信用，保障结算的安全性，促成交易。2006 年 5 月 25 日，东方钢铁钢材现货电子交易系统投入运营，并与上海浦发银行联合推出“安信宝”电子支付服务，建立了相应的一整套管理流程及规章制度。

13.6.1　“安信宝”的基本架构

“安信宝”由网上银行、银行托管、资信跟踪、融资服务等四个部分组成，如图 13-4 所示。

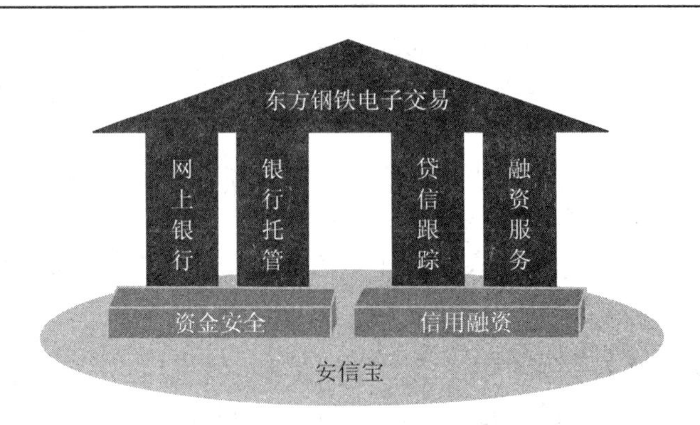

图 13-4　“安信宝”的基本架构

13.6.2　“安信宝”的特点

1. 安全性特点

交易资金安全性是电子商务发展的基础。东方钢铁电子交易中心联合金融机构积极打造交易平台系统的诚信体系，力求通过专业、完善的风险控制机制，严防用户的资金免遭盗取并确保交易诚信，客户对交易结算安全度已经有了高度的认同。其安全特点主要表现在四个方面：

(1) 银行和交易平台双向网络安全密码控制。

(2) 银行和交易平台双重防火墙拦截。

(3) 严格的审批支付权限设置。

(4) 操作管理流程规范。

2. 专业和信用

“安信宝”在国内首次实现了第三方交易平台与国内金融机构的诚信评价体系的信息共享；与指定银行间构建起交易资金银行托管机制，为交易双方提供交易资金的托管服务；此外，通过政府、大企业、担保公司三方沟通构建的担保体系为中小企业及终端用户提供融资服务；与银行结算系统间的有效集成真正意义上实现了“平台交易、银行结算”的网上银行支付的模式。

安信宝最大的特点是作为第三方支付工具，其可以向作为买方的会员提供融资服务，在此功能项下银行作为第三方提供交易资金托管信用服务和在线融资服务，拓展了金融衍生服务走向更加多元和成熟的可能性。

参考资料

[1] 东方钢铁在线. 用户指南[EB/OL].(2009-04-01)[2009-04-20]. 东方钢铁在线: http://www.bsteel.com.cn/exchange/helper.do?mkname=z&pname=jyms.

[2] 商务部. 中国电子商务报告(2006-2007)[M]. 清华大学出版社. 2008.

[3] 潘永泉. 冶金企业电子商务的建设与发展[EB/OL].(2004-06-30)[2009-4-20]. IT168 网: http://publish.it168.com/2004/0630/20040630006701.shtml.

[4] 我的钢铁. 东方钢铁现货网上交易突破百万吨[EB/OL].(2008-12-12)[2009-4-20]. 我的钢铁网: http://www.mysteel.com/gc/zhzx/hyjj/2008/12/12/1538541918275.html.

[5] 电商解放钢铁侠: 钢铁业努力让自己变轻[EB/OL] (2014-05-04)[2015-01-10]. http://it.southcn.com/9/2014-05/04/content_98810242.htm.

案例 14 中国化工网

14.1 网盛生意宝股份有限公司与中国化工网

中国化工网(http://china.chemnet.com)是由浙江网盛生意宝股份有限公司(原浙江网盛科技股份有限公司，简称网盛公司)创办和经营的。

网盛公司是一家专业从事互联网信息服务、电子商务和企业应用软件开发的高科技企业，是国内最大的垂直专业网站开发运营商，是国内专业 B2B 电子商务标志性企业。2006 年 12 月 15 日，网盛科技在深交所正式挂牌上市(股票代码：002095)，成为“国内互联网第一股”，并创造了“A 股神话”。上市之后，网盛生意宝积极拓展电子商务新领域，独创了“小门户+联盟”的电子商务新发展模式，成为中国电子商务发展的新航标。

网盛公司分别创建并运营中国化工网、全球化工网、中国纺织网、中国医药网、中国服装网、机械专家网等多个国内外知名的专业电子商务网站。同时，网盛公司推出了“基于行业网站联盟的电子商务门户及生意搜索平台——生意宝”，开创了“小门户+联盟”的新一代 B2B 电子商务模式。2009 年 3 月，网盛公司被全国高协(由国家原九部委联合牵头组建的政府协作联合体)授予“中国网络自主创新十大领先商务平台”、“全国质量、服务、信誉 AAA 级示范企业”两大称号。[1]

“生意宝”是由网盛公司携手国内近千家行业网站共建的“行业网站联盟”，是以“生意宝”中心站为核心，3000 家联盟网站为圆周，辐射 1000 万会员的立体服务平台。“生意宝”内容涵盖企业、产品、商机、资讯行情、人才会议等企业经营的各个层面需求，日均内容数据更新量 40 多万条，接受来自全球 200 多个国家和地区，1200 多万的客户访问。秉着“生意人的第一站”的核心理念，今天的“生意宝”日访问量已突破 2000 万，日商机超过 100 万，同时在线人数超过 100 万，现拥有中国卫浴网、中国地板网、中国木业网、中国建筑石材网、中国太阳能网等 100 多个小门户。2008 年，网盛公司针对严峻的经济形势不断创新，推出了 B2C 网购衣服网(www.yifu.com)，面向非个人用户的“搜索榜”(www.top.toocle.com)等新的网站，引起了业界的高度关注。

网盛公司旗下的中国化工网是国内第一家专业化工网站，也是目前国内客户量最大、数据最丰富、访问量最高的化工网站。建设国内乃至国际最大的集化工信息服务、化工搜索及电子商务服务为一体的专业化工贸易网络平台是该网站的目标。目前，中国化工网建有国内最大的化工专业数据库，内含 40 多个国家和地区的 2 万多个化工站点，含 25 000 多家化工企业，20 多万条产品记录；建有包含行业内上百位权威专家的专家数据库；每天新闻资讯更新量上千条，日访问量突破 80 万人次，是行业人士进行网络贸易、技术研发的首选平台。“中国化工网”集一流的信息提供、超强专业引擎、新一代 B2B 交易系统于一体，享有很高的国际声誉。图 14-1 是中国化工网因特网主页。

---

1 新华网浙江频道. 网盛生意宝获“中国网络自主创新十大领先商务平台”[EB/OL] (2009-03-10)2009-04-20. 新华网: http://www.zj.xinhuanet.com/newscenter/2009-03/10/content_15913935.htm.

图 14-1　中国化工网因特网首页(http://china.chemnet.com/)

14.2　化工行业背景与电子商务需求

14.2.1　化工行业的现状

中国是一个化工大国，化学工业作为我国的基础产业和支柱产业之一，经过 50 多年的发展，已经包括了石油化工、精细化工、化学矿山、化肥、橡胶加工等 12 个主要行业，据不完全统计，全国有化工企业 8 万余家，化工产品在国民经济中具有举足轻重的地位。

在激烈的市场竞争中，大多数化工企业面临对信息化和电子商务的迫切需求。然而由于电子商务长期以来“姿态”比较高，宣传的概念性的东西比较多，以致很多企业尤其是中小企业把电子商务看得很神秘，觉得高不可测，这使得电子商务实际上与企业间存在鸿沟。实际上企业需要电子商务，也对电子商务抱有很大的热情，只是由于电子商务一贯的“距离感”而“敬而远之”，这在很大程度上抹杀了这种需求。

中国化工网的运行，一方面让化工企业真正了解了电子商务，让企业明白忽视电子商务等于放弃市场机会，从而接触互联网，接触电子商务，为电子商务的发展奠定了坚实的市场基础；另一方面，中国化工网让电子商务与企业的实际需求紧密结合起来，把电子商务落到实处，为企业提供了实实在在的服务。

14.2.2　化工行业适合电子商务的特点

化工行业作为国民经济的一个支柱产业，90%以上的商务活动是在企业与企业之间完成的，商务活动主要以高度专业化的产品和技术服务为主。在传统行业信息化的实践中，化学工业被认为是全球第三大电子商务市场，因其产品数量庞大、规格型号复杂、需要全球化、经营规模与交易受到时空限制等原因，又成为电子商务发展的增长热点。

化工行业与其它行业相比，具有适合发展电子商务的以下特点：

(1) 产业链长，产品种类多，整个行业产品的关联性大。

(2) 产业比较成熟，产品类别清晰，标准化程度高，容易描述。

(3) 化工交易往往集中于企业之间，中间的过程比较简单。

中国化工网的化工信息服务、化工搜索服务、电子商务服务有效地整合了企业及行业的信息资源，大大提高了化工人员获取化工信息的效率，降低了中小企业的信息化门槛，带动了中小企业的信息化应用水平，进一步推动了化工企业信息化建设的进程。

14.3 中国化工网提供的主要服务

中国化工网是根植于中国化工行业，在因特网上构建的集化工信息服务、化工搜索服务及电子商务服务为一体的专业化工贸易网络平台。中国化工网是国内最大的化工企业和化工产品数据库，日均查询率 10 万人次以上；“企业”栏目数据库拥有国内外 5 万多家化工及化工相关企业；“产品”栏目数据库拥有 20 多万个化工产品，3000 多万个的化工网页；“站点”栏目汇集了全球 13 300 多个化工站点，分为生产厂家、国家和地区、行业商务网站、化学软件、政府部门、科研院所、组织机构、化工资源等众多类别。

中国化工网包括化工信息服务、化工 e 圈和会员商务室等主要部分。

14.3.1 化工信息服务的主要项目

(1) 信息发布服务。企业基本信息加入全球最具影响力的化工商务平台；汇集每天最新的国际国内化工新闻信息、化工行情、化工资讯；拥有国内最大的化工产品数据库、化工企业数据库；每天发布 3000 多条来自国内外的产品供求信息。

(2) 多平台重点推广。中国化工网对入网的重点企业进行认真筛选，限量发展，通过多个独立平台进行重点推广，提高宣传效果。所涉及的网站覆盖中国(www.chinachemnet.com)、美国(www.chemindustry.com)、德国(www.buyersguidechem.de)、韩国(www.koreachemnet.com)、澳大利亚(www.chemaoc.com)、印度(www.chemicalweekly.com)。由于宣传面覆盖全球，针对性强，推广效果非常突出。

(3) 国际化工会展服务。面向行业的网下增值服务；专业刊物与光盘的广泛推广；企业资料的详尽包装与介绍；每年海内外 50 多次行业知名会议的巡回宣传，国际化工展、CPHI、CHEMSPEC、CHEMMAX 等，覆盖面广，效果直接。

(4) 广告宣传服务。多个国际知名行业平台的选择机会(中国化工网、全球化工网、韩国化工网、化工搜索)；弹出广告、漂浮广告、 BANNER 广告、文字广告等多种表现形式；中英文面向全球 200 多个国家地区的覆盖范围，曝光率高，针对性强，效果突出。

14.3.2 化工 e 圈

“化工 e 圈”是以化工门户平台为中心系统，以数据库技术为纽带，将作为会员的化工站点链接成结构紧密、全球联动的“圈状”网站集群组织，从而加速信息交换频率，增强资源共享，促进国际商贸交流的全新化工信息化商务模式。“化工 e 圈”具有以下显著特征：

(1) 革新现有信息化概念，充分整合企业内外部商业资源，将企业纳入全球化运作的新一代信息化模式。

(2) 将全球化工站点以“圈状”连接起来，使任何两个网站之间都能直接进行信息交流，且进入其中任何一个站点，就能一次找到整个系统的所有网站。

(3) 具有高度的组织性、联动性和资源共享性，确保商务信息的真实性、时效性和全面性，真正体现了互联网的“Web 精神”。

(4) 高度的国际性和专业性，做“全球化工企业的互联网”，建设英语、汉语、法语、德语、日语、俄语、韩语等多语种化工商务网络体系。

“化工 e 圈”的作用主要有：提高网站专业访问率；加速企业信息化进程；加速信息交换频率，促进商贸交流；联动全球化工客商，开拓无限商机；树立国际形象，提高国际知名度。

14.3.3　化工搜索平台

在信息检索方面，化工行业具有其行业的特殊性，如化工产品的信息可能包含分子式、结构式、分子量、CAS、化学名称、别名、英文名称、化学反应式、化学特性、包装、用途等，以及和这些产品相关的供应商信息、行业新闻等，这些信息是化工行业的特有的“有效信息”，而目前综合的搜索引擎无法有效提供这些信息。

集化工产品、目录、网页为一体的专业化工搜索服务平台，将有效地解决现有搜索引擎出现的搜索瓶颈和缺陷，使化工搜索更精确、更专业、更快捷、更丰富，同时大大提高化工行业信息获取的效率，促进化工行业信息化建设的进程。

化工搜索服务平台采用公司自主开发的先进超链技术、信息抓取技术、超链提取技术、数据检索技术、分布式数据库管理技术、智能分词技术等，具有精确、专业、快速等特点。

14.3.4　化工专家栏目

随着全球经济的日益一体化和中国正式加入 WTO，壁垒的逐步消除和新技术的广泛应用，使化工行业充满了更多的机遇和更艰巨的挑战。为更好地服务众多化工企业，中国化工网推出了“化工专家”栏目。中国化工网在与企业、高校、科研机构等企事业单位的化工专家进行广泛沟通的基础上，汇集了国内化工行业各领域 500 多位专家信息，包括每位专家的简历、研究方向、最新成果等，为专家与专家、专家与相关单位之间提供了一个良好的在线交流通道。专家可以添加、修改自己的个人信息资料，可以公布自己的主要成果与最新科研项目，可以在专家论坛发表自己的见解等，并可优先享受中国化工网的相关服务。

14.3.5　国际合作

中国化工网已与韩国有关方面达成有效的合作协议，以广大的中国市场为后盾，出资 50%并实行有效的品牌控制，国外发展前景良好。通过强强联合，中国化工网在韩国市场提升了品牌知名度和影响力，同时将为客户提供更加优化的产品与推广组合。中国化工网与韩国的合作，为中国企业开拓韩国市场、了解韩国化工行业发展现状提供了良好的契机。

14.4　中国化工网的特色和创新点

14.4.1　纵深化战略

中国化工网是国内最早与传统产业相结合的网站之一。中国化工网依托传统化工产业，根据行业特点有针对性地、分阶段为企业提供信息服务和电子商务服务，在 2000 年因特网产业普遍低迷的情况下率先摸索出了赢利模式，走出了中国专业电子商务的路子。

近年来，网盛公司专心只做一件事情，那就是实施“小门户+联盟”纵横营销战略。小门户就是以化工网为代表的一个又一个专业网站，是一种纵深化战略。中国化工网坚持向行业的纵深化发展，与传统产业结合越来越紧密，为传统产业提供全方位的服务，包括信息服务、技术服务和交易服务。联盟战略则是横向战略，“一横到边”的横向战略与“一纵到底”的纵深理念纵横交错，全面深入覆盖国民经济的各个行业。

在中国化工网的页面上，我们可以看到向纵深发展的几十个网站，如中国橡塑网、中国涂料网、中国农化网、中国水处理网等，这些网站的建立，使行业纵深化的战略得以真正落实。

在网络信息的搜索方面，中国化工网明确定位于专业网站，没有投入大量的人力物力开发全方位的信息检索服务，而是专注于化工产品的信息检索。在中国化工网上，输入“产品名称”、“CAS No.”[1]或“分子式”都可以找到相应的产品供求信息，这在其他综合性网站上是很难实现的。中国化工网通过打造一支懂化工、懂市场、懂经营的团队，将交易服务做到了化工行业的纵深处。

目前 B2B 电子商务模式主要分为两种，一种是以阿里巴巴为代表的综合化 B2B 模式，一种是以中国化工网为代表的专业化 B2B 模式。综合化 B2B 的优势是服务面广，信息几乎覆盖各个行业，缺点是无法在各行业提供深入的服务。专业化 B2B 的优势是能够在所处行业提供完善高度专业化的服务，如中国化工网的服务涵盖了供求、会展、专家、技术等化工行业的方方面面，缺点则是提供的服务面比较窄，主要限于行业内部。

网盛公司的“纵横营销”战略将综合化 B2B 和专业化 B2B 的优势结合起来，以“小门户+联盟”为基础，为用户提供“专业+综合”的电子商务服务。在这一模式下，中国化工网等行业网站可以专注于向“纵深”的方向发掘服务，做得更专业；而“生意宝”作为生意人的门户与搜索平台，则可以专注于“横向”发展，做得更综合。

电子商务与传统产业相结合，不但电子商务有了“立足之本”，而且有利于促进相应传统产业的发展。中国化工网将网络技术与传统产业密切结合，不仅促进了化工行业的发展，也在一定程度上推动了“化工”和“网络”两个产业的互动结合。

14.4.2　垂直搜索

1. 主要技术

中国化工网是选用 LINUX 操作系统，Oracle、MySQL 数据库，Perl、JAVA、Php 等开发工具开发的集信息服务平台、化工搜索及化工电子商务为一体的化工专业信息平台。

中国化工网主要采用了由公司自行开发的基于因特网的信息发布和内容管理技术、专业搜索技术。基于互联网的信息发布和内容管理技术主要采用分布式的数据库管理技术、版面控制管理技术、多层次的目录管理技术、多进程数据库检索技术。专业搜索技术采用先进的分布式网络构架，涵盖先进的超链提取技术、信息抓取技术、数据检索技术、智能分词技术、先进的排序算法。

1　CAS No.是 Chemical Abstracts Service ***No***.的简称，即美国化学文摘登记号。这是世界上最大、最新的化学物质信息方面的数据库，包括 2400 多万种有机和无机物质，及 4800 万种序列。每个 CAS 登记号都是一个数字标识号，它由 9 位数构成，以连字符分成三个部分。

中国化工网信息检索的总体框架如图 14-2 所示。

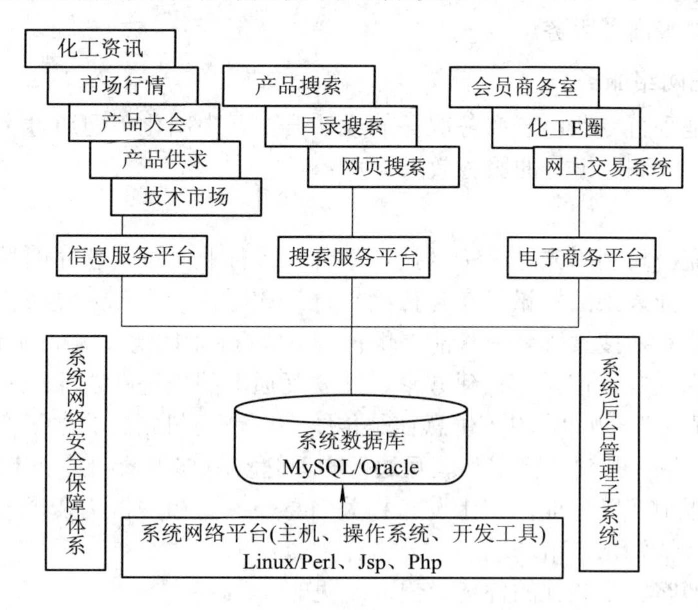

图 14-2　中国化工网信息检索的总体框架

2. 推广“生意搜”

2007 年 9 月，网盛公司宣布将推进实施“专业搜索引擎战略计划”，在 B2B 电子商务领域推出基于千家行业网站的搜索平台——生意搜，专门为生意人服务。

“生意搜”类属垂直搜索中的面向企业客户的行业性搜索，与综合搜索引擎相比有几个明显区别：一是“生意搜”具有专业的数据源，这些数据来自“小门户+联盟”中的众多专业网站，这是综合搜索引擎从技术上难以实现的；二是“生意搜”对专业的数据源进行了深入分类，有“商机”、“产品”、“企业”、“资讯”、“生意经”等，甚至包括对“招商”、“库存”的搜索，使搜索结果更加精准。

“生意搜”是针对 B2B 行业自行研发的一个专业搜索引擎，目的是把分散在全国 3000 多行业网站的商业信息整合起来，通过统一的行业垂直搜索平台生意宝，组成一个庞大的“联盟体系”，使 3000 多个行业网站由孤军奋战的信息“孤岛”，集成为超大集团军联合作战的“群岛”，打造出一个具备为全行业服务能力的生意人的“行业搜索引擎”。

“生意搜”采取将 B2B 电子商务和行业搜索引擎紧密结合的一种全新 B2B 模式，打开了搜索引擎市场向专业化发展的一个全新通道。这一方面为搜索引擎市场开创出一片巨大的“新蓝海”，另一方面，毫无疑问将加剧与阿里巴巴等国内 B2B 市场巨头的激烈竞争。

综合搜索引擎的发展都将面临一个矛盾：一方面追求信息容量，另一方面追求检索精度，然而信息容量越庞大，势必导致检索精度降低。这是一对内在矛盾，这个矛盾的不断激化就是综合搜索引擎的发展瓶颈所在。而突破这一瓶颈的唯一途径就是发展垂直专业搜索引擎，因此专业搜索引擎将成为未来发展的一个方向。

“生意搜”就是为解决 B2B 领域信息精确检索问题而给出的一个在线解决方案。该模式思想来源于“纵横动态垂直搜索模型”，是一种信息资源聚集和搜索共享的方式。通过垂直搜索引擎可以改变国内行业网站的搜索服务现状，使网站群资源无缝整合，相互共享、传递，最终价值最大化，让买卖双方在相关产业链平台中可自由转化、过渡与互通，最终实现“一站式”电子商务服务。

14.4.3　专注网络服务

中国化工网是垂直专业电子商务服务的成功典型。中国化工网通过多种形式为客户提供全方位的服务，收到了很好的服务效果。

1. 生意社

生意社是网盛公司利用先进因特网技术整合诸多行业网站、新闻网站、搜索引擎打造的一个面向广大专业人士的资讯发布与传播平台。该平台允许多人发布资讯，并为这些资讯被多家网站转载并在搜索排名中靠前提供机会。生意社的出现，颠覆了传统资讯的采集、发布、分享、传播模式，依托“共建共享、互联互通”的先进联盟原理，引发了一场资讯发布与传播的“革命”。例如，甲苯生意社是传统铺面市场与先进的电子商务相结合的第三代网络交流平台，以“共建共享，互联互通”的理念实现与甲苯相关的市场、企业、外盘、电子盘等的资讯报道，既供业内人士发布相关信息，又为相关机构及个人提供资讯行情服务、行业动态、行情资讯、市场动态、分析评述。

相对于网络博客，生意社的优势突出表现见表 14-1。

表 14-1　生意社的优势

优势	生　意　社	传 统 博 客
如何创建	由创建人(主编)发起，成员加入，共同参与内容建设	仅限一人创建
资讯采编	主编发稿即发即刻显示，成员发稿需通过主编审稿	独自编写，参与性差
传播特点	传播速度快，传播面广，公信力强	逐篇发，传播窄，公信力差
搜索排名	被百度、Google 等新闻搜索搜录，排名按发稿时间靠前	不一定搜录且排名靠后
人脉分享	成员间可通过网络、电话、手机交流，结识全国人脉	只能依靠网页留言交流

生意社的发稿、传播方式如图 14-3 所示。

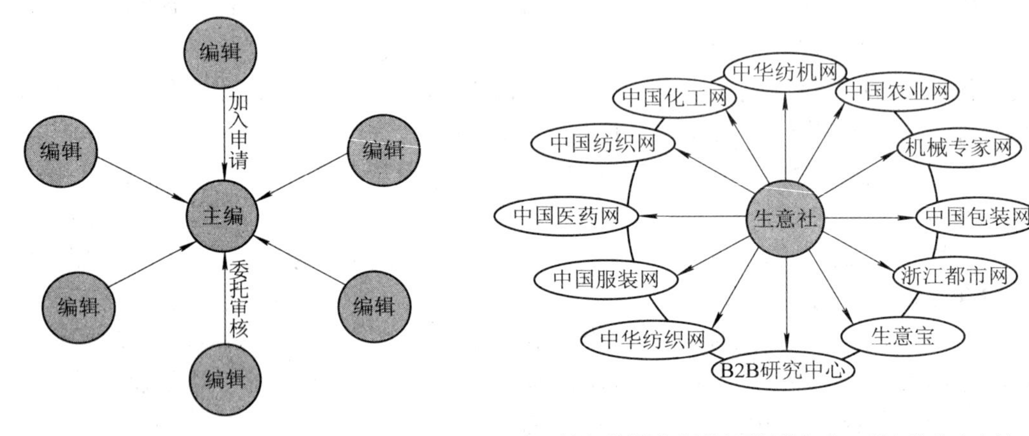

注：主编即“生意社”创始人，编辑为加入成员。

注：资讯传播联盟网站不断增加中，所有稿件大多被 Google、百度等搜索引擎收录。

图 14-3　生意社的发稿、传播方式

2. 化工人脉圈

化工人脉圈是倚靠中国化工网雄厚实力，服务于化工行业广大从业者的互动平台。化工人脉圈按照专业的不同特点分为精细化工圈、化工试剂圈、医药中间体圈等不同子圈。各个子圈提倡资源共享，倡导互助交流，注重个性展现。其中的许多具有独特视角的市场行情预测、疑难技术的专业水准探讨吸引了众多专业人士。

图 14-4 是材料圈的界面。该人脉圈主要报导各种材料领域的现状、动态与信息，约有 1500 名专业人员。

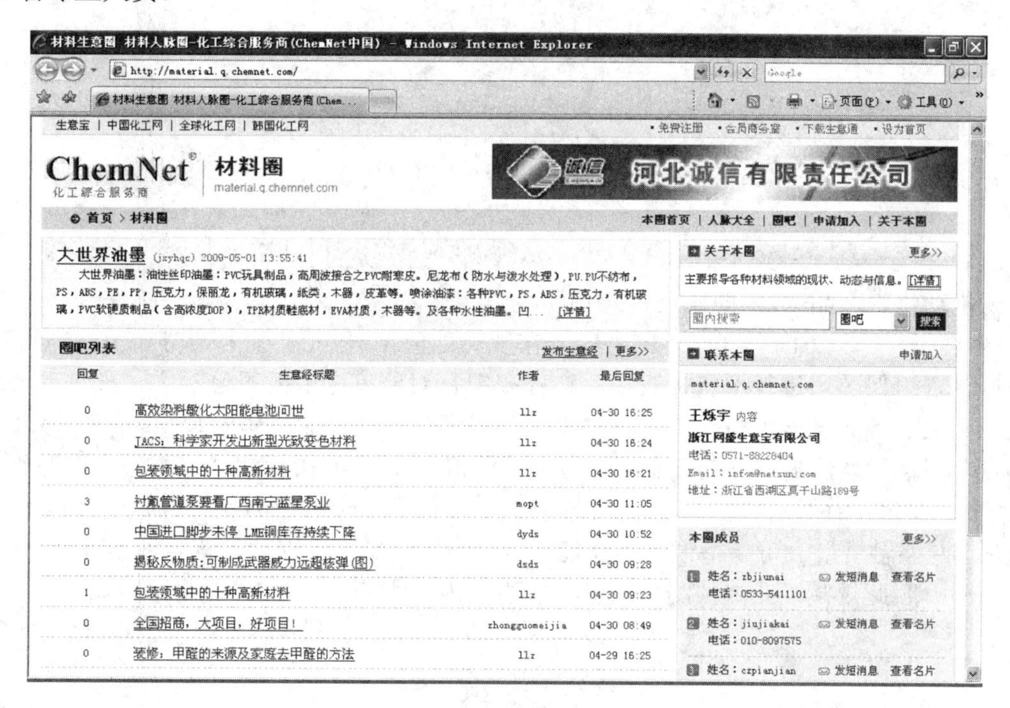

图 14-4　材料圈因特网页面

3. 化工助手和在线客服

化工助手有 16 个栏目，包括化工字典、安全数据库、外贸指南、进出口政策等。化工字典现有词汇量 30 万条，可以通过产品的中文名称、英文名称、别名或者 CAS 登记号进行检索。外贸指南包括外贸常识、报关指南、商检指南、外贸函电等六块子栏目，对于化工产品的进出口非常有帮助。“在线客服”提供文字聊天和语音通话两种服务。若客户需要，还可以申请与固定电话绑定。

4. 全球化的市场和服务

中国化工网先后在北京、上海、广州、南京、济南、成都、韩国首尔等地设立了分支机构，形成了遍布全国的市场及服务体系。中国化工网在国内化工信息服务及电子商务领域的领先地位已经奠定，并着力开拓国际市场。

14.4.4　打造交易生态“闭环”

2016 年，网盛公司打造的“大宗商品供应链综合服务生态圈”已经初步成型，如图 14-5 所示，旗下包括电商平台(生意宝)、交易平台(网盛大宗)、数据平台(生意社)、支付平台(生意通)、仓储物流平台(网盛运泽物流网络)、融资平台(网盛融资)、风控平台、征信平台、消费金融平台(杭银消费金融)、跨境电商供应链平台(万事通)，形成了全行业、全产业链上下游的“闭环”服务体系。

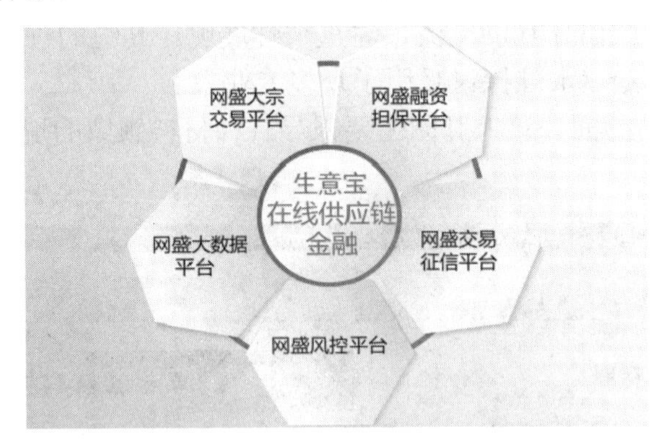

图 14-5　网盛公司的大宗商品供应链综合服务生态圈

为推动化工产品 B2B 的发展，2013 年网盛公司成立了浙江网盛融资担保有限公司(简称“网盛融资”)。2016 年 1 月，网盛融资在现有估值 10 亿元基础上增资到 10 亿元。此次对网盛融资担保公司进行增资扩股，旨在提高银行对网盛融资的授信额度，推进网盛融资供应链金融业务的发展进程，从而更好满足公司供应链金融业务拓展和发展战略要求。

目前网盛融资注册资本为 1 亿元，最大可获得合作银行 10 亿元授信额度，按照平均一个月的放款周转周期计算，一年最大可推动约 100 亿元以上的交易额。增资到 10 亿元注册资本后，网盛融资最大可获得银行 100 亿元授信，一年最大可推动生意宝约 1000 亿元在线担保交易。照此规模，业内预测生意宝将成为国内最大第三方 B2B 交易平台。

参 考 资 料

[1]　傅嘉. 生意宝控股股东计划启动大规模注资[N]. 中国证券报. 2016-01-26.

[2]　徐晓巍. 网盛推行业垂直搜索，“生意宝”构建网络联盟[N]. 中国证券报. 2007-09-07.

[3]　宗新建. 网盛推出中小企业“暖冬计划”[N]. 第一财经日报. 2008-12-17.

[4]　浙江大学. “一场大雨浇出的奇迹”：中国化工网[J]. 电子商务. 2006(8): 48-55.

[5]　中国企业报：“中国化工走出去”并购机械设备制造商“高手”[EB/OL] (2016-01-19) [2016-01-22]. http://gongkong.ofweek.com/2016-01/ART-310045-8460-29055938.html

[6]　中国化工报：化工行业期待与应急产业和谐共振[EB/OL](2015-06-29)[2015-11-15]. http://www.chemmade.com/news/detail-00-61434.html

案例 15　全球纺织网

15.1　全球纺织网简介

全球纺织网(www.tnc.com.cn)是由浙江中国轻纺城网络有限公司投资创建的，于 2000 年 6 月正式上线，是我国目前纺织行业中最具影响力的电子商务平台。2003 年，全球纺织网被浙江省信息产业厅推荐为“浙江省电子商务专业性网站”，蝉联 2004 年、2005 年“中国商业网站 100 强”，并荣获“2005 年度中国行业电子商务网站 TOP100”称号，2008 年又再次获得“中国行业电子商务网站百强”。“全球纺织网”作为国内知名行业网站，得到了省市各级政府的大力支持。

在纺织品行业中，传统的采购商一般只能通过同行介绍、参加展会、媒体广告或者到各种纺织品专业市场上去寻找供应商或合作伙伴，这些方式机会少、成本高。而“全球纺织网”根据纺织品行业客户的核心需求，设计并开发了具有现实市场需求的产品和服务，形成了目前以提供信息服务和精细搜索为核心的电子商务经营模式。

全球纺织网分为中国站和国际站两个站点。中国站(www.tnc.com.cn)充分利用网站在国内纺织电子商务领域的领先优势和传统纺织市场的资源优势，为国内广大纺织企业提供全面的采购商、供应商数据库，产品数据库，贸易信息，国内主要纺织品市场的价格行情、资讯；为交易双方提供全面的电子商务解决方案，包括信息发布、网络推广、商机匹配及贸易撮合等多项服务。国际站(www.globaltextiles.com)是全球化的纺织行业电子商务平台，通过为国内纺织供应商和国际采购商搭建专业的网上交易平台，提供专业的贸易撮合服务；帮助国内纺织企业有效拓展全球市场，协助国际采购商寻找优秀的中国纺织供应商，推动中国纺织品走向世界。全球纺织网中国站和国际站的因特网首页如图 15-1、图 15-2 所示。

图 15-1　全球纺织网中国站主页(www.tnc.com.cn)

图 15-2　全球纺织网国际站主页(www.globaltextiles.com)

目前，“全球纺织网”拥有纺织行业会员 80 余万左右，云集了 11 万左右采购商，每天 150 万的 PV(网站访问量)。客户覆盖范围广，客户来自全球 80 多个国家，覆盖了原料、面料、家纺、服装等 17 个纺织领域。网站形成了强大的信息优势，拥有行业新闻 10 万条，供应信息 40 万条，采购信息 21.5 万条，公司库 15 万个，产品库 16 万个。依托年成交量超 276 亿的亚洲最大纺织品市场——中国轻纺城，拥有最丰富的信息资源，并在全国组建了 60 多个信息联盟。与经贸组织、行业协会、纺织院校、展会机构等开展多种方式合作，提供网上、网下多种形式的专业贸易服务。

全球纺织网已拥有多项成熟的服务产品：易纺通、纺织订单、全球纺织通、市场行情、一站通，会员可以享有如行业资讯及供求信息、业内专业推广、网络广告、电子信息期刊、企业新闻与产品信息发送、网站建设服务优惠等丰富的专业服务，并且还在不断为 VIP 会员推出新的服务。

全球纺织网已与中国纺织工业协会主办的三家官方权威媒体全面携手，还与搜狐、新华网、《中国服装》、阿里巴巴、美国纺织网、韩国纺织网、日本野村综合研究所、台湾纺织迪化街等多家国内外行业知名企业强强联合建立起了强大的合作联盟。同时，国内已有 50 多家网站和纺织服装类网站在使用全球纺织网的信息。

全球纺织网从创办起就一直秉承着现代化的企业理念，即充分发挥公司的人文精神，凭借公司自身的实力和良好的文化氛围在激烈的竞争中胜出。为了实现这个目标，全球纺织网从创新、责任、客户、效率等方面为所有员工制定了思想行为的准则。

15.2　全球纺织网的特色服务

全球纺织网的宗旨是为双方提供互动的沟通平台，并在双方沟通的基础上提供配套的网络交易服务。在信息发布方面，根据纺织行业的特点，供应商将自己的产品及公司的信息按照行业的习惯，进行针对性发布。同时由全球纺织网根据各种条件对这些信息进行审核。当这些具有专业性属性的信息在全球纺织网发布后，纺织品的采购商就可以根据自己采购的特点，针对性地在全球纺织网上寻找相对应的产品和供应商。通过对信息发布专业化标准化的审核，信息的质量和真实性以及信息的匹配程度都得到了提高，搜索出来的绝大部分信息都是采购商所希望得到的。

15.2.1　“易纺通”网上商铺服务

“易纺通”服务是针对全球纺织网的供应商推出的一种综合服务产品。全球纺织网作为一个具有强大影响力的网上市场，其“易纺通”产品为客户提供了在这个市场开设网上商铺的各项服务。通过样式丰富的模板式发布系统，为客户提供发布企业、产品、商机、资讯等各方面信息的服务，通过全球纺织网的推广，成为客户开展网上交易的主要平台；同时提供贸易信息匹配、商机订阅、线下撮合等多种形式的服务。这些商铺根据一定的类别进行排列，方便采购商寻找和进行选择。“易纺通”的申请页面如图 15-3 所示。

图 15-3　“易纺通”的申请页面

15.2.2　“TOP SUPPLIER”服务

针对绝大部分的纺织品企业都是出口型企业的特点，全球纺织网与国外纺织品相关网站合作推出了海外推广的整合型“TOP SUPPLIER”，将海外各个推广产品和全球纺织网的国际版进行整合，以较低的价格来吸引客户进行海外网络推广。

15.2.3　基于网络大量客户流量的“网络广告”服务

全球纺织网大量的客户流量，为客户创造了宣传和推广的机会，通过网络广告，将客户的产品、品牌、形象等在有效群体内进行推广和传播。“纺织通”是全球纺织网把匹配的供应商推荐给和网站达成委托采购协议的合作采购商，以第三方身份进行贸易撮合，从而促成双方达成生意的贸易中介服务。

全球纺织网与全球领先的标准技术服务公司 SGS 合作，为办理“纺织通”服务的供应商提供工厂查证服务，现场核查供应商的生产能力，给出第三方专业评级认定，帮助提高企业的信用度，使采购商能够放心选择。

办理“纺织通”服务的供应商会被优先安排参加全球纺织网举办的采购商见面会。与国际采购商面对面、一对一地私密洽谈，在会展前就预先沟通采购需求，有助于供应商拿下国际采购订单。

网站还能帮助供应商建立起符合国际采购商使用习惯的中英文双语种网上展厅，并在全球纺织网上全面推广其产品，培养潜在的客户，深度挖掘潜在商机。

15.3　全球纺织网的营销策略

全球纺织网重视广泛的对等合作和建立战略伙伴关系，积极探索在互利基础上的多种外部合作形式。

15.3.1　注重品牌内涵建设

全球纺织网注重品牌内涵建设，为了提高品牌辨识度，根据企业本身特点设计了企业标志和吉祥物生动形象。

(1) 全球纺织网的标志(Logo)设计。全球纺织网的定位是全球性的纺织市场，Logo 由一个月牙环绕一个梭形组成，其中梭形代表纺织，几乎遍布了整个圆形的地球，寓意纺织无处不在，中国的优秀纺织品将遍布全球。全球纺织网的标志如图 15-4 所示。

图 15-4　全球纺织网标志

(2) 吉祥物的设计。全球纺织网选取了骆驼的形象作为网站的吉祥物，并命名为“迪卡”。小骆驼“迪卡”不仅象征着全球纺织网勤奋、诚实的工作态度，更表达了全球纺织网希望像祖先一样把我国的纺织品再次推向世界的愿望和目标。全球纺织网吉祥物“迪卡”如图 15-5 所示。

图 15-5　全球纺织网吉祥物“迪卡”

15.3.2　开展广泛的合作联盟

全球纺织网重视与各媒体和纺织行业相关机构在纺织业贸易促进、技术开发、品牌推广、人才交流等方面的合作和联盟。

目前，全球纺织网已与中国纺织工业协会主办的三家官方权威媒体《中国纺织报》、《中国服饰报》、《中国纺织》全面携手，开展了包括资讯、商机、宣传在内的广泛合作关系；还与搜狐、新华网、《中国服装》、AKKO、C&J、e-WAY、Elite Basic3/7、Winnerco、Pacific Star、阿里巴巴、美国纺织网、韩国纺织网、日本野村综合研究所、台湾纺织迪化街等多家国内外行业知名企业强强联合建立起了强大的合作联盟；以 BBS、纺织聊、纺织邮等工具为会员提供了个体交流、群体交流的多种形式。建立丰富、全面、及时的行业资讯服务，并乐意与同行分享信息，国内现在已有 50 多家网站和纺织服装类网站在使用全球纺织网提供的信息。

15.3.3　建立最丰富、最权威的行业资源数据库

(1) 建立了最大的网上供应商、采购商数据库。全球纺织网建立了国内数据最多、质量较好的纺织企业供应商数据库和采购商数据库，拥有超过 18 万家国内外纺织行业企业、

经营商户的信息并对数据库信息进行技术筛选和人工审核，努力创建网上诚信市场。网站中的数据库按行业、产品、区域进行分类，用户可以方便地查询，并可以通过关键字搜索实现快速查询。

(2) 建立丰富的网上纺织产品库。全球纺织网开发了专业纺织产品展示系统，客户可以方便地发布产品信息，采购商可以根据产品分类、产品特征、企业等进行快速搜索，并可以在网上对产品进行讯盘、回复等贸易洽谈。

(3) 建立了纺织行业最大的网上贸易信息数据库。网上贸易信息是全球纺织网最具影响力的核心资源。目前每天有超过 1000 条的贸易信息在全球纺织网中文版发布，其中采购信息超过 250 条，会员在网上发布供求交易信息已经成为主要的信息来源。贸易信息的聚集和便捷的查找方式使其成为会员获取贸易机会的重点途径。网上采集的贸易信息同客户通过传统方式(展会、交易会等)获得的信息相比，在数量、成本、时效、便捷等方面具有明显优势。

(4) 建立丰富全面、及时的行业资讯服务。全球纺织网的资讯服务主要提供纺织产业方面的信息，已经形成了行业新闻、综合资讯、热点专题、行业动态、市场评述、行业展会、纺织科技、企业新闻、行业数据、政策法规、纺织标准、外贸法规等栏目，建立了信息数据库，由专业信息采编人员进行采集、整理和审核。

15.4　中国纺织行业电子商务市场分析

15.4.1　中国纺织行业电子商务市场概况

《2015～2016 纺织服装电子商务报告(简版)》[1]显示，2015 年，我国纺织服装电子商务交易总额为 3.7 万亿元，同比增长 25%。行业电子商务应用环境进一步完善，企业围绕品牌发展和效益提升开展电子商务的能力进一步加强(参见图 15-6)。

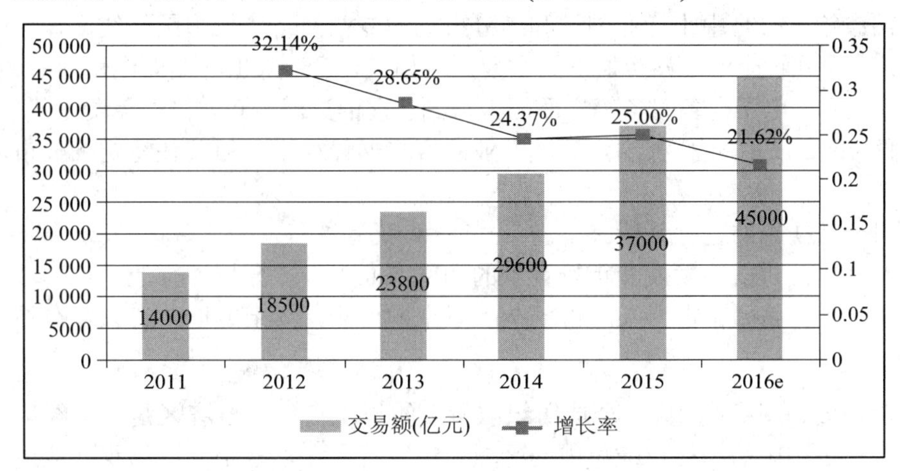

图 15-6　2011～2015 年纺织服装电子商务交易额增长情况

资料来源：中国纺织工业联合会信息统计部，流通分会，中国纺织服装电子商务联盟

1 中国纺织工业联合会信息统计部，流通分会，中国纺织服装电子商务联盟. 2015-2016 纺织服装电子商务报告(简版) [R/OL][2016-04-22][2016-05-23]. http://www.hznzcn.com/article-3547.html.

2015 年，纺织服装企业间(B2B)电子商务发展迅猛，交易额为 2.85 万亿元，同比增长 27.8%，比 2014 年增幅提高 9 个百分点，占行业电子商务交易总额约为 77%，在行业电子商务发展中占主体地位。纺织服装企业间电子商务(B2B)迅猛发展，主要得益于国内主流电子商务平台服务模式由贸易撮合向业务闭环的演进，支付、物流和金融服务的逐渐完善，大大提高了企业应用电子商务的积极性。同时，资本市场对纺织服装企业间电子商务的投入也大大提高了行业 B2B 平台的建设速度和服务能力。

2015 年服装家纺网络零售继续保持增长，其中服装网络零售总额为 7232 亿元，同比增长 20.57%；家用纺织品网络零售总额突破千亿，达到 1078 亿元，同比增长 28.03%。服装家纺网络零售总额合计为 8310 亿元，同比增长 21.49%，占全国网络零售总额的 21.43%。

2015 年是服装家纺网络零售线上线下融合发展的一年，传统品牌企业整合线下门店协同发展，网络品牌企业开辟线下门店速度加快。网络零售市场品牌化的趋势明显，网民的网络购物偏好愈加成熟，消费升级和社会转型在推动零售商业模式转型的同时也将为服装家纺带来诸多消费盲点和新的商业机会。

2015 年 850 家一万平方米以上的纺织服装专业市场电子商务交易额为 8100 亿元，同比增长 27.08%，仍然保持高速增长。与行业电子商务相比，专业市场电子商务交易额占比为 21.89%，比 2014 年略有下降；占专业市场实体交易额(2.05 万亿元)的 39.51%，较 2014 年提高了 8 个百分点。电子商务已经成为专业市场渠道拓展、提高销量和创新发展的重要力量。

15.4.2　全球纺织网的 SWOT 分析

目前，全球纺织网主要的竞争对手有两类：第一类是综合性的电子商务交易平台，即以阿里巴巴为代表的此类竞争者，其行业涉及面广，具有强大的综合实力和品牌优势，也开展类似的会员服务模式，但由于所涉及的行业太广，所以在纺织行业领域服务的深度不及专业网站；第二类是中小行业网站和细分市场的专业网站，如中国纱线网，这些行业网站以网络广告、建设企业网站等服务为主要赢利模式，近年来也开始向电子商务领域拓展。目前在信息资源、电子商务服务等方面还未得到客户的广泛认可，仍以免费方式提供服务。细分市场的专业网站的定位很窄，比较专业的客户群体很小，但其在特定细分市场上具有一定的优势。

下面对全球纺织网进行分析。

随着互联网的进一步发展和市场竞争的加剧，业内专家分析，行业门户领域最多只能容纳领先者，他们将联手占据细分市场 70%以上的份额，其余的追随者只能在外围游弋。

1. 优势

(1) 纺织产业的区位优势。全球纺织网所在的长江三角洲经济区是中国经济最发达的区域之一，也是中国纺织产业最集中的区域。浙江省、江苏省是中国纺织产业最发达的省份，区域内的制造企业、出口企业数量多，且规模大、纺织技术先进、经济效益好，为开展电子商务提供了良好的产业基础。绍兴是中国纺织产业集群发展区域，纺织产业基础雄厚，2004 年纺织产值 772.7 亿元，产业占全国的 7.3%。

(2) 有利的市场资源优势。全球纺织网依托的中国轻纺城是目前亚洲最大的轻纺专业市场，有大批国际贸易机构常驻市场进行采购，即使是在受到全球金融危机冲击下的 2008

年，中国轻纺城也保持了良好的发展态势。全球纺织网充分利用中国轻纺城良好的客户资源和产业资源，开展网上交易服务。

(3) 良好的创业环境。浙江省是中国民营经济最活跃的地区，具有良好的创业环境，全球纺织网的发展得到省市各级政府部门的大力支持。浙江绍兴是中国纺织产业集群发展区域，纺织产业基础雄厚，化纤、化纤布等均为全国第一，产业链较为完整，产业国际化程度较高。

(4) 全球纺织网的综合实力优势。全球纺织网经过几年的努力已经发展成为国内最具影响力的纺织电子商务平台，被评为“2010 年中国商业网站强 100 强”、“2013 年中国商业网站 100 强”，在 GOOGLE、ALEXA 等排名中稳居前列，建立了国内最大的供应商数据库和产品数据库，创立了“易纺通”、“纺织聊”等深受用户欢迎的服务产品。

(5) 社会资源利用优势。全球纺织网和纺织业权威的传统媒体(中国纺织报、中国服饰报、中国纺织)建立了密切合作，并与知名门户网站建立合作，以行业频道等形式拓展客户群体，通过“合作联盟”与大的区域门户网站合作共同开拓区域市场。

(6) 技术优势。全球纺织网在行业电子商务平台的技术开发方面与浙江大学进行合作，浙江大学每年向全球纺织网输送优秀的人才和先进的技术，使得全球纺织网成为国家认定的“软件企业”和“高新企业电子商务示范企业”。

2. 劣势

全球纺织网因为没有引入风险投资，缺乏足够的资金，缺少强有力的战略合作者，导致外部力支持不足，所以在开拓国际市场方面仍然存在一定的困难。况且，公司目前还处于发展阶段，对于行业整合仍缺乏足够的资金实力。

3. 机遇

(1) 随着电子商务事业的蓬勃发展，纺织行业电子商务也水涨船高，市场前景逐步明朗。

(2) 用户对收费服务的接受程度明显提高，B2B 的赢利模式得到市场认可。

(3) 目前市场内竞争者数量不多，只要在发展速度上取得领先优势就有机会通过兼并整合发展壮大成为行业领导者。

4. 威胁

(1) 竞争者之间竞争加剧，竞争威胁在增加，保持竞争优势越来越难。

(2) 市场的技术和资金门槛不高，外部强势力量的进入可能会导致竞争格局的变化。

(3) 新技术、新服务模式的发展会导致竞争优势的转变。

(4) 经济一体化的不断进程，使得信息交流便利起来，全球纺织网的行业优势削弱。

5. 全球纺织网的竞争战略

全球纺织网的竞争战略是要继续保持和发扬全球纺织网在整体实力方面的领先优势和产业资源优势；加强在专业性方面的发展与创新，将全球纺织网建成“全球最专业的网上纺织市场”；引入风险投资开展对行业的整合，力争成为行业内的领导者，取得最大的市场份额和收益。

15.4.3　全球纺织网应对金融危机的举措

针对全球金融危机和我国纺织业出口所面临的问题，全球纺织网决定从 2009 年开始，在以下五个方面对网站进行改革，努力开创我国网络纺织品出口的新局面。

(1) 将继续保持纺织行业综合电子商务公共服务平台整体实力的领先优势和产业资源优势，加强专业方面的深度发展，成为行业内的领导者。

(2) 以“易纺通”收费服务产品为核心，进一步创新整合搜索排名、网络推广等产品形成高中低不同定位的产品组合。

(3) 加大对“资讯中心”的投入和建设，形成“资讯专题”等一批具有影响力的特色栏目，通过信息专题的深度和关注度提高访问量，以此来扩大网站影响力。

(4) 加强贸易撮合服务，提升产品的价值和客户满意度。

(5) 加强合作与推广，实现资源的大力整合。

(6) 引入风险投资，开展对行业的整合，获取最大的市场份额和收益。

参 考 资 料

[1] 浙江大学电子商务研究中心[EB/OL](2009-03-06)[2009-03-20]. 浙江大学远程教育学院: http://jpkc.scezju.com/e-business/anli.html.

[2] 北京 2009 面辅料博览会圆满结束全球纺织网放异彩[EB/OL](2009-04-02)[2009-05-05]. 全球纺织网: http://www.tnc.com.cn/aboutus/news/detail1.html.

[3] 本网连续三届评为中国行业电子商务百强网站[EB/OL](2008-03-28)[2009-05-05]. 全球纺织网: http://www.tnc.com.cn/aboutus/news/detail1.html.

[4] 34%增长率！数码印花将成为纺织服装产业新蓝海[EB/OL](2016-01-22)[2016-01-22]. http://www.tnc.com.cn/info/c-013003-d-3559046.html.

[5] “习近平出访中东”给“纺织仪器”行业带来了什么?[EB/OL](2016-01-22)[2016-01-22]. http://www.tnc.com.cn/info/c-005002-d-3559075.html.

案例 16　海虹医药电子商务网

16.1　海虹企业(控股)股份有限公司概况

海虹企业(控股)股份有限公司(简称海虹控股)是成立于 1986 年的国有企业，1992 年在中国深圳证券交易所挂牌上市。自创立以来，海虹控股始终秉承“厚德、敬业、自强、超群”的企业理念，坚持“以资产管理为核心，以控股、参股经营为手段，实现规模扩张和高速发展，将公司发展成为跨行业、跨地域、综合性、多元化、面向全国、走向世界的大型投资及资产管理集团”的发展战略，经过不懈的努力，海虹控股已成功实现集团产业结构调整，成为中国国内拥有医药电子商务、数字娱乐和化纤制造三大支柱产业、数十家子公司和数千名员工的综合性企业集团。

在数字娱乐领域，海虹控投资参股的联众世界网络游戏发展势头良好。联众世界是以休闲类游戏为主导产品的网络游戏平台。该平台一方面巩固原有棋牌、休闲类游戏市场，一方面强化大型图形网络游戏的战略核心地位，推出了包括“天黑请闭眼”、“精武世界”等多款游戏项目，奠定了海虹控股数字娱乐产业的坚实基石。

海虹控股于 1999 年进入医药电子商务领域，2000 年初成立海虹医药电子商务事业部，2001 年海虹控股对海虹医药电子商务系统进行了全面的优化和升级，借助药品流通体制改革带来的市场机遇，研究开发了海虹医药电子商务系统，推出了海虹医药电子商务网(简称海虹医药)，逐步构筑了覆盖全国的药品电子交易市场，全面展开了以买卖双方为主导的电子交易服务模式，交易规模也迅速扩大，成为国内最大的医药电子交易网站。图 16-1 为海虹医药电子商务网首页。

图 16-1　海虹医药电子商务网首页(http://www.emedchina.cn/)

从 1996 年开始，海虹控股在不断总结和借鉴发达国家医药电子商务成功经验的基础上，对中国药品流通体制现状、改革和发展趋势进行了深入的调研和分析，并在此基础上，组织国内医药卫生界专家，研究开发具有中国特色的“海虹医药电子商务解决方案系统”(SeaRainbow Medical E-commerce Solutions，简称海虹系统)，成功地实现了传统药品流通方式同现代信息网络技术的融合。

海虹系统通过建立一个集中的、具有强大信息收集和加工处理能力的交易中心以及分布在全国各地的交易中心，构架覆盖整个医药卫生行业的医药电子交易市场；通过严格的会员体系和专家评审制度明确法律责任，保证药品交易的公正、公开、公平；提供灵活多样的交易方式，可以集中，也可以联合或者分散；可以招标，也可以竞价、询价或者直接采购，充分满足客户的个性化需求。在积极拓展业务同时，海虹控股建立了全国统一的战略管理体系，实现了业务流程、交易规则、数据标准的统一，在全国范围内实现了数据资源的共享。

16.2　海虹医药电子商务网的战略规划

16.2.1　海虹医药的经营宗旨与战略定位

1. 经营宗旨

(1) 服务：以客户为中心，为客户提供高度个性化的互联网信息服务和交易服务，充分满足客户不断提高的服务需求。

(2) 融合：利用现代信息网络技术改造传统产业，为传统药品流通行业插上新技术的翅膀，实现我国药品电子商务事业的跨越式发展。

(3) 共赢：无论是买方、卖方，还是中介机构，都可以成为海虹医药电子商务网的合作伙伴。海虹将努力使所有合作伙伴都成为赢家。

2. 经营目标

海虹医药从设立之初就确定了自己明确的经营目标：按照 B2B 交易场的基本原理，构建覆盖全国的药品电子交易市场，使电子商务成为医药卫生行业随处可用的公共设施，使医药电子商务网成为国际知名、国内领先的医药电子商务信息和交易服务商。

2009 年，国家医药改革的具体方案公布后，建立国家基本药物制度，对基本药物实行招标采购和统一配送，减少中间环节，保障群众基本用药成为医改的最大看点。海虹医药作为唯一的全国性医药交易网络，作为国内政府采购指定的医药电子商务公司，其经营目标更加明确：积极适应新的形势，抓住机遇，为医改服务，进一步扩大业务范围，提高市场占有率，真正成为医药电子商务的龙头企业。

3. 战略定位

(1) 打造全球医药电子商务信息交换平台，定位于信息、市场、诚信服务提供商，收入来源为注册费、广告费、市场推广服务费、市场分析报告费等。

(2) 打造全球医药电子商务交易平台，定位于信息、市场、交易服务提供商，收入来源为注册费、广告费、市场推广服务费、市场分析报告费、交易服务费等。

(3) 打造全球医药电子商务全流程产业平台，定位于信息、市场、交易、结算、物流服务提供商，收入来源为注册费、广告费、市场推广服务费、市场分析报告费、交易服务费、结算服务费、物流服务费等。

16.2.2 海虹医药的主要服务内容

1. 医药招商服务

海虹医药电子商务网提供的医药招商服务主要面向制药企业、代理商和经销商，网络招商服务改变了传统的招商模式，借助现代化的网络手段，打破时空界限，拉进买、卖双方的距离，通过自主管理的信息平台，网站会员可以随时发布招商、合作、代理等商务信息，海虹医药电子商务网把医药行业的商业信息汇聚在一起，以最简单、最直接、最有效的形式，将最有价值的商业机会提供给用户。

2. 数据咨询服务

依托海虹医药海量的医药专业信息数据资源，努力打造自己独特的专业数据挖掘系统和信息分析系统。海虹医药拥有由专业的数据分析专家和医药营销专家所组成的市场研究团队，经过深入研讨和多方论证，建立了多种独有的数据分析模型和销售预测模型，从而可以为各种企业客户提供多种多样的高质量信息延伸服务。同时基于海虹医药庞大的数据采集网络和专业的数据分析中心，还可以为企业提供专项的市场调研、新产品上市管理、销售策略咨询等各种服务项目。

3. 交易服务

为参与互联网药品交易的各方提供优质服务，为采购方提供丰富、优惠的药品和方便快捷的购买服务，包括参与订单合并带来的优惠价格、选择专业的医药物流服务商以及海虹医药与银行等机构合作推出的安全支付服务；为供应商提供明确数量的药品采购需求，帮助其迅速扩大规模，降低销售成本，安全的货款收付服务；为物流服务商提供更广阔的客源和更快捷的结算服务等。

4. 企业黄页

利用企业黄页可以自助建站，展示形象。海虹医药电子商务网为会员提供免费创建企业网站的服务。用户只要注册成为会员并进入“企业黄页”填写自己的企业信息，就可以轻松地获得一个图文并茂的多功能企业网站。

5. 采购公告、预测信息服务

《项目公告》可为行业用户提供最新、最及时的覆盖全国27个省市的药品(药疗器械)采购项目公告信息和项目预测信息及项目统计汇总信息，也可为用户提供指定地区的医药项目公告信息。《项目公告》栏通过web页面方式进行浏览，操作方法简单，只要可以上网，用户就可以方便快捷地查找到关心的地区的项目公告，信息覆盖中国的大部分省市。

6. 网+刊(医药电子商务通讯)的市场营销服务

根据客户市场推广需要，利用海虹医药电子商务网与医药电子商务通讯的媒体专业优势，为客户提供全套系列营销服务。传统媒体与网络媒体相结合，线上线下全面推广，多种形式灵活组合、全方位，针对性强。

16.3 海虹医药电子商务网

16.3.1 海虹医药电子商务系统介绍

海虹医药电子商务系统是目前国内首家具有全行业、全区域覆盖能力的药品交易服务系统，可以在集中采购、联合采购或者分散采购的条件下，以无纸化方式为医疗机构、药品零售企业提供药品招标、竞价、询价、直接采购等交易服务方式。

海虹医药电子商务系统以安全稳定、数据真实有效、数据量极大丰富的中央数据库系统为核心，形成了中心数据管理系统、地方交易管理系统、成交撮合系统、交易结算系统和审查监控系统，能同时满足买方用户、卖方用户、政府用户、中介机构用户、地方交易中心和全国数据中心六大用户体系的多角度需求，初步实现了药品采购活动的无纸化、电子化和网络化。

1. 主要特点

(1) 集中的信息资源管理利用：功能强大的中央数据库，集中了海虹医药遍布全国各地的交易中心进行医疗机构药品采购交易服务和药品生产经营企业会员服务加工的实时数据，并随时与国家权威机构公开披露的权威信息核对。

(2) 方便经济的无纸化操作：通过中心数据库的全面应用，海虹药品电子交易市场服务的医疗机构和药品生产经营企业在药品采购活动中，可以方便快捷地实现信息沟通，在全国范围内实现信息资源共享。尤其是在集中招标采购过程中，可以做到投标人的基本信息和证明文件一次提交，全国通用，极大降低企业的运作成本，提高了交易效率。

(3) 丰富多样的交易成交手段：包括集中、联合或自主进行的招标、竞价、询价、直接采购等多种采购方式，能够充分满足客户提出的各种个性化需求，实现统一、规范、简化、高效的总体要求。

(4) 高效方便的客户端辅助系统：将原先由手工操作的计划、制单、审批、验收、退换、结算、统计等具体药品采购行为，通过用户端系统程序自动完成，把医疗机构、药品零售企业的药品采购人员从繁杂的事务性工作中解放出来，提高药品采购活动的工作效率。

(5) 全面及时的监控手段：充分保证电子交易市场运行的及时有效，在维护购销双方的合法权益的基础上，为相关行业主管部门提供高效的监控手段，加强监管力度，达到净化市场、规范药品流通秩序的效果。

(6) 规范标准的业务流程：按照《工作规范》和《文件范本》的要求设计的网上交易业务流程，可以确保医疗机构药品集中招标采购项目管理符合质量优先、价格合理、公开、公平、公正和诚实信用原则。

(7) 灵活合理的系统功能设置：人性化的用户界面和功能设定，以及客户功能的灵活组合，充分考虑了我国医药卫生行业信息化水平低的实际情况，使所有客户零门槛实现网上交易。

2. 应用价值

海虹医药电子商务系统在提供的安全先进的技术平台，可以实现高效的交易方式，规范的交易规则，严格的监控手段。对于医疗机构、药品生产经营企业、招标代理机构和行政主管部门来说，系统将带来共赢的效果。

(1) 医疗机构：采用同国际惯例接轨的采购方式，建立同市场经济体制客观要求相适应的采购管理制度，实现采购职能的专业化、社会化、信息化，使药品采购活动变得更快、更好、更省、更健康。

(2) 药品生产经营企业：利用现代信息网络技术进行产业结构调整、建立符合 WTO 规则的药品流通体系，推动我国医药商业制度的创新强大的数据处理和数据分析能力，获取中介服务附加价值。

(3) 行政主管部门：决策依据更加科学、准确，监督管理更加及时、有效。

16.3.2　商务流程

目前医药行业推行的集中招标采购体制，目的是整顿流通秩序，使药品交易成为“阳光下的交易”，剔除流通领域的不合理加价和腐败现象。鉴于药品加价主要在从生产经营企业到医疗机构这个环节，集中招标采购也主要针对这个环节。所以，海虹医药的定位就是作为独立于医院(采购方)和药厂(供货方)的第三方中介代理机构。海虹医药电子商务网的商业定位如图 16-2 所示。

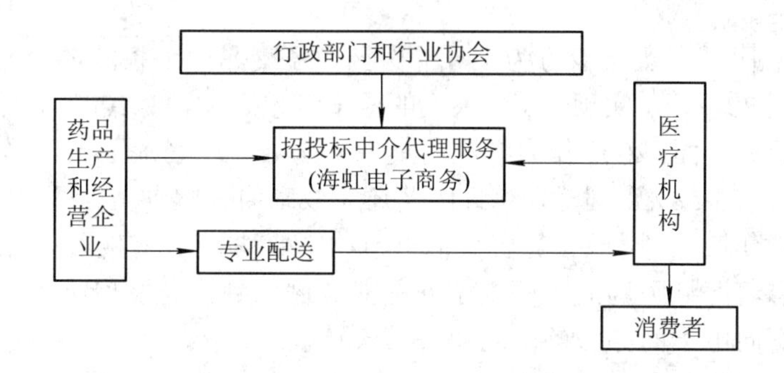

图 16-2　海虹医药电子商务网的商业定位

海虹医药电子商务网的商务流程如图 16-3 所示。

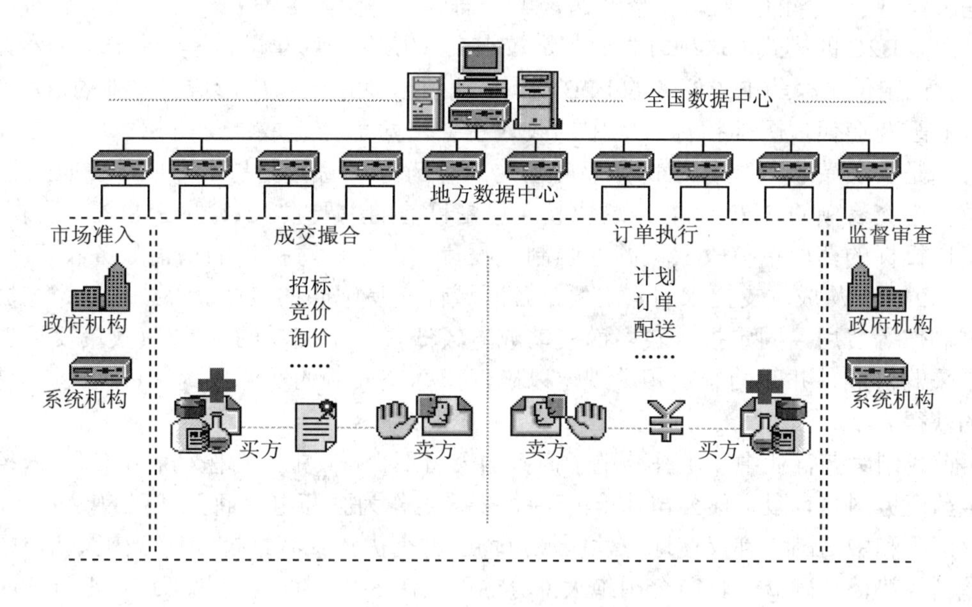

图 16-3　海虹医药电子商务网的商务流程

海虹医药电子商务网使用的海虹医药电子交易平台 4.0 系统是海虹医药电子交易中心最新搭建的第三方互联网药品交易平台。该平台将为药品交易各方提供信息发布、目录管理、药品询价、产品报价、成交撮合、电子合同签订、订单处理、配送信息处理、货款结算、综合分析等服务。

16.3.3 盈利模式

1. 海虹医药电子商务业务增势迅猛

2008年，根据国际、国内经济环境以及国内政策和市场形势的变化，海虹医药坚持改革创新的理念，结合公司业务实际情况，对医药电子交易及电子商务业务及其架构采取了较大规模的调整和改革，确立了以提高盈利为主导的新的战略模式。

公司的医药电子交易、电子商务业务在报告期内积极进取，在保持市场规模及提高收入的同时，努力提高盈利水平。公司自上而下，从医药电子交易、电子商务事业部到各地控股子公司，均积极采取多种措施，大力研发新模式，发展、推广新业务，使得公司健康产业得以稳步发展。

2008年，海虹医药以买卖双方为主导的医药电子交易服务模式的交易规模迅速扩大，年度代理金额达到20亿元，实现6.3亿余元的网上订单金额，较2007年同比增长了433%。在医药电子采购业务方面，2008年海虹医药集中采购共实现网上采购订单金额612.6亿元，较2007年相比增长31.58%。同时，海虹医药还完成政府采购业务113个项目的代理工作，涉及3.3亿政府采购金额，财政预算资金估算节约1/4，折合8250万元人民币以上。[1]

上述数据标志着海虹医药的医药电子商务业务进入到快速发展阶段，已经由单纯的集中招标采购代理商向电子商务服务商的业务模式转型。

2. 收入模式

从目前情况看，医药电子商务主要有两种，一是企业对企业的交易，即B2B的模式，它们是医药电子商务的主流，占整个医药电子商务交易额的85%；二是网上药店对消费者的交易，即B2C的模式。这种方式业务量较小，只占整个医药电子商务的15%左右。海虹医药将自己定位于医药电子商务的B2B交易，并在长期的实践中形成了清晰的盈利模式。

海虹医药在代理医药招标采购中的收入主要由两部分组成：一是招标中介服务项目收入，二是会员费收入。各地物价部门核定的医药电子商务交易中介服务费收费标准不一，总体为交易额的1.2%左右，这块收入也是目前的主要收入来源(占80%以上)。会员服务费向投标的药厂单位收取，并非强制性收费，而是针对提供的增值服务收费(标准为1～3万元/年)。从成本支出来看，主要是各区域性交易中心的设备、办公场地、人员投入和标书制作等费用，固定投入较多而变动成本较低。由于交易的强制性(政策要求加大医药集中采购份额，并开始制定相关规定以确保招标完成后的实际履约率)确保了交易中介收入的获得。

目前我国医药行业中涉足医药电子商务的公司不少，其中上海医药和中信国安(控股武汉的金药商务网络有限责任公司)是国家经贸委选定作为医药电子商务试点的两家企业。但是上海医药和中信国安都仅在地方性区域市场上占有优势。海虹控股在全国医药电子商务上的垄断优势已经确立，目前全国绝大部分的网上医药电子商务交易都通过海虹的医药电子商务网络完成。

1　海虹控股. 海虹企业(控股)股份有限公司2008年年度报告摘要[R/OL] (2009-04-29) [2009-06-20]. 巨潮资讯网: http://www.cninfo.com.cn/finalpage/2009-04-29/51939833.PDF.

16.3.4　海虹医药电子商务网的优势与不足

1. 海虹医药电子商务网的优势

(1) 用户针对性强。海虹医药电子商务网是基于全国性第三方医药电子交易市场，覆盖整个医药卫生行业的垂直门户网站，其受众群体绝大多数是医药行业专业人士，或对医药信息感兴趣且有购买意向的最终用户群体，因此能够形成针对性强、命中率较高的广告宣传效果。

(2) 网站覆盖范围广。海虹医药电子商务网作为医药行业电子商务专业网站，已在全国建立了 27 个省级平台和 100 多个地市级子站，网站覆盖范围广，拥有相当的地域影响力。同时，该网站通过和其他强势门户网站的横向合作，正在进一步扩大网站受众范围。

(3) 专业的广告服务。网站拥有专业的广告策划和设计队伍，为企业宣传提供策划、制作等系列服务。同时，海虹医药电子商务网一贯坚持客户至上、公平竞争的原则，为客户量身打造最优的网络宣传方案。

(4) 交互性强。海虹医药电子商务网运用各种 Web 交互性技术，以图形、声音、文字等为客户提供最新的市场信息、行业资讯以及政策法规，使受众可以通过信息检索、网上交流、网上交易等方式，与客户建立起有效的信息流与物流关系，使行业客户能够以最低的成本获取直接、迅捷、充分的市场信息，及时把握市场的脉搏。

2. 海虹医药电子商务网的不足

(1) 药品采购的不确定性和局限性。由于该平台不能提供药品配送企业的库存量数据，因此增加了药品采购的不确定性。该平台服务于多家医院的采购业务，不能提供类似医院与企业之间财务往来核对数据、物价数据等个性化服务；另一方面，该平台主要针对招标品种的采购业务，具有一定的局限性。

(2) 存在采购的盲区。该平台可以提高采购效率，但突出的不足是采购单、退货单发出后，得不到信息的及时反馈，无法知道医药公司的药品库存量，所以存在着采购的盲区。另外，各医药公司在药品编码上的不统一，也不利于药品在信息化方面(如自动入库等)的发展。

16.4　海虹医药电子商务网的发展构想

由于经济环境的变化以及新的医疗体制改革进程的启动所带来的政策环境的变化，使得医药流通领域酝酿着新的变革。市场环境的变化向海虹医药提出了新的挑战，海虹医药需要顺应形势，积极面对，在以电子商务交易服务商的为定位的前提下，调整经营战略，以提供信息流、资金流、物流的综合服务为主要业务，抓住买卖双方客户的实际需求，积极推进电子商务业务的快速发展。

首先，海虹要根据市场情况，依据不同客户需求提供相应个性化服务作为拓展业务的基础。同时，充分利用公司现有的技术、数据优势，扬长避短，为客户提供多方面优质服务：包括信息化服务、供应链融资、产品流向管理、库存管理、市场电子渠道推广等，以此实现信息流、资金流、物流的全面整合这一战略目标，将海虹医药电子交易、电子商务推进到一个崭新的阶段。

其次，鉴于我国目前分散的区域性医药流通格局，海虹经过多年的努力，已经在全国各省市建立起各区域性的在线采购代理点，迅速占领全国市场。接下来海虹的战略是尽快将这些分散的“节点”联结起来，形成一张完整的、覆盖全国的医药交易网络。这一网络平台的建立，将大大扩展招投标中单个药厂、医院的交易范围、降低整体交易成本，其竞争优势远远强于任何区域性的交易网络(见图 16-4)，这张“药网”联结着上游的生产商与下游的医疗机构、医药零售商，实际上兼具了全国性医药销售平台与中心交易市场的双重功能。可以认为，对海虹而言，只有随着这张大网的联结成功，其真正的价值才能体现出来。届时在收入模式上，交易中介费将退而成为基本收入，而包括各级会员费、广告与市场推广、市场交易信息(资料)库在内的一系列增值服务收入具有最大的增长空间。这也正是海虹“药网”的长远价值所在。

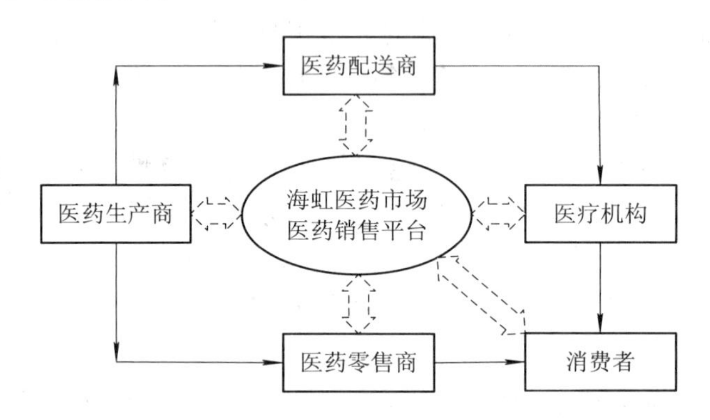

图 16-4　海虹医药电子商务网的交易网络

2008 年，海虹控股根据客户需求和电子商务业务发展的需要完成了一系列软件系统和网络管理平台设计，包括海虹电子商务耗材成交系统、医疗器械流通监管系统、低价药比价交易系统、近效期药品交易网、城市社区医疗管理系统及地区药品交易监管系统等。值得一提的是海虹控股的“海虹医药电子交易系统二期工程项目”，该项目符合国家相关产业政策，被列入国家发改委支持的电子商务专项，获 1000 万元补助。该项目是海虹控股目前进行重点投资的项目，总投资拟 14 696 万元，是海虹医药电子商务发展过程中的一个重要里程碑。

参考资料

[1] 浙江大学. 电子商务应用于医药行业的改革：浙江海虹药通[J]. 电子商务. 2006(6): 76-81.

[2] 一怒拔剑. 海虹控股:“另类”的中国互联网(上), (下) [EB/OL](2002-04-17) [2009-04-20]. 南方网: http://www.southcn.com/it/ittout/200204161659.htm.

[3] 河北海虹医药电子商务有限公司. 海虹医药电子商务交易系统用户手册[R/OL] (2007-09-03) [2009-04-20]. 河北海虹医药电子商务有限公司: http://heb.emedchina.net/download/20070903_ptrk1uvyr6obp.doc.

[4] 海虹企业(控股)股份有限公司. 海虹控股：2008 年年度报告[R/OL] (2009-04-29) [2009-04-30]. 证券之星： http://news.stockstar.com/info/ darticle.aspx?id = JI.20090429.

00000192&columnid=76&pageno=0.

[5] 洪志达，陈瑶. 医药电子商务在药品采购中的应用[J]. 海峡药学. 2007(11):138-139.

[6] 陈德人. 中国电子商务案例精选[M]. 北京：高等教育出版社，2007.

[7] 医药经济报. 医药电子商务成趋势 [EB/OL](2008-12-31)[2009-06-20]. 医药经济报. http://www.yyjjb.com/html/2008-12/03/content_81057.htm.

[8] 海虹控股：医药电子商务领域龙头[EB/OL](2013-01-07)[2014-06-10]. http://info.finance.hc360.com/2013/01/071330241256.shtml.

案例 17　阿里巴巴网站

17.1　阿里巴巴网站简介

阿里巴巴是全球国际贸易领域内最大、最活跃的网上交易市场和商人社区。阿里巴巴每天通过旗下三个网上交易市场连接世界各地的买家和卖家，其国际交易市场(www.alibaba.com)集中服务全球的进出口商，中国交易市场(www.alibaba.com.cn)集中服务中国大陆本土的贸易商，而日本交易市场(www.alibaba.co.jp)通过合资企业经营，主要促进日本外销及内销。三个交易市场形成了一个拥有来自 240 多个国家和地区的 4000 多万名注册用户的网上社区。

杰出的成绩使阿里巴巴受到各界人士的关注。 WTO 首任总干事萨瑟兰出任阿里巴巴顾问，美国商务部、日本经济产业省、欧洲中小企业联合会等政府和民间机构均向本地企业推荐阿里巴巴。

良好的定位，稳固的结构，优秀的服务，使阿里巴巴成为全球商人网络推广的首选网站，是全球唯一一个连续 5 年当选美国权威财经杂志《福布斯》评选的全球最佳 B2B 网站，还曾两次入选哈佛大学商学 MBA 案例，在美国学术界掀起研究热潮。

2008 年，在中国出口七年以来第一次出现负增长的严峻形势下，阿里巴巴仍然保持着强劲的发展势头。国际交易市场和中国交易市场分别增加了 100 万名、140 万名注册用户，付费会员总数增加到了 432 031 人，比 2007 年增长了 41%；2008 年度的营业利润为人民币 11.92 亿元，比 2007 年增长了 48%；企业商铺总数达到 460 万，比 2007 年增长了 56%，其中国际交易市场和中国交易市场分别拥有 97 万和 360 万个企业商铺。阿里巴巴中国站的互联网主页(http://www.1688.com/)如图 17-1 所示。

图 17-1　阿里巴巴中国站的因特网主页(http://www.1688.com/)

17.2　阿里巴巴网站的成长历程

1999 年，本为英语教师的马云与另外 17 人在杭州市创办了阿里巴巴网站，旨在为小型制造商提供一个销售产品的贸易平台。成立之初的阿里巴巴网站仅仅能提供信息交流的服务，为了发展成网上的交易市场，1999 年 10 月阿里巴巴引入了包括高盛、富达投资(FidelityCapital)和新加坡政府科技发展基金、InvestAB 等在内的首期 500 万美元天使基金，1999 年年底阿里巴巴的注册会员发展到了 8.9 万名。

2000 年 1 月，全球首屈一指的因特网投资者——日本软银(SOFTBANK)——向阿里巴巴注资 2000 万美元，阿里巴巴与软银合作开发日文、韩文及多种欧洲语言的当地阿里巴巴国际贸易网站。2000 年 10 月，阿里巴巴推出了第一个收费服务项目——“中国供应商”服务，以促进中国卖家出口贸易，2000 年年底，阿里巴巴注册会员达到了 50 万名。

2001 年 6 月，阿里巴巴韩文站在韩国汉城正式开通；12 月阿里巴巴成功实现了赢利，网站注册商人会员达到了 100 多万，成为全球首家注册会员超过百万的商务网站。2001 年 8 月，阿里巴巴在国际站为国际卖家推出了一项新服务——诚信通。

2002 年 2 月，日本亚洲投资公司向阿里巴巴注资 500 万美元；2002 年 3 月，阿里巴巴与商人会员创建诚信的网上商务社区，为从事中国国内贸易的卖家和买家提供中国站“诚信通”服务；10 月，日文网站正式开通并在国际交易市场推出“关键词”服务。2002 年，阿里巴巴实现了现金赢利 600 万元。

2003 年 5 月，阿里巴巴投资 1 亿人民币推出个人网上交易平台淘宝网(Taobao.com)，致力将淘宝网打造成为全球最大的个人交易网站；10 月，阿里巴巴创建独立的第三方支付平台——支付宝，正式进军电子支付领域；11 月，为了帮助买方和卖方通过网络进行实时沟通交流，阿里巴巴推出了通讯软件“贸易通”。

2004 年 2 月，阿里巴巴获得了包括软银、富达投资、Granite Global Ventures 和 TDF 风险投资有限公司一共 4 家投资公司的 8200 万美战略投资。阿里巴巴也不负众望，2004 年的总收入达到了 6800 万元，利润额为 2850 元。

从 2005 年开始，阿里巴巴进入了高速发展阶段。2005 年 8 月，阿里巴巴和全球最大的门户网站雅虎达成战略合作，阿里巴巴兼并了雅虎在中国所有的资产，一举成为中国最大的互联网公司。2005 年阿里巴巴注册用户数量、付费会员数量的增长率均为 83%，2006 年注册用户数量、付费会员数量的增长率分别为 83%、55%。2005 年全年的利润额为 1.034 亿元，比 2004 年增长了 2.63 倍，2006 年税前利润额为 2.914 亿元，比 2005 年增长了 2.82 倍，阿里巴巴 B2B 业务的收入额也达到了中国 B2B 电子商务市场贸易总额的 51%。

阿里巴巴 2007 年度总营收为人民币 21.62 亿元，比 2006 年的 13.63 亿元增长 59%；净利润为 9.67 亿元，比 2006 年的 2.19 亿元增长 340%。阿里巴巴与中国建设银行及中国工商银行合作为在网站注册的中小企业提供商业贷款，并在中国交易市场推出了客户品牌推广展位服务。付费会员数目和付费会员平均付费金额的大幅度上升带动了阿里巴巴网站 2007 年的收入增长。

2008 年，阿里巴巴在中国交易市场推出“Winport 旺铺”服务、“诚信通个人会员”服务、“出口到中国(ETC)”，并在国际交易市场上推出了新一代出口服务产品——出口通；与软银在日本成立合资公司，接管阿里巴巴原有的日文网站(www.alibaba.co.jp)，专门帮助日本中小企业接通全球的买家和卖家。在金融危机的严峻形势下，2008 年度阿里巴巴的营业利润仍然保持了高速增长，达到了人民币 11.92 亿元，比 2007 年增长了 48%。

2009 年 2 月 14 日，阿里巴巴旗下公司——阿里妈妈——成功与返还网合作，作为返还行业的老大，返还网也因此走向了一个更加光明的坦途，人们通过返还网到淘宝上买东西，返还网会返还人们最高 50%的现金，因此，返还网受到广大网友的青睐。

2011 年 5 月 26 日，支付宝经中国人民银行批准，获得第三方支付牌照，成为首批通过的 27 家企业之一。同年 6 月 16 日，阿里巴巴集团宣布，从即日起淘宝公司将拆分为三个独立的公司：沿袭原 C2C 业务的淘宝网、平台型 B2C 电子商务服务商淘宝商城和一站式购物搜索引擎一淘网。

2012 年 1 月，淘宝商城宣布更改中文名为“天猫”，加强其平台的定位。2 月 21 日夜间，阿里巴巴集团宣布，向旗下子公司上市公司阿里巴巴 B2B(HK：1688)(即阿里巴巴网络有限公司)提出私有化要约，其最终回购价格为 13.5 港元。该价格与阿里巴巴 B2B 公司 2007 年底上市招股价持平，较 2 月 9 日停牌前的最后 60 个交易日的平均收盘价格溢价 60.4%，据悉，如私有化成功，预计将耗资近 190 亿港元左右。阿里巴巴股东可能在 5 月对私有化要约进行投票，结果将决定私有化是否能够完成。3 月 29 日，阿里云新一代手机工程机对外曝光，该款手机除了采用 4.3 屏幕、双核 CPU 外，并在应用里嵌入云市场，增加手机与电商的紧密度。4 月 13 日，阿里巴巴重启一搜域名，用于“淘视频”产品。

2013 年 1 月，马云宣布他将辞去阿里巴巴 CEO 一职。他表示：“我已经 48 了，对于互联网业务来讲已经不再年轻。”不过，马云仍然继续担任董事长一职，并且继续制定核心引导策略。为了更好地展开竞争，阿里巴巴集团也被重组为 25 个业务部门。5 月份，首席数据官陆兆禧取代马云成为阿里巴巴 CEO。

2014 年 5 月 7 日，受阿里巴巴集团筹备进行首次公开招股的推动，该公司联合创始人们的个人资产在今年上涨了两倍以上。阿里巴巴集团正式向美国证券交易委员会(SEC)提交招股说明书，计划在美国证券市场进行首次公开招股(IPO)。

2015 年 7 月 15 日，阿里巴巴集团被评选为 2015 年中国互联网企业 100 强排行榜第一名；8 月 10 日，公布将以约 283 亿元人民币战略投资苏宁，成为第二大股东；苏宁将以 140 亿元人民币认购不超过 2780 万股的阿里新发行股份。

2015 年 8 月，阿里巴巴集团宣布将投资约 283 亿元人民币参与苏宁云商的非公开发行股份，占发行后总股本的 19.99%，成为苏宁云商的第二大股东。与此同时，苏宁云商将以 140 亿元人民币认购不超过 2780 万股的阿里巴巴新发行股份。

从阿里巴巴的发展历程可以看到，阿里巴巴网站迅速的发展和壮大除了电子商务本身所具有的旺盛生命力外，还与两个外在的因素密切相关。首先，阿里巴巴网站巧妙地借助了资本的力量。从阿里巴巴诞生的第一年起，资本就和这家公司的命运牢牢地联系在了一起，到目前为止，阿里巴巴一共获得了 5 次共约 12 亿美元的投资。正是由于资本的帮助，从 2005 年开始，阿里巴巴网站 B2B 业务的利润一直保持着每年 2 倍多的速度增长。其次，引进雅虎作为阿里巴巴发展的战略投资者。2005 年 8 月，雅虎和阿里巴巴共同宣布，雅虎以 10 亿美元和雅虎中国全部的业务为代价换购了阿里巴巴集团 40%的股权。与雅虎联盟，除了巨额资金，阿里巴巴还得到了梦寐以求的信息技术，得以打造完整的电子商务链；雅虎在国外发达的网络优势和品牌效应，将会使阿里巴巴的本土化与国际化更好地结合，实现阿里巴巴的国际化战略。

17.3　阿里巴巴网站的国际扩张战略

阿里巴巴的国际扩张战略是“本土化+国际化”——“比跨国公司本土化，比本土公司国际化”。网站成立伊始就推出了国内第一个有关行业加入世贸组织的WTO频道，为中国企业走向世界服务。在以后的几年中，阿里巴巴始终把帮助中国中小企业全面铺平“入世”之路作为网站服务的发展方向之一。

为了拓展国际市场，阿里巴巴组建了面向国际市场的管理团队。2001年，阿里巴巴与软银(Softbank)正式结盟，软银(Softbank)总裁孙正义出任阿里巴巴的首席顾问，世界贸易组织前任总干事彼德·萨瑟兰也正式加入阿里巴巴顾问委员会。2000年5月，阿里巴巴的第一任首席技术执行官(CTO)吴炯正式到任，这位世界搜索引擎之王 Yahoo 搜索引擎专利发明人的加盟，加强了阿里巴巴研究和开发力量。阿里巴巴在美国的研究开发队伍已汇集了来自全球的各大网络公司和经典网站的技术精英。经过这支国际技术团队的努力，阿里巴巴以网络时代的速度为国际市场的贸易企业推出完善的电子交易平台，使阿里巴巴能以一流的创意技术，成为互联网B2B电子商务的领导者。

17.3.1　进军印度

进军日本和印度是阿里巴巴国际化的起点。2007年11月，阿里巴巴派出了国际战略业务拓展部、国际市场营销部等部门的得力员工前往印度进行市场调查。在此次的调研中，阿里巴巴重点研究了印度的基本社会情况和经济情况，了解印度中小企业对电子商务的需求和接受程度。通过调研，阿里巴巴发现，印度不仅仅是世界上第二大人口国家，更是仅次于中国的全球第二大新兴市场。印度拥有超过800万家中小企业，总产值占印度工业产值近40%，雇佣人数约3000万，其中大约有300万家中小企业参与B2B贸易，约有100万家从事出口业务。经过研究阿里巴巴认为，凭借先进的电子商务平台、丰富的电子商务经验以及遍布全球的买家、卖家资源能够得到印度中小企业的认可。于是，在2007年年底阿里巴巴印度站正式开通。

阿里巴巴网站在印度市场的推广主要采取线上线下结合的方式。在线上，阿里巴巴通过与印度知名的线上媒体进行合作，大力推广自己先进的电子商务平台；在线下，阿里巴巴通过参加展会的方式进行积极推广。印度站成立初期阿里巴巴即获得了良好的业绩，每个月会员的增长超过2万家。

由于印度的中小企业分布散乱，印度网络的基础设施发展不完善，导致了阿里巴巴依靠自身拓展市场的成本增高，因此在2008年5月，阿里巴巴决定与印度领先的B2B媒体公司 InfomediaIndiaLimited 合作，来低成本地占领印度市场。

印度媒体公司 InfomediaIndiaLimited 的业务涉及工商名录、杂志出版、印刷服务和出版外包，拥有覆盖印度26个城市的网络，公司在黄页指南和专业出版方面是印度无可争议的市场领导者。在与阿里巴巴的合作中，Infomedia 扮演了“总代理商”的角色。阿里巴巴在印度的销售、推广和服务支持都是通过 Infomedia 来实现的。仅用了一年的时间，在2008年年底阿里巴巴在印度的注册用户发展到了100多万，一举成为印度最大的B2B电子商务服务商。

17.3.2　进军日本

在金融危机的影响下，很多日本中小企业必须打破原有的供应渠道来降低成本。利用互联网简化渠道，节约沟通成本，寻找低价优质的产品，成为了日本中小企业迫切而现实的需求。中国的中小企业在欧美市场受挫后，一方面希望进军日本这个潜力市场，另一方面，也非常渴望学习日本企业在研发、生产管理等方面的先进技术和理念。阿里巴巴日本站正是基于两国企业的意愿而建立的。

根据日本博报堂调查数据显示，日本中小企业有 430 万家，占企业总数的 99.7%，而日本网民数量达 8754 万，网络普及率达到 67.3%，拥有如此完善的网络无疑是开展电子商务的理想环境。经过调查阿里巴巴发现，从 20 世纪 80 年代开始，日本大型企业就开始使用电子商务来查询采购信息，但中小企业的电子商务在日本并不是很发达。2007 年 11 月，阿里巴巴与日本领先的因特网服务提供商软件银行集团公司联合，一起开拓日本电子商务市场。2008 年 5 月，阿里巴巴和软银在日本宣布成立合资公司——阿里巴巴株式会社，正式全面进军日本。

为了使阿里巴巴日本站的服务更加本地化，阿里巴巴在日本东京建立了一个 70 多人的团队，团队中的员工绝大多数是日本人，只有 3 个中国籍工作人员。同时，阿里巴巴在中国配备了 140 多名员工，专门致力保证日本站的技术支持等服务。针对日本买家看到样品才下订单的习惯，阿里巴巴日本站于 2008 年又推出了“一样成名”的服务项目，实现了网络线上与现实线下样品寄送服务的结合。通过“一样成名”服务，国内出口日本市场的供应商实现了与日本客户的更快沟通，减少中间环节、降低了成本的同时，也规避了样品石沉大海的风险。

2009 年 2 月，阿里巴巴日本站的流量比 2008 年同期增长了 3.6 倍，最高达到了每天 50 万次，阿里巴巴日本站已经一跃成为日本最大的 B2B 电子商务网站，会员总数达到 12 万，其中日本买家占比近 40%，产品数量达到 140 万条，每天有近 4000 条的商业机会反馈。阿里巴巴日文站的互联网主页(http://www.alibaba.co.jp/)如图 17-2 所示。

图 17-2　阿里巴巴日文站的互联网主页(http://www.alibaba.co.jp/)

17.4　阿里巴巴网站的特色服务

17.4.1　中国供应商“出口通”服务

阿里巴巴中国供应商的“出口通”是帮助中小企业拓展国际贸易的一项出口营销推广服务。基于阿里巴巴国际站贸易平台的买家群体和海外推广，通过向海外买家展示、推广供应商的企业和产品，帮助企业把产品打入全球市场，进而获得贸易商机和订单。“出口通”主要包括以下六种服务：

(1) 数据管家。用户可以了解自己与同行的曝光、点击对比以及买家来源分布；随时掌握产品的发布数量、更新数量和后台登录次数；了解在此行业中买家搜索的热门关键词，精准设置产品属性，得到买家最大关注；了解最近六个月买家询盘的变化趋势，洞悉买家采购规律，随时调整自身的销售策略。

(2) 橱窗产品。用户可以享受买家搜索优先排名，第一时间抢占买家眼球；可以在产品形象展示窗口重点展示主打产品，有针对性地推广产品。

(3) 视频自上传。用户可以上传个性化视频内容，全面展示企业实力、企业文化、产品等信息。

(4) 买家 IP 定位。用户可以随时查看买家询盘对应的 IP 地址及国家，辨识买家的来源，保证网上贸易的安全。

(5) 不限量产品发布。用户可以尽情展示企业所有系列的产品，获取最大的曝光机会，强化买家对产品的直观感受，彰显企业实力。

(6) 翻译版阿里旺旺。用户在使用阿里旺旺与国外客户沟通时，可以享受实时翻译的服务，用户即使不懂英文也可以做电子商务。

17.4.2　“诚信通”服务

“诚信通”，是阿里巴巴为从事中国国内贸易的中小企业推出的会员制网上贸易服务，帮助中小企业开拓生意渠道、创新营销方法、寻找更多生意机会。

加入“诚信通”服务的会员可以随时查看阿里巴巴网上买家发布的求购信息和联系方式；自身发布的产品信息会排在普通会员之前；可以由权威第三方认证机构核实企业资质，并拥有自己的网上信用档。加入“诚信通”服务的会员有机会申请阿里巴巴与银行推出的无抵押低银行贷款(限已开放地区)。2008 年，阿里巴巴共为诚信通会员申请银行贷款 10.7 亿，极大地帮助了中小企业的发展。阿里巴巴网站“诚信通”服务的宣传图片如图 17-3 所示。

阿里巴巴建立“诚信通”的目的是打造网上诚信的交易环境。“诚信通”的目标是高可信度、高成交率和高效服务。阿里巴巴邀请第三方权威机构来评估企业的资信实态，要求“诚信通”会员坦诚公开企业的真实信息，对诚信通会员提供各种交易的便利，使之独享全球 220 个国家和地区 42 万买家信息，帮助企业建立适合买家浏览的企业网站。而与当前流行的“竞价排名”方式不同，诚信通的搜索结果的排名标准只有一条——“诚信通指数”。这是一套包含了诚信状况的综合评分系统，它将网商的诚信度等因素表现为具体分值，是网商之间互相了解和选择对方的一个重要标准。“诚信通指数”的重要信息基础之一是诚信通档案，在阿里巴巴构建的商务平台上，诚信通档案是其诚信通会员必填的基本信息，用来体现和展示会员的一些基本诚信情况，它由四个部分组成：A&V 认证信息、阿里巴巴活动记录、会员评价、证书及荣誉。

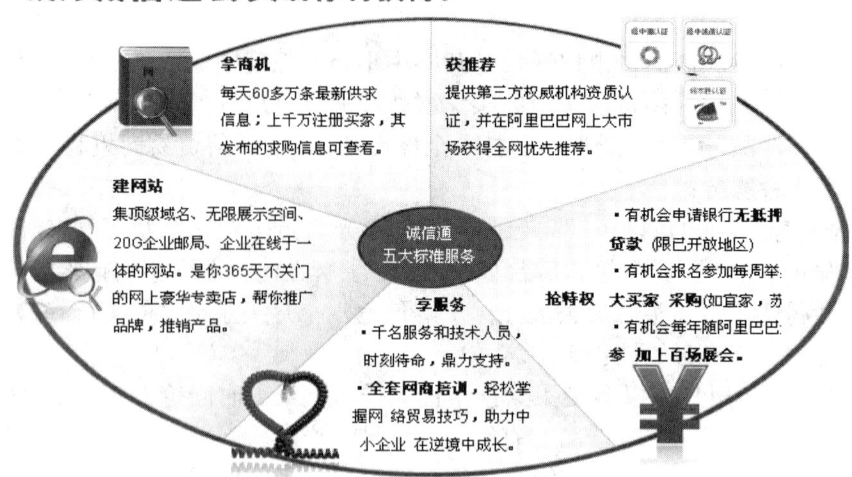

图 17-3　阿里巴巴网站“诚信通”服务的宣传图片

A&V 认证，是指认证机构对“被认证公司是否合法存在”的认证以及“被认证申请人是否属于被认证公司”的查证。A&V 认证信息包括公司注册名称、地址，申请人姓名、所在部门和职位，并需要出具相应的工商部门颁发的营业执照等。目前与阿里巴巴合作的第三方认证机构包括新华信商业信息咨询有限公司、上海杰胜商务咨询有限公司、亚洲澳美咨询有限公司、华夏企业信用咨询有限公司等。阿里巴巴活动记录，是指某一网商在经营过程中的信用表现及其与阿里巴巴共同参与诚信体系建设的时间。时间愈久，愈能证明该网商的诚信度。会员评价、证书及荣誉反映了会员对企业不断进行的评价判断。企业做得好了，客户评价好，对其他客户的影响非常大。

为避免企业会员之间的相互恶意攻击，阿里巴巴规定：第一，只有诚信通会员才能拥有评价的权力；第二评论以后相互留档案，不可以匿名，必须公开，由此起到相互约束的作用。

在实际应用中，“诚信通”已经开始显示强大的吸引力，据统计，阿里巴巴“诚信通”会员的成交率和反馈率是其免费会员的 4～5 倍。

17.4.3　“网销宝”服务

网销宝是 2009 年 3 月在阿里巴巴在中国市场推出按效果付费关键词竞价系统，原名为“点击推广”，后改名为“网销宝”。

1. 特点

免费展示，点击付费；按效果付费，成本可控。目前，投放的推广位是所有页面买家必经的翻页处“热门推荐位”。2009 年 3 月 1 日以后，“竞价排名”全面升级为“点击推广”。

2. 计费方式

(1) 按点击扣费。在阿里巴巴中文网站上，指定的供应信息每被点击一次，系统将自动从预付服务费用中扣除一次点击费用，每次被扣除的点击费用最高不超过您为关键词预先设定的单次点击价格。网销宝每个关键词的起拍价是 0.3～2.0 元间，不同的关键词有不同的起拍价，可以根据刷新排名来更改出价的多少。

一般扣费原则：扣费 = 实际排名的下一位用户的出价 + 0.1 元；扣费最高不会多于出价。

排在最后一位的会员扣费原则：扣费=起拍价。在“网销宝”中，出价代表着出价者最多愿意为每个点击所支付的费用。出价者可在预算范围内合理设置出价。

(2) 参加活动扣费。

标王推广活动将根据关键字的价格收费，底价为 300 元，不同的关键字价格不同。关键词购买成功后，产生的费用将转移至账户的“不可用余额”中，在投放期间按日扣除。

3. 操作详情

(1) 设置推广组。

新建推广计划，设置日消耗上限，最低为 30 元；选择需要投放的时间，也可全天投放；设置投放地域。

(2) 添加要推广的产品信息。

可以添加多条产品信息，增加产品的曝光量；产品信息最好是五星信息，需要经常优化标题及产品介绍；产品的名称必须出现在标题中，购买的关键词必须和标题产品词相关。

(3) 添加产品关键词。

可以自定义添加，也可以参考“网销宝”服务操作后台中的系统推荐的相关词、关键词查询、首页搜索框下拉出来的相关词、行业类目词、搜索排行榜等来设置。关键词越多，展示的机会越多，吸引的买家也越多，一般是冷热关键词一起搭配，贵的关键词至少要选 2～3 个保证流量，其次是选专业精准的关键词。可自动生成网销宝消耗报表，查看每天的曝光量、点击量和反馈量。通过报表体现的数据不定时更改推广计划的关键词及添加的产品信息，达到最好的推广效果。

(4) 出价。

网销宝每个关键词的起拍价是 0.3～2.0 元间，不同的关键词有不同的起拍价，可以根据刷新排名来更改出价的多少。

17.4.4　产品体验计划

阿里巴巴用户体验计划是一项与用户深入交流的免费服务，由阿里巴巴中国站用户体验设计研究与创新团队主持进行，目的是为了解决用户使用产品过程中的相关问题，收集用户的相关需求、反馈和用户体验，进一步完善产品服务。

产品体验计划主要包括新产品体验、用户研究、产品试用、参与设计和用户交流会等内容。不论是否是阿里巴巴的会员或者用户，都可以参加体验活动。阿里巴巴网站对参加产品体验计划的用户定期发布专门为其编写的客户、行业和市场研究报告，还有可能获得网站提供的礼品和酬金。产品体验计划使用户第一时间接触到阿里巴巴网站推出的新产品，一方面可以促进用户更方便地进行商务活动，另一方面也有助于阿里巴巴网站改进产品，更具人性化、易用性。阿里巴巴产品体验中心“阿里助手”服务的体验网页如图 17-4 所示。

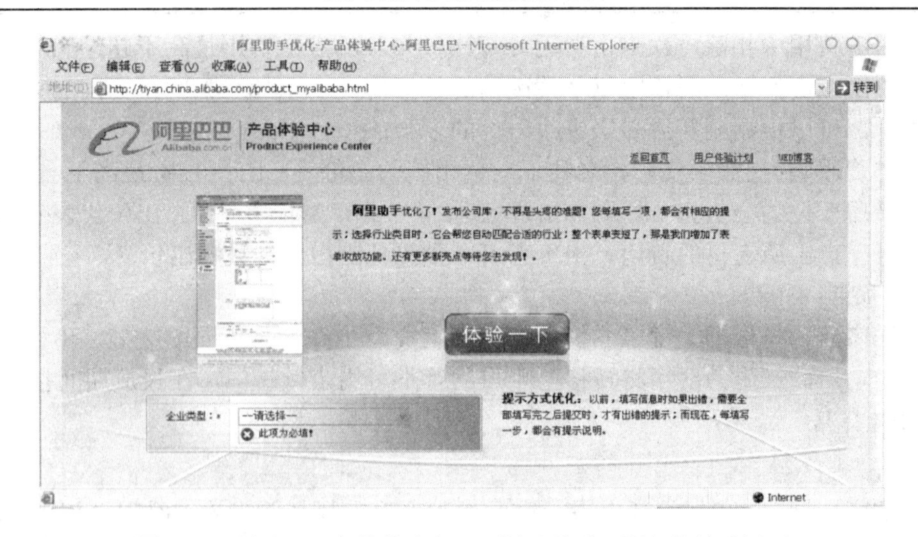

图 17-4　阿里巴巴产品体验中心“阿里助手”服务的体验网页

17.4.5　阿里学院

2004 年 9 月在阿里巴巴网站成立五周年之际，阿里巴巴创办成立了中国互联网第一个企业学院——阿里学院。阿里学院是为在中国从事电子商务活动的企业和个人而设计的，希望通过建立一套完整的电子商务培训系统，来帮助中小型企业和广大网商真正掌握并成功运用电子商务理念和使用电子商务平台，获得商业上的成功，提高企业的综合竞争力。

阿里学院以现场授课、在线教学和顾问咨询构成立体教学体系，并在教学中注重与学员的互动。学员在培训后，可以通过阿里学院校友会继续对电子商务的实战经验进行讨论和分享。“实战性”是阿里学院最显著的教学特点，学院所授课程都具有极强的可操作性。学员能够在培训后很快将所学内容运用到自己的实际工作中，真正起到了通过培训完善电子商务理念、改进电子商务操作方法、提高电子商务技巧和获取商机把握商机的能力。目前，阿里学院的总部设在杭州，并已在广州、上海、青岛等十四个城市设置了培训分部。

阿里学院根据最先进的电子商务理念和实践经验不断推出企业最需要的新课程，并在授课中不断对已有课程进行调整和完善，始终走在电子商务教育最前沿。课程涉及电子商务实战、企业管理和外贸实务等与企业发展最密切相关的多个方面。教师力量也十分雄厚，包括阿里巴巴创办人马云，阿里巴巴资深顾问关明生，阿里巴巴公司副总裁彭蕾、李旭辉等。

17.5　阿里巴巴网站的营销策略

17.5.1　加强诚信体系的建设

发展电子商务，网上诚信是最关键的问题。阿里巴巴作为电子商务行业中的领头企业，一直积极参与诚信建设。从 1999 年成立之初，网站就秉承“诚信”理念，2002 年 3 月，更推出全球第一款交互式网上信用管理体系“诚信通”，2004 年 3 月，又在“诚信通”的基础上推出了“诚信通指数”。

阿里巴巴利用自身的网络平台优势和业务资源优势，在不断推动电子商务发展的过程中建设起一个符合国情的诚信体系。坚持惩恶扬善，一方面把不诚信的商家“清理出局”，另一方面对于诚信经营的商家，网站则会通过优先推荐、网络联保等方式帮助其发展。

通过不懈的努力，目前阿里巴巴国际市场上有 98.77%的会员为诚信会员，在阿里巴巴中国市场上有 99.99%的付费会员为诚信会员，总体上，会员出现纠纷的比率非常之低。

17.5.2　关键字竞价

2005 年 3 月 10 日上午 10 点 10 分，阿里巴巴正式启动了搜索关键字竞价的运作。竞价排名一直以来都是国内搜索公司主要的利润来源，百度竞价排名收入占到其总收入的 80%，雅虎的关键词搜索收入占整个广告收入的 15%。2006 年，收费搜索的市场容量是 23 亿元，搜索引擎已经被公认为是目前中小企业最佳有效的上网途径。

当网民搜索“礼品”时，产生的大量搜索结果铺天盖地，只有位居前列的才最能吸引网民注意，也最能带来潜在购买力。相对于通常搜索的竞价排名，阿里巴巴的竞价目标客户更明确，搜索用户的意向也更直接，这就是众多商铺选择阿里巴巴的原因。企业利用这一商机，通过竞价方式使自己的产品位居行业搜索结果的前列，从而成为最引人关注的明星，这一商业模式是网络“注意力经济”的最典型体现，而在阿里巴巴，这种注意力更容易转换为经济效益，更能体现搜索的商业价值。例如，河北隆泰公司从 2006 年就开始参加关键字竞价，经过三年的时间，隆泰公司的业务量已经从 30 万发展到了 3000 万。2007 年隆泰公司在竞价排名、黄金展位和诚信通服务费上的投入超过了 2 万多元，占网络总投入的 70%，虽然付出很多，可是公司的形势一年好于一年，效益连续翻番，三年的时间，隆泰公司便从个体经营公司变成了中外合资企业。

17.5.3　人性化的服务

网站看起来是虚拟的，但经营者对待网站的心态和服务却不能是虚拟的。阿里巴巴成功的因素很多，但是它的人性化服务却是很重要的一点。阿里巴巴将 B2B 解释为“Businessman to Businessmen(商人对商人)”，就是要强调充分考虑商人的需求，提供的人性化服务，使商人感觉到阿里巴巴网站是真实可靠的，是可以产生效益的。

阿里巴巴的服务做得很细，全面、周到、热情，将人性化服务渗透到网站的各个方面。从人性化的页面到人性化的论坛，从人性化的功能操作到人性化的线下和售后服务，为客户提供了一个方便温馨的网络环境。由于很多企业是第一次进行网上交易，还不怎么了解和熟悉如何进行网上商务和操作，所以阿里提供了很多人性化的指导服务，比如电话指导和网上和网下的贸易培训等，这也防止了一些企业因为不懂网络操作，没有得到想要的效果而流失的情况。

2003 年 11 月，阿里巴巴推出了为商人度身定做的免费商务即时通讯软件工具——贸易通。商务用户使用该工具可以选择语音通话或视频通话，实现随时联系、在线洽谈、客户管理、商机搜索、图文、网上开会等多种功能。阿里巴巴对问题的发现和更改非常细致。由于阿里巴巴网站信息众多，当企业通过各种努力找到信息时，往往信息已经过时。为了解决这一问题，阿里巴巴改进了信息检索和传送的方法，采用“推”的策略把信息及时送到企业手中，使信息具有了生命力。

阿里巴巴定位于一个企业和商人的电子商务网站，在编排资讯方面，着重以商人的眼光和手法去采编，重点突出商业性质的资讯；针对实际情况和企业的需要进行分类，提供行业信息、公司信息、供应信息、求购信息、代理信息、加工信息、项目合作信息、商务服务信息等，最大限度地满足了不同行业和企业的需要。

17.5.4　优秀的论坛

论坛是一个会员与会员之间、会员与网站之间交流和学习的地方，也是会员结交朋友、寄托感情的地方。

阿里巴巴将论坛发展成为网站聚集人气，留驻人气的地方。阿里巴巴论坛的管理具有很高的水平，会员数、帖子数、流量和质量都居全国领先地位。很多人都是通过论坛了解阿里巴巴、爱上阿里巴巴的。阿里巴巴专门组织了论坛管理团队经营论坛，他们及时收集会员的各种情况和心理状态，了解会员的需要，发表一些创造性的话题，充分调动会员的参与感，吸引会员参加。整个论坛管理有序，组织严密，没有出现过大的失误，论坛和会员之间，网站和会员之间，会员和会员之间做到了良性的循环互动发展。

17.5.5　全力打造安全诚信的网上支付模式

电子商务首先应该是安全的电子商务。一个没有安全保障的电子商务环境，是无真正的诚信和信任可言的，而要解决安全问题，就必须先从交易环节入手，彻底解决支付问题。

2005 年 2 月 2 日，阿里巴巴公司在北京宣布全面升级网络交易支付工具——支付宝，同时 www.alipay.com 正式上线。通过与工商银行、建设银行、农业银行和招商银行的联手，阿里巴巴全力打造中国特有的网上支付模式，长期困扰中国电子商务发展的安全支付瓶颈获得实质性突破。

经过两年的努力，“支付宝”已经同工商银行、建设银行、招商银行、农业银行达成战略合作关系，凭借投资 3700 万美元建设的电子商务软件研发中心的强大支持，“支付宝”目前已经完成功能的强大升级，不但可以满足淘宝网上亿商家的使用支持，而且有能力将其拓展到阿里巴巴企业用户。阿里巴巴支付宝的优势简要及交易流程如图 17-5 所示。

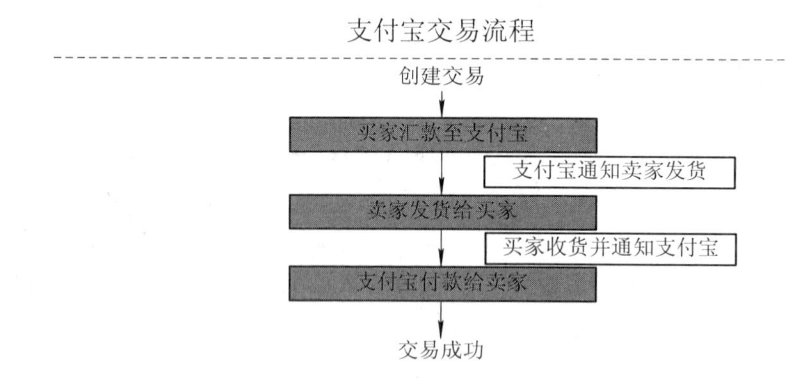

图 17-5　阿里巴巴支付宝的优势及交易流程

此外，阿里巴巴宣布“支付宝”推出“全额赔付”制度，对于使用“支付宝”而受骗产生损失的用户，支付宝将全部赔偿其损失。“你敢用，我就敢赔”，主动全额赔付以保障用户利益，这在国内电子商务网站尚为首例。这一制度展现了阿里巴巴解决电子商务支付问题的决心，以及对“支付宝”产品的绝对信心。

17.6　阿里巴巴网站对电子商务的启示

17.6.1　电子商务的中国模式

2004 年 11 月 11 日，国内第一家 ISP(Internet Server Provider，Internet 服务提供商)公司瀛海威被工商局注销，是中国因特网经济的先烈。相比它的悲壮，时下的电子商务新贵们多少有些“前人栽树后人乘凉”的幸运。从 1987 年 9 月 20 日中国的第一封电子邮件越过长城飞出中国，到 1998 年 3 月中国第一笔互联网网上交易成功，从 1999 年 3 月 MY8848 等商务网站的开通到 2004 年众多电子商务网站的盈利，电子商务在中国走过了从概念到应用的初级阶段。

阿里巴巴网站是众多盈利网站突出的代表，其成功的重要经验就是形成了贴近企业的中国模式。对于电子商务来说，无论是 B2B、B2C 还是 C2C，都有一个与传统习惯融合的问题。从 B2B 角度来说，先进的电子商务技术必须与传统企业的业务流程相结合才能够取得大的发展。传统产业需要采用先进的信息技术来改善自己的经营流程，而电子商务网站则需要寻找适应传统企业运作的新的商务模式。

阿里巴巴的模式是一个网上中介型企业间电子商务模式。由于它的存在，企业可以利用它(第三方)所提供的电子商务服务平台实现企业与客户或者供应商之间的交易。根据提供服务的层次不同，可以将网上中介型企业间电子商务区分为简单信息服务提供型和全方位服务提供型。前者主要是提供买卖双方的信息，通过中介服务，买卖双方可以在全球范围内选择成交对象，选定交易对象后并不直接在网上交易，而是另外接触和签订合同。这种方式令中介无法全面深入参与交易，提供的只是简单的信息服务。后者是指在网上不但提供信息服务，而且还提供全面配合交易的服务，如网上结算和配送服务等，这类站点要求中介机构对贸易特别熟悉。阿里巴巴选择了前者，这是因为，对于大多数中国企业来说，信息渠道并不畅通，而适应于虚拟市场的诚信体系并没有建立，网上交易存在心理隔阂。在分析了中国企业情况的基础上，阿里巴巴选择了简单信息服务提供型的建设方向。这样做，一方面可以最大限度地满足中小企业的信息需求，另一方面也避免了网站提供结算和配送的困难。而在收费模式上，阿里巴巴主要通过收取会员费获取收入。这种方式不但有利于网站对会员的服务支持，提高客户对网站的信任，也有利于会员与网站之间感情的沟通，最大限度地留住客户。

阿里巴巴没有实体产品，但它利用自己的供求信息平台，真正为企业提供了降低交易成本的方式，也就是说，阿里巴巴通过具有信誉的担保信息平台在整个社会的供应商与需求人之间架起了一个桥梁，降低了交易成本，扩大了交易规模。所以，阿里巴巴能够在虚拟市场中不断地发展壮大。

17.6.2　团队与价值观

阿里巴巴非常重视团队建设。团队精神使这些网络年轻人有了共同的目标、共同的价值观和共同的使命。他们将自己的使命确定为“让天下没有难做的生意”，这一使命成为阿里巴巴一切工作开展的前提。他们所倡导的文化是一群平凡的人，团结起来做一件不平凡的事，你行、我行、他也行，但关键是团队，只有团队有了战斗力，个人的力量才能够得到最大的发挥。

在阿里巴巴，最值钱的东西是价值观。他们共同的价值观就是群策群力、激情、创新、开放等，这些东西是阿里巴巴团队共同认可的。一个人只有在认同这些东西的前提下，才能够加入到公司的行列，在加入的过程中，不断地学习、接受培训和交流，在这个前提下，大家一起奋斗。

阿里巴巴的高层领导坚持不懈地将公司的价值观化作整个企业的行动，努力做到众所瞩目，尽人皆知。通过塑造价值观，激发员工的激情和干劲；通过具体细节的严格要求，向员工直接灌输价值观。同时，阿里巴巴将价值观作为考核一个员工的重要指标。考察制度的纵坐标是业绩，横坐标是价值观。按照马云的话说，“只要不是价值观出问题，公司可以培训他，但是价值观不行，那是‘格杀勿论’，也可以说价值观是公司的‘高压线’，谁碰谁死！”

正是企业价值观的建立与形成，使得阿里巴巴团队具有了强烈的创新精神和强大的战斗力。

17.6.3　合作精神

阿里巴巴宣传和推广做得很好的就是两个字：合作！阿里巴巴的发展离不开跟别人的合作，没有合作，阿里巴巴也许发展得并没有这么快，阿里巴巴与企业之间、政府之间、采购商之间、其他网站以及一些媒体等都建立了合作。电子商务网站只有通过合作，才能达到发展和共赢的目的，比如阿里巴巴与工商银行、建设银行、农业银行和招商银行联手，推出网上安全支付保障系统——支付宝，“长期困扰中国电子商务发展的安全支付瓶颈，将获得实质性突破，中国电子商务将因此成为真正安全的电子商务。”马云如是说。

17.6.4　阿里巴巴对电子商务发展方向的启示

未来电子商务市场将朝两个方向发展：一个是大型化、电子商务门户化，另外一个就是专业化和行业化。有实力的电子商务网站更可能朝大型化和门户化发展，比如阿里巴巴和慧聪网等，为浏览者提供各个行业的各种信息；而总体实力稍逊的电子商务网站则更可能向着专业化和行业化发展，如中国广告网、中国服装网、中华服装网、中国家电网、中国钢材网、中国旅游网等。这是两个截然不同的方向，各有各的特点和优势。大型化的门户电子商务网站也许没有精力来提供某个行业专业的服务信息，而专业化行业电子商务网站也无法提供大型化门户电子商务网站的服务。他们之间是互补、互利、互助的，走的是差异化竞争和共存之路。

参考资料

[1] 阿里巴巴2008年第一季净利翻番至3亿元[EB/OL](2008-05-06)[2009-05-10]. 新浪科技: http://tech.sina.com.cn/i/2008-05-06/16382178953.shtml.

[2] 阿里巴巴 2007 年净利润同比增长 340%[EB/OL](2008-03-18)[2009-05-10]. 新浪科技: http://tech.sina.com.cn/i/2008-03-18/16412085157.shtml.

[3] 取亚洲谋全球阿里巴巴侵占印度市场谋划海外扩张[EB/OL](2009-04-13)[2009-05-10].

新民网: http: //biz.xinmin.cn/3c/2009/04/13/1810105.html.

[4] 卫哲. 阿里巴巴扩张战略不受过冬论影响[EB/OL](2008-08-02)[2009-05-10]. 新浪科技: http://tech.sina.com.cn/i/2008-08-02/16312367839.shtml.

[5] 对阿里巴巴的分析以及未来电子商务市场预测[EB/OL](2007-08-20)[2009-05-10]. 教育资源: http://www.288e.com/lunwen/sort0130/sort0326/120688.html.

[6] 2015年1月19日软件新闻: 阿里巴巴宣布金融云微金融专区正式上线[EB/OL] (2015-01-19)[2015-2-10]. http://www.it.com.cn/edu/softhotnews/ technews/ 2015011920/ 1163322.html.

[7] 双十一有多火爆?阿里巴巴在线销售额突破700亿元[EB/OL](2015-11-11)[2015-12-10]. http://finance.sina.com.cn/money/forex/20151111/213023742546.shtml.

案例18 敦 煌 网

18.1 敦煌网电子商务网站简介

敦煌网成立于 2004 年，是中国第一个 B2B 跨境电子商务平台，致力于帮助中国中小企业通过电子商务平台走向全球市场。敦煌网 CEO 王树彤是中国最早的电子商务行动者之一，曾在 1999 年参与创立卓越网并出任第一任 CEO。敦煌网开创了“为成功付费”的在线交易模式，突破性地采取佣金制，免注册费，只在买卖双方交易成功后收取费用。敦煌网一直致力于帮助中国中小企业通过跨境电子商务平台走向全球市场，开辟一条全新的国际贸易通道。敦煌网的互联网主页如图 18-1 所示。

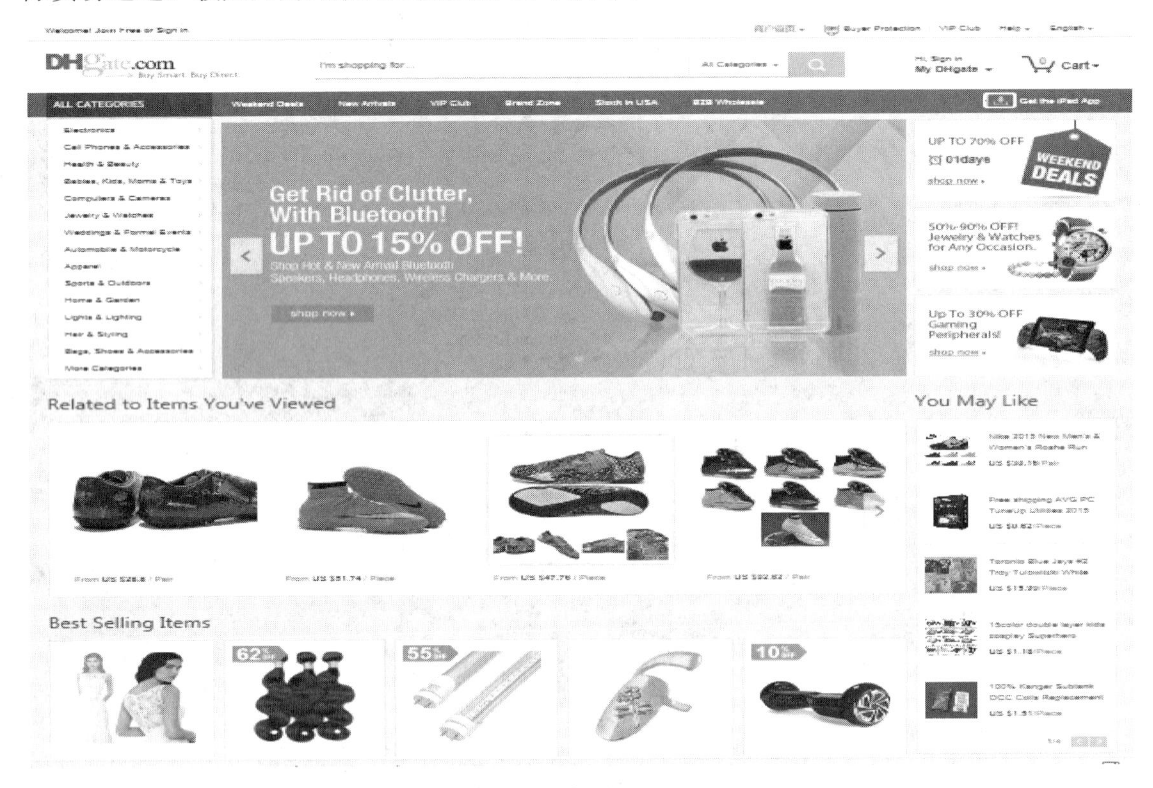

图 18-1 敦煌网的互联网主页(http://www.dhgate.com/)

作为中国 B2B 跨境电子商务平台的首创者，敦煌网致力于引领产业升级。敦煌网 CEO 王树彤女士认为，传统信息平台式的电子商务已死，真正的电子商务不仅要解决交易问题，还要提供专业化、具有行业纵深、区域纵深、服务纵深的服务以及最好的客户体验。作为中国最领先的在线外贸交易品牌，敦煌网是商务部重点推荐的中国对外贸易第三方电子商务平台之一，工信部电子商务机构管理认证中心已经将其列为示范推广单位。

敦煌网整合信息流、物流、资金流、服务流、技术流等多方面服务，采用“为成功付费”的佣金模式，国内的中小企业可以直接通过敦煌网，将产品销售给海外庞大数量的中小采购商，使他们多了一条直接通向海外的在线销售渠道，相当程度上提高了中小企业的盈利空间和议价能力。对于海外广大的中小采购商来说，他们可以更便捷、更具经济效益、更有选择性地直接采购中国商品，从而有效提高了经营利润和市场竞争力。其创新的模式和飞快的发展速度吸引了众多的国内外顶级风险投资商的投资。

目前，敦煌网已经实现 120 多万国内供应商在线、3000 多万种商品，遍布全球 224 个国家和地区以及 1000 万买家在线购买的规模。每小时有 10 万买家实时在线采购，每 3 秒产生一张订单。

18.2 敦煌网的成长历程

2004 年，卓越网创始人及首任 CEO 王树彤女士创办敦煌网。

2007 年，成为 PayPal 亚太地区最大的客户，全球第六大客户。

2007 年，成为 Google 中国市场的重要战略伙伴，双方共同致力于推动中国中小企业走向世界。

2008 年，成为 eBay 亚太区重要战略合作伙伴。

2009 年，与 UPS 结成业务合作伙伴，UPS 服务嵌入敦煌网平台。

2010 年，敦煌网启动敦煌动力营行动，计划在 2010 年培养和孵化超过 20 万外贸网商。

2010 年，实现海外买家 400 万，国内卖家 90 万，商品数量 2500 万，平台年交易额 60 亿人民币。

2011 年，大力发展新兴行业，在母婴、玩具、家居、安防、汽配等行业实现 300%的增长。

2012 年，推出中国首款外贸交易移动管理平台。

2013 年，开通在线发货服务，推出国际 e 邮宝，上海、深圳合作仓库发货。

2014 年，敦煌网商户通微信升级，推出订单查询等新功能。

2015 年，习近平见证中土跨境电商签约，敦煌网承建中土跨境电商平台。

18.3 敦煌网的创新之处

第一代 B2B 电子商务平台以信息服务为主，借助自身优势，协助供应商和采购商完成匹配，形成了“供应商←[采购信息—电子商务网站(关系平台)—商品信息]→采购商”的价值链。

第一代 B2B 电子商务平台代表网站为阿里巴巴。阿里巴巴是一个信息发布和推广的平台，为企业提供商业资讯和线上社交，通过赚取会员费、广告费盈利。阿里巴巴利用网络整合资源，获取庞大的供求关系网络，拓宽企业获取交易途径，减少企业交易的时空限制，为企业提供了商机。然而，第一代 B2B 电子商务平台的运营模式存在弊端，专做信息流运营，网站平台是一个信息平台而非交易平台，缺少信息流、资金流、物流的整合，用户只能进行线上资讯，线下交易，无法在平台上进行自己的资源管理、财务管理，整个过程比较复杂，失去了网络交易本应具有的快捷性和方便性。

第一代 B2B 电子商务平台发展遭遇瓶颈后，第二代 B2B 电子商务模式逐步探索走向成熟，敦煌网是其中的代表网站。敦煌网运营模式图如图 18-2 所示。

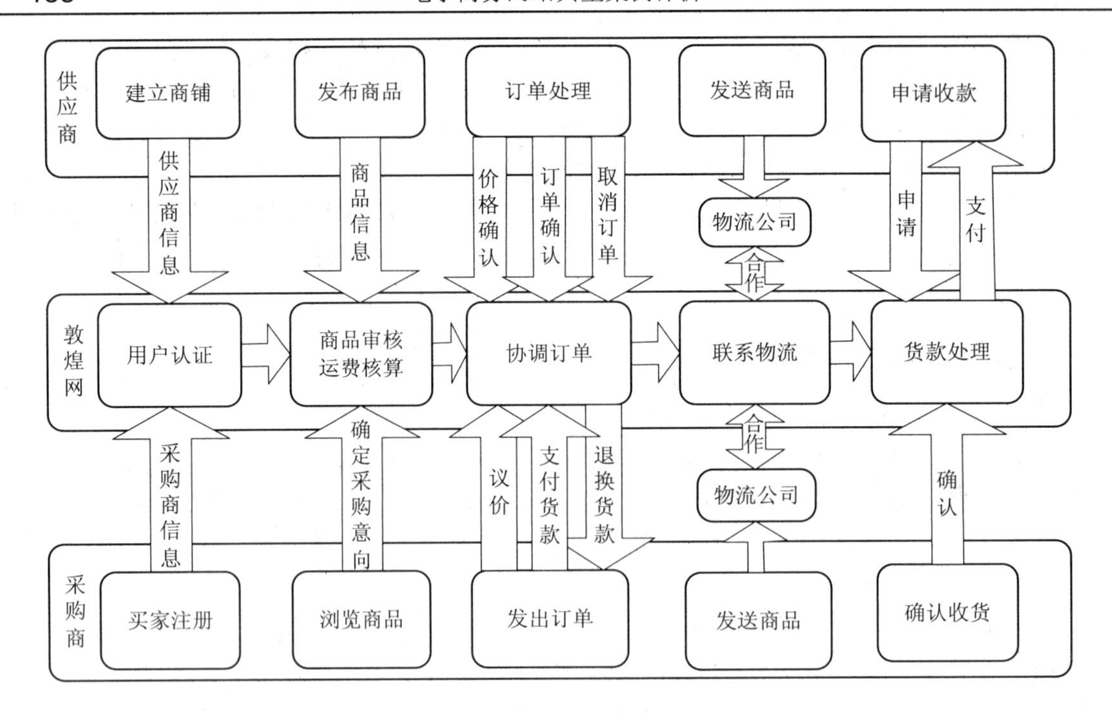

图 18-2　敦煌网运营模式图

18.3.1　敦煌网概况

敦煌网将服务重点从信息服务转向了供应链服务，是典型的在线交易服务平台。在这个平台上，用户不但可以在线发布和获取供求信息，还可以完成线上交易。敦煌网全程协助用户进行商品发布、货品交易、物流配送、货款到账，线上全程服务，形成了“供应商←[交易服务—电子商务网站(关系平台)—商品]→采购商”的价值链。

18.3.2　核心业务

敦煌网的核心业务是B2B小额批发，主要针对国内的中小供应商和国外的中小采购商。国内中小供应商通过敦煌网得以整合，形成“长尾市场”，共同抗拒风险。这些中小供应商就像大小不一的珍珠，敦煌网将他们挑选打磨，串成不同的珍珠项链，使供应产品得以增值，在规格、数量、价格上形成规模优势。国外的中小采购商相对于大型供应商，购货渠道少，购买批量小，与供应市场信息不对称。敦煌网通过提升服务品质，与他们建立稳定的合作关系，为其提供廉价、安全的货源，使得国外采购商从中获利。

18.3.3　运营模式

敦煌网协助供应商在网站上开设店铺、发布商品。敦煌网根据交易经验，设计了较完备的产品描述和产品“曝光”策略，协助供应商进行有效的宣传。同时敦煌网根据商品尺寸、重量等信息计算物流费用。采购商在平台上选取商品，预付货款给敦煌网，在敦煌网监督协调下，供应商可进行取消订单或发货处理。敦煌网联合物流公司，为供应商提供配送服务，发货成功后，供应商向敦煌网提出申请，获取货款。

18.3.4　盈利模式

敦煌网提供免费注册，不收取供应商的验证费、店铺费、商品发布费和交易费，只收取采购商的每笔交易的佣金。供应商发布商品时，敦煌网根据商品销售价格按比例折算，生成佣金，佣金将加到商品售价中，采购商购买商品时，支付商品原售价及佣金。同时敦煌网为供应商提供增值服务，协助供应商进行推广，提高接单能力，并进行全程的指导。敦煌网将增值服务划分等级，收取不同费用，同时敦煌网提供“敦煌币”，供应商可选择购买，用于广告宣传等业务。

18.4 敦煌网的优势和危机

18.4.1 敦煌网的优势

敦煌网作为第二代 B2B 电子商务平台，提供在线全程服务，由“搜索平台”转变为“交易平台”，可进行实时交易，具有突出优势。

1. 市场精准定位

敦煌网为中小企业服务，负责小额交易，绕开大宗交易，专做“微经济”，打开了 B2B 市场的新蓝海。国外的中小采购商采购数量少，库存能力低，需要高资金周转速度，借助网络平台，可提高采购效率，降低采购成本。借助敦煌网，可以获取丰富的采购信息，通过平台监督、可以保证交易的安全性、可靠性，加快采购流程。国内的中小供应商具有供应廉价产品的优势，但对市场把握不足，个体规模较小，借助敦煌网平台，国内的中小供应商得以走出国门，进行外贸交易。同时敦煌网全程服务，保证中小供应商顺利完成订单。

2. 订单全程监控

敦煌网作为一个交易平台，负责订单的全程监控，并提供线上议价机制。采购商提交订单后可进行询盘，与供应商达成合作意向后，供应商确认订单。采购商预付货款，预付的货款由敦煌网保管，供应商进行发货处理，当货物抵达采购商手中后，供应商可提出货款申请，获取自己的货款。当交易出现纠纷时，采购商可向网站提出申请，冻结预付款，纠纷解决后，网站再发放货款或退回货款。订单全程监控机制有效地保证了交易安全。预付货款保证采购身份真实性，保证供应商的供应安全。平台保管预付款，有效避免交易纠纷带来的资金纠纷，保证采购商在付款后收到满意货物。同时，敦煌网采用风险监控和信用机制，对付款订单进行审核，保证采购商有发货能力。采购商在采购后，可以对供应商进行评价，供应商的信用机制将公开显示，成为采购商选择其供货的参考依据。

3. 物流配送完善

敦煌网与 UPS、DHL、EMS 等国际国内物流公司合作，实现了物流配送网络化。供应商准备发货后，系统自动通知物流公司取货地点，进行取货。货品到达后，又会有采购商安排的物流公司来取货。部分物流公司在敦煌网实现“嵌入式”服务，供应商借助敦煌网平台，即可联系物流公司，提出运输要求，并全程监控物流情况，节省了线下联系物流公司的精力，更专注于产品生产和推广。

一般情况下，商品运费由采购商支付。采购商多为中小采购商，实力较弱，对运费关注度大。在敦煌网上，供应商可以选择设置商品运费为标准运费、折扣运费和免运费。为吸引采购商，供应商应尽可能降低运费。借助敦煌平台，供应商可与物流公司进行协商，获取折扣运费。供应商还可自付运费，提供免运费商品，获取更多订单机会。敦煌网凭借业务积累和关系积累，与物流公司建立合作关系，为供应商降低运费提供更多可能。部分供应商不了解国际物流情况，敦煌网则为他们自动绑定“敦煌合作物流”，使供应商享受到较优惠的折扣，节省物流成本，增强自身竞争力。

4. 盈利模式创新

相较于第一代B2B电子商务平台，敦煌网的核心竞争力在于其提供一线式交易服务，获取大量用户。敦煌网摒弃了认证费，交易的服务费也由采购商支付，这为国内的中小供应商提供了盈利空间。

为保证核心竞争力，敦煌网制定了商品发布、交易流程、物流配送等相关政策。通过积累的经验和积累的合作关系，协助用户完成交易，保证整个过程的安全性、便捷性和低成本。敦煌网同时针对一些有订单能力和价格优势的供应商，收取增值服务费，辅助他们提升自身能力。作为采购商，无需缴纳认证费，根据交易额缴纳服务费，降低了加盟网站的风险，提升了采购积极性。

18.4.2　敦煌网的危机

1. 线上竞争激烈

敦煌网针对中小供应商，无需注册费和认证费，降低了供应商入驻门槛。然而入驻门槛低，导致平台上同一行业的竞争者众多，供应商不得不压低商品的价格，以获取订单。致使敦煌平台上供应商之间开展价格战，进入了恶性循环，产品供应价格普遍偏低，供应商利润微薄。这样就降低了供应商入驻敦煌网的积极性，同时过分低价也使产品的质量难以保证，降低了敦煌网的品牌信誉。

2. 供应商资金运转压力大

线上交易方便快捷，可以实现国际交易，但同样也给供应商造成一些压力。敦煌网交易的交货周期短，对发货速度要求高，但因牵扯到跨国交易，交易周期长。供应商需先交付商品，交易成功后，才能收取货物。这就要求供应商有较强的资金周转能力，能在货款到达前，保证良好的运营。

3. 线上交易多纠纷

国内供应商和国外采购商合作过程中，容易产生纠纷。采购商线上交易，浏览的多为商品的照片，无法看到商品实体，如果沟通不当，采购商所验货品与预期不符，就会产生纠纷，影响采购效率，而且纠纷一旦产生，会延长交易时间，无论纠纷处理如何，都会影响供应商的资金周转，影响供应商运营。当双方纠纷无法解决时，采购商还向平台提出诉讼，请敦煌网协调纠纷。这时敦煌网将关闭纠纷双方线上沟通的渠道，供应商可对诉讼表示异议，并证明自己无过错，供应商需要花费精力自己取证，证据的有效性直接影响纠纷处理结果。

敦煌网的纠纷协调机制尚不完善，容易倾向采购商一方，供应商的证据不被采纳，导致供应商的利益无法很好维护。敦煌网上供应商的信用等级，是采购商选择供应商的重要凭据。为保证自己在敦煌网的信用评价，即便自身没有过错，供应商也不得不退还货款，获取采购商的好评。对待某些恶意采购商，供应商只能忍气吞声，顾全大局。

4. 行业竞争者众多

敦煌网另辟蹊径，挖掘B2B电子商务新“蓝海”，与eBay等B2C平台合作，吸引这些平台上的卖家成为敦煌网平台上的采购商。敦煌网发展初期，其模式不被看好，但在目睹其发展后，行业中出现众多效仿者，第二代 B2B 电子商务模式由“蓝海”变“红海”。2010 年阿里巴巴推出小额外贸平台全球速卖通上线，与敦煌网模式类似，并降低交易佣金，试图将敦煌网拉入价格战。eBay 希望能实现 B2B、B2C 一体化，搭建自己的小额外贸交易平台。

敦煌网的采购商部分来自 eBay 买家，如果 eBay 取消与敦煌合作，自立 B2B 门户，敦煌网将损失大量客源。易唐网等后起之秀在线交易型 B2B 网站的介入，也给敦煌网带来竞争压力。敦煌网虽然在发展中面临危机，自身尚存不足，但其实力却不可小觑。敦煌网凭借自身的优势积累，不断完善自我，一直走创新之路，方可引领中国 B2B 模式不断发展。

18.5　敦煌网的发展方向

18.5.1　线上竞争保护

敦煌网上的低价竞争，使供应商的利益受到损害，间接影响供应产品及服务质量。敦煌网建立了相应的价格机制，进行监督、干预，避免恶意价格竞争。敦煌网根据自身经验，已建立商品描述模板，今后可在模板中加入价格规模，为供应商提供价格建议。同时对于一些低价恶意竞争的商品，从平台上撤下，并要求供应商整改。

18.5.2　协助供应商周转资金

线上跨国交易，对供应商的资金周转要求高。敦煌网为保证供应商正常运营，已经推出了“在线小额贷款”，与国内银行合作，提供线上贷款。供应商无须与银行面对面，由敦煌网代理为银行提供供应商诚信记录、经营情况等，协助银行完成贷款服务。敦煌网在现有的贷款服务基础上，做好贷款推广和还贷监督工作，一方面细化贷款额度、贷款周期、还款方式，提升用户体验，在采购旺季，增加放贷机会，开展贷款返利活动，保证供应商资金周转；另一方面，对贷款的供应商进行审核监督，确保其还款能力，当发现其经营状况异常时，及时指导或干预，防止其无法支付贷款，而造成敦煌网的信誉危机。

18.5.3　完善纠纷处理机制

敦煌网收取采购商交易佣金，倾向于采购商。供应商处于弱势地位，利益有时得不到保护，降低了线上供应商品的积极性。敦煌网应完善纠纷机制，公平客观地保护供应商和采购商利益。还应建立明确的责任机制，如果平台出现服务失误，则由敦煌网承担责任；如供应商完全按照敦煌网指令发出货物，但由于敦煌网指令失误而造成纠纷，敦煌网赔付采购商损失。应合理考虑供应商取证，当发生纠纷时，敦煌网不能偏袒采购商，需客观处理情况，为供应商留出充足的取证时间，协助供应商取证；为采购商建立诚信记录，对待某些恶意采购商，应拉入黑名单，不予提供交易服务。

敦煌网可以建立纠纷基金。在一些纠纷中，供应商无主观过失，但采购商的损失已经造成，为保护双方积极性，敦煌网可利用纠纷基金替供应商退换部分货款。

18.5.4　保证服务质量，持续创新

国外采购商与国内供应商的交易就像渡河，第一代电子商务平台是灯塔，通知用户河对面情形，但双方需要自己找船渡河。敦煌网的第二代电子商务平台是桥，直接帮助双方

交易成功，受到更多用户青睐。然而随着时间推移，桥的不稳固等缺点逐步被暴露，同时其他的桥也搭建在河面上，敦煌网只有修缮自身这座桥，提供更优质、超出用户预期的服务才能留住现有用户，拓宽市场。尽管阿里巴巴等平台也介入第二代电子商务平台，并试图打价格战。国际电子商务更看重的是服务质量，第二代电子商务平台的技术门槛、管理门槛较高，敦煌网凭借经验积累、关系积累等，在竞争中取胜。敦煌网应以“深耕细作”为主，同时逐步横向发展，将产品审核、产品宣传、订单监控、物流配送、线上贷款等业务做精做细，尽可能避免线上纠纷，维护用户双方利益。利用已有的合作关系，在降低物流成本、提供贷款机会等下工夫，为用户牟利，不断修缮美化自身这座桥梁。

敦煌网提供的线上交易不仅适用于中小企业，也可为大型企业带去便利，但这些业务要与敦煌网的主营业务相关，如快速消费品等，拓宽自己的市场，坚持自己的 B2B 平台，避免与 eBay 等 B2C 平台冲突，保证合作关系。

敦煌网靠创新赢得市场先机，今后也应不断创新。要建立良好用人机制，设立创新基金，鼓励员工和用户提出建议和点子，不断优化信息流、物流、资金流上的服务，发现电子商务的新蓝海。

参 考 资 料

[1] 张俭. 敦煌网: B2B2.0[J]. 中国物流与采购. 2009(17): 28-29.

[2] 高春燕. 敦煌网创始人兼 CEO 王树彤: 六年做好一件事[N]. 中国计算机报. 2010(29).

[3] 张西振. 企业的利润是从哪里来的? [J]. 企业管理.2011(9): 62-63.

[4] 张敬伟. 五步绘制“盈利地图”[J]. 企业管理. 2012(4): 63-65.

[5] 中国电子商务研究中心.蓝海或变红海敦煌网精细化经营的制胜之道: http:// www.100ec.cn/detail--5334344.html.2010-08-12.

[6] 杭州市与敦煌网共建“网上丝绸之路”[EB/OL](2015-08-28)[2015-09-28]. http://news.163.com/15/0828/09/B23JUHL800014AED.html.

案例 19　环球资源网

19.1　环球资源网简介

环球资源公司的前身是亚洲资源公司，成立于 1971 年，是一家专门出版各类专业贸易杂志的媒介机构，特别在国际贸易推广方面具有丰富的经验。当互联网刚刚萌芽之时，公司便看到了网络的未来与前景，在深入研究了网络的特性之后，环球资源公司于 1995 年涉入因特网，开始电子商务的经营活动，建立了网络平台，开展了针对买家和供应商之间的贸易服务。与其他众多网络公司不同，该公司当年就实现了网上盈利。

在经历了 20 余年的建构之后，环球资源网已发展到相当规模，建立了自己的网上社群。在建网初期，网上只有 200 多家厂商的主页，1400 多种产品的彩色照片，然而截至 2009 年 3 月 31 日，环球资源已经拥有超过 80.37 万名活跃买家，在全球供应市场上进行有效的采购。公司的目标是提供最多及最有效的市场推广途径，并协助供货商推销产品给遍布 240 个国家的买家。

2009 年 2 月 5 日，环球资源集团发布了 2008 年第四季度业绩预告。预告称 2008 年第四季度环球资源的净营业收入将介于 6300 万美元至 6400 万美元之间。较 2007 年第四季度上升 4%至 5%。其增长部分主要是公司的网上业务带来的，预计第四季度来自网上业务的净营业收入同比增加约 14%。由于金融危机的影响，加之全球贸易保护主义抬头，预计环球资源在 2009 年上半年的净营业收入将较 2008 年上半年减少，但环球资源仍将保持盈利状态。

环球资源网站不是一个单独的网站，它是由多重网站组成的全球化网络，提供全球贸易、管理、产品和供应商信息。环球资源为其所服务的行业提供最广泛的媒体及出口市场推广服务，供货商采用公司四项基本服务，包括网站、专业杂志、展览会和网上直销服务进行出口市场推广，同时提供广告创作、教育项目和网上内容管理等支持服务。环球资源运作着 14 个网站、13 本月刊及 18 本数字版杂志、超过 80 本采购资讯报告以及每年在 9 个城市举行 20 个(共 57 场)专业的贸易展览会。每年，来自逾 262 000 家供应商的超过 470 万种的产品信息，通过环球资源的各种媒体到达目标买家。仅在环球资源网站(http://www.globalsources.com)，买家社群每年向供应商发出的采购查询就已经超过 1 亿 9200 万宗。每年，Global Sources 买家社群透过 Global Sources Online 向供货商发出超过 5300 万宗讯息查询。环球通(Global Sources Direct)是公司最新推出的服务，旨在协助供货商透过网站营销。

环球资源拥有 40 年促进国际贸易的成功纪录，公司在全球超过 60 个城市设有办事机构。环球资源植根中国大陆也已近 30 年，在中国超过 40 个城市设有销售代表办事机构，并拥有约 2700 名团队成员，通过中文杂志和网站服务超过 200 万读者。环球资源的贸易解决方案凝聚了 37 年国际贸易杂志出版的丰富经验、14 年统筹及管理亚洲展览会及 10 年经营国际贸易网站的成功经验。环球资源网曾多次被《福布斯》杂志评为“全球 200 家优秀小型企业”，在亚洲互联网杰出成就奖评选中被评为“最佳商业网站奖”。

综观环球资源公司在近 45 年的发展历程，大致经历了三个重要的阶段：

(1) 出版和发行传统贸易杂志。

(2) 信息光盘的推出以及 EDI(Electronic Data Interchange 电子数据交换)和其它贸易软件的开发，补充和完善了传统贸易杂志的功能。

(3) 环球资源网站以及全套电子贸易管理软件的不断完善，实现了公司从传统贸易杂志出版商向电子贸易市场交易中枢的成功转型。

环球资源主网站(http://www.globalsources.com)的因特网主页如图 19-1 所示。

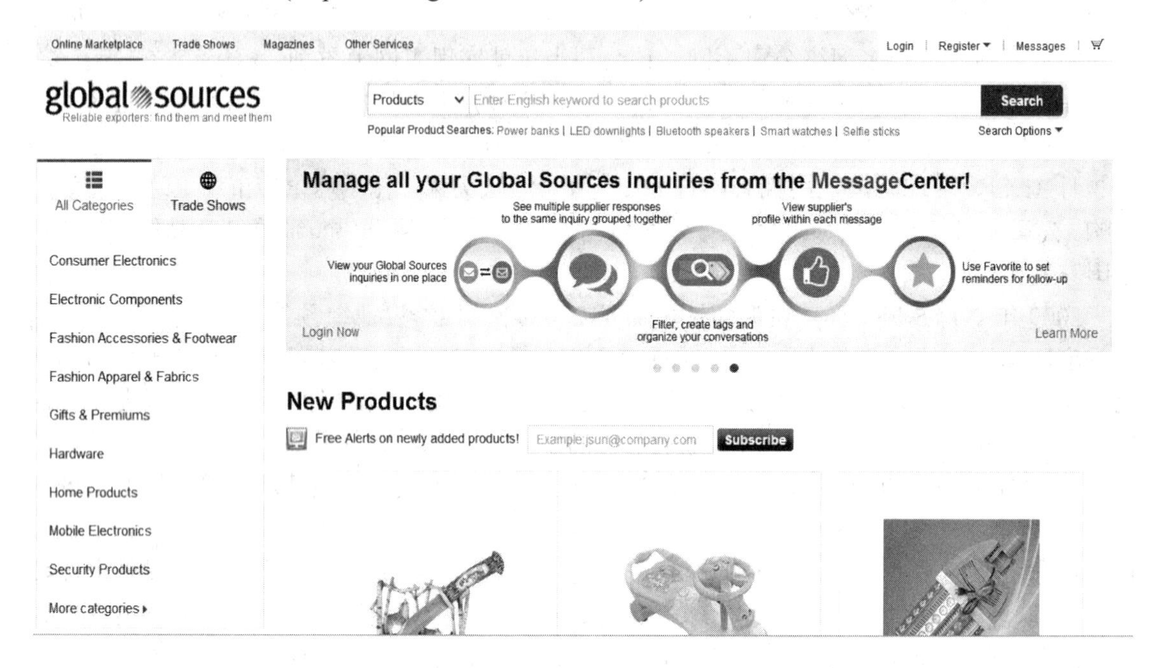

图 19-1　环球资源网站主页(http://www.globalsources.com/)

除主网站外，环球资源还拥有众多分网站，如亚洲资源网站(http://www.asiansources.com)、中国资源网站(http://www.chinasources.com)、香港资源网站(http://www.hongkongsources.com)、台湾资源网站(http://www.taiwansources.com)、韩国资源网站(http://www.koreasources.com)、南非资源网站(http://www.southafricansources.com)、澳大利亚资源网站(http://www.australiansourcs.com)、印度尼西亚资源网站(http:// www.indonesiansources.com)。

每个分网站都是通往环球资源产品及供应商数据库的一个入口。多重入口意味着买家可获得进入供应商网页的更多途经，为买家和供应商创造更多的生意机会。部分分网站的页面如图 19-2 所示。

除了网站和网站上提供的一系列电子贸易增值服务外，环球资源公司还拥有 8 本英文版的专业贸易杂志和 4 本管理、信息类杂志。《中国出口商》、《世界经理人文摘》、《国际通信网路》、《国际电子商情》同时发行中国大陆版、中国香港版、中国台湾版、东盟版、韩国版。

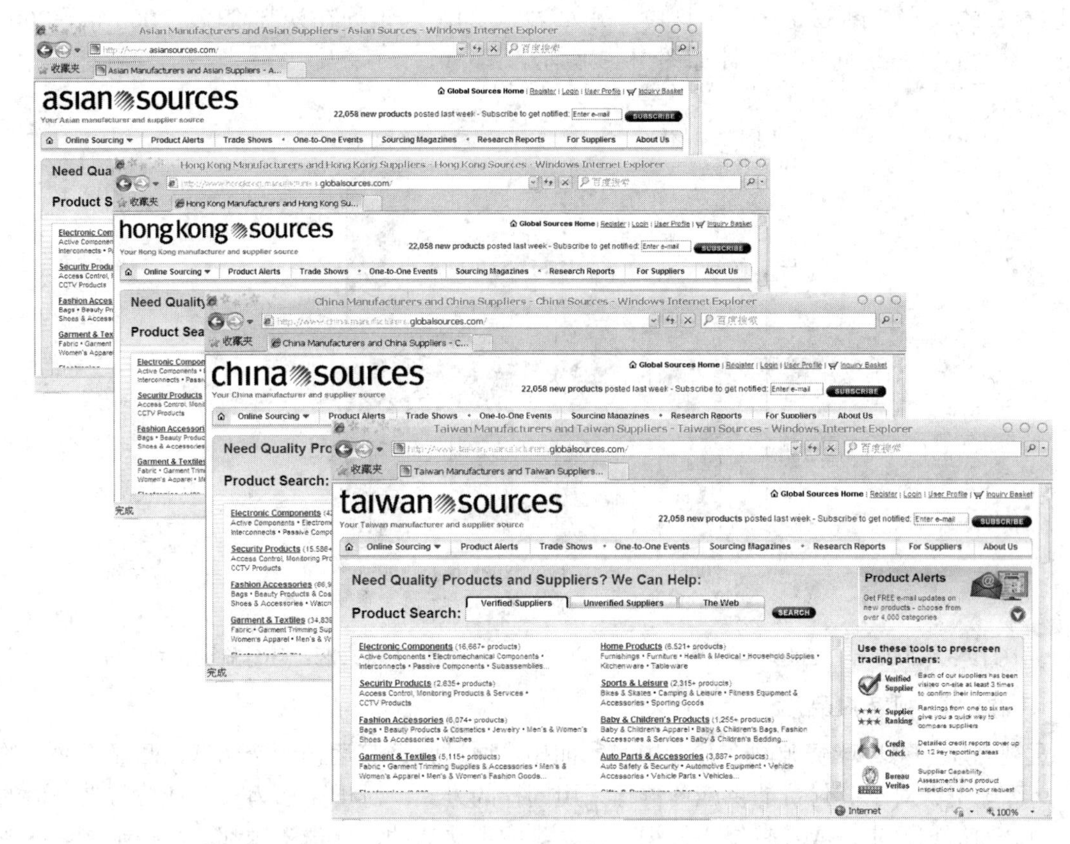

图 19-2　部分分网站的页面

19.2　环球资源的经营战略

19.2.1　定位高端

环球资源网是最先把大量买家和供应商汇集到互联网的公司之一。创立伊始，环球资源就做了一项果敢的决策：专注于高端市场。环球资源执行总裁裴克为(Craig Pepples)曾说过："从一开始我们就决定，要通过为供应商解决问题来向它们提供长期的价值，而不仅仅是给它们打打广告。"环球资源认为，要满足顾客的需要，就必须和真正的买家建立个人的关系。创造出投机性质很大但流动率很高的买家数量的模式不适合环球资源。瞄准长期用户，作为增长之源，是环球资源能在这个行业中立足发展的根本。

定位在高端市场并瞄准长期用户的困难之一，是要对采购和国际贸易有深入的了解。一个服务提供商，只有和买家在多个层面上建立深厚的联系，而且在买家用来寻找供应商的所有媒体上与它们通力合作，才能够在这个行业里培养长期用户。环球资源通过印刷媒体、网站和面对面接触等方式为买卖双方提供媒介服务的时间是如此之长，使它在这个行业独领风骚。环球资源知道怎样瞄准、吸引、并留住合格的买家，因此买家社群不断扩大，目前，环球资源拥有遍布全球的超过 46.3 万名买家，并且通过旗下相互联系的各种媒体成功地与它们保持密切的关系。成功的定位使得环球资源网的客户访问次数逐年递增。据统计，环球资源网 74% 的用户每周都会浏览环球资源网站，10% 的用户则是每月浏览一次，超过 66% 的买家与供应商签下了订单，另外 22% 的用户正处在谈判阶段。2006 年～2009 年第一季度的客户访问次数统计如图 19-3 所示。

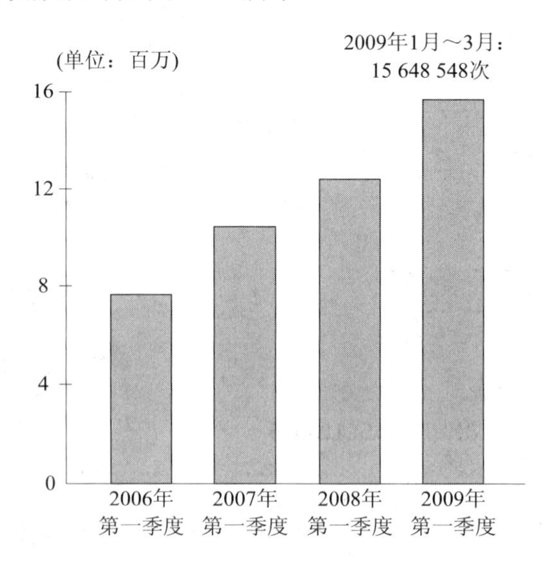

图 19-3　2006 年—2009 年第一季度的客户访问次数统计(资料来源：环球资源网站分析)

19.2.2　重视客户品质

重视品质使得环球资源网在行业中脱颖而出，通过强调其运作的透明度，凸显了网站的品质。环球资源对于其付费的供应商群体采用同样的方式。对于无法为买家社群带来价值的供应商，如信息不实，或者有侵犯知识产权之类的不法活动，环球资源都一律拒绝。环球资源认为，考虑到这样的供应商可能给整个社群所造成的影响，拒绝它们是对的。如果有一个供应商的产品是假货，那么会污染整个环境，会损害更多严肃认真的供应商的利益。

环球资源网这种保留优质供应商的做法得到了所有买家的拥护，买家们都非常愿意通过付费的形式来获取供应商信息。有些买家甚至要求环球资源不要对广告客户降低价格，因为买家想要跟那些态度认真、出口经验丰富，而且支付得起广告费的供应商进行贸易。

环球资源提供给买家的大多数服务都是免费的，只收取杂志订阅费和深度采购报告的费用。环球资源认为，钱是衡量买家和网站密切关系的最真实的标志之一，执行总裁裴克为说，“钱是衡量我们的社群群体对我们的承诺的一个极好的标准。”

19.2.3　努力维护买方和卖方的价值

环球资源特别重视发展和维护活跃的买家，并为此投入了大量的时间和金钱。环球资源认定这是为那些付费加入的供应商社群提供真正价值的唯一方式。如果买家社群的构成是正确的，对于每一个采购机会都很投入认真，那么付费的供应商就能获得订单。

为了做到这一点，环球资源成立了几个部门来让买家和卖家见面，并让他们提供反馈，帮助环球资源改进服务，最终目的则是如何帮助买家做更好的购买决策。

维护买方价值的方法之一，就是环球资源的买家社群亲身参与采购环节的意愿。除了吸引成千上万买家的贸易展览会之外，环球资源还会不定期举行买家高峰会议和买家专场采购会。在会上，一些著名的大型零售商选择它们需要的特定产品，并与符合它们要求的来自环球资源卖家社群的供应商进行面对面的会谈。2005 年，该公司举行了 30 场这样的买家专场采购会，参加采购会的买家包括德国的 METRO、美国的 Lowe's、Sears、日本的 AEON 等。

除了面对面的会谈，环球资源还做了许多维护买家的幕后工作。例如，环球资源成立了一个分析小组，主要任务就是确保买家能够在环球资源网站上搜寻到想找的产品。这个小组花费了大量的时间在分析搜索的关键词和把关键词与不同的产品类别联系起来，以找出绝大多数买家对某一特定产品的搜索方式。因为对国际贸易有着长期的了解，所以环球资源知道采购一个产品最关键的问题之一就是时间。无论是通过杂志、网站，还是展览会，因此环球资源一定要用最快的时间帮助买家找到需要的产品。为此，环球资源雇用了具备贸易知识的行业专家对超过 3000 个类别的数以百万计的产品进行恰当的分类。

尽管分析小组把主要精力放在解决买家的问题上，但环球资源对其供应商客户群也是非常重视。买家越快找到需要的产品，就越可能向供应商发出查询。环球资源对确保买家社群能够真正为其供应商社群带来价值这一点极为看重，专门成立了一个商业分析部，来分析买家访问其网站的行为方式，研究他们向供应商发出查询的频率和数量。这是环球资源为保持其优质服务提供商的定位所必须进行的投资之一。负责社群开发的环球资源副总裁 Peter Zapf 说："我们为广告客户做市场推广，这个小组的责任之一，就是为这些市场推广活动提出改进方案，以获得买家更好的回馈。成立这个小组的目的，就是要确认市场推广的投资回报，使广告客户从它们的投入中得到最大的价值。"这个商业分析部的责任还包括找出那些没有充分利用环球资源的网上服务的广告客户。有些供应商没有充分利用"推动式"的营销工具，比如可以发送给买家的"产品速递"，这时候分析部的工作人员就会提醒这类供应商可以更主动地引起买家的兴趣。

19.3　环球资源的营销策略

19.3.1　把亚洲作为营销的重点

环球资源网站认为，亚洲地区的电子商务是世界上发展最快的地区之一。在经历了亚洲金融危机的冲击后，亚洲经济已走出低谷，走向复苏，而新经济正是一个良好的契机。亚洲拥有丰富的自然资源、熟练而丰裕的人力资源，在纺织、服装、箱包、鞋帽、五金、礼品等许多传统的行业拥有较强的优势；在制造业领域和电子技术方面，中国、韩国、印度等亚太国家也发展迅速。环球资源公司在其发展之初正是看到了亚洲的优势，良好的发展势头及其在世界贸易中的地位，亚洲产品的竞争力，而立足于将亚洲的产品推向世界，并且随着亚洲经济的走强而发展壮大起来，创造了自己在贸易撮合方面的独到的经营模式。随着经济的全球化，借助在亚洲的成功经验，环球资源网站积极开发澳大利亚资源、美国资源、南非资源；同时对原有的亚洲市场进行了细分，辟出了中国资源、台湾资源、泰国资源、韩国资源、香港资源、印度尼西亚资源等。

对中国资源的开发一直是公司的战略重点，在全球 31 个国家和地区的 79 个销售代理、服务及支持机构中，中国大陆占了 44 个。中国是一个资源丰富的国家，也是一个贸易大国，年进出口总额居世界前十位。随着中国入世进程的加快和国家对进出口权的放宽，越来越多的企业将走出国门，走向世界。亚洲是全世界的制造业基地，而中国又是其中最大和最重要的一块基地，如果把所有的制造业放到网上，并让这些公司在网上交易，那一定会带来巨大商机。当然，许多网站都看到了这个巨大的商机。环球资源在中国的举措更是抢先一步。凭借在贸易服务领域里积累的数十年经验，环球资源网络公司针对中国和世界各地的华人及华商专门开辟了独具特色的中文企业网站(http://www.corporate.china. globalsources.com/)。在企业中文网站上有“中国出口商”、“中国出口企业成就奖”、“特许经营在中国”、“环球资源在中国”，“世界经理人文摘”等栏目，可见环球资源公司对中国资源的开发及重视。

19.3.2 竞争法宝——想客户未所想

“客户还没有想到的，我们就替他们办到了。这是环球资源取胜的奇招。”环球资源董事长兼行政总裁 Merle A. Hinrichs 先生在接受记者采访时如此精彩地回答。

2004 年 12 月 9 日至 8 日，环球资源以前所未有的大手笔，在中国杭州为年销售总额达 1400 亿美元的 6 家世界顶级零售商举办了独特的“买家专场采购会”，让他们与经过预先审核挑选的中国大陆制造商会面，出席的卖家包括来自 MGB Metro Group(德国麦德龙集团)、El Corte Ingles(西班牙百货)、Tchibo(德国)、OBI Asia Trade(德国欧倍德)、Coles Myer(澳洲)和 QVC(美国)的代表；出席的买家是来自杭州、上海、无锡和南京等地经预先审核的 50 多家环球资源社群的制造商。环球资源的“买家专场采购会”提供给急于寻找优秀供应商的买家一个机会，得以同时接触一批符合其采购要求且经过环球资源预先审核的候选供应商。这种模式能够使买家非常有效地和供应商进行沟通。环球资源让顶级买家与供应商单独“相亲”是他们提升服务水平的奇招。环球资源与全球顶级买家和优秀供应商所建立的深厚和悠久的伙伴合作关系是“买家专场采购会”得以成功的关键。环球资源社群中超过 419 000 位买家及逾 130 000 名供应商之间进行联系，从而创造更多的贸易机会。

2009 年 1 月 14 日，环球资源 Global Sources (NASDAQ: GSOL) 宣布推出 e-sourcing 服务，帮助中国供应商将产品销售给新兴市场的大额买家，使用这项服务的首位买家是俄罗斯的大型零售商。高效的 e-sourcing 服务是环球资源成绩卓越的“买家专场采购会”(Private Sourcing Events) 之延伸。“买家专场采购会”通过面对面的会议进行，而 e-sourcing 这项新服务的独特之处则在于整个程序——从供应商的初步筛选到买家最终确定名单——都在网上完成。e-sourcing 服务包括三个高效的网上程序，并由环球资源专业的质控小组负责监督。首先，环球资源邀请优质的大额买家参加 e-sourcing 采购活动；然后，生产相关产品的供应商可于 e-sourcing 网页内提交申请；最后，环球资源审核相关的申请，并将合格而且经过核实的供应商名单提交予买家。e-sourcing 服务旨在帮助供应商在全球经济不景气的情况下放眼新兴市场，增加出口销售机会，同时帮助他们积极部署，领先其同业分享这些新兴市场强劲增长势头所带来的商机。

一个企业要赢得客户，必须提高服务水平，想客户未所想的事，办客户无法办到的事，才能成为最大的赢家，这是环球资源竞争的法宝。

19.3.3 广泛发展战略合作伙伴

和有纸贸易一样，在完成进出口贸易的网上交易前，要经过交易前的准备，包括对市场、商品、交易方的资信、规模等情况的调查和了解；交易磋商的过程；合同的订立及合同的履行这些环节。其中有些环节如交易磋商及合同的订立比较容易在网上实现，但在合同的履行中所涉及的电子支付等问题，在网上进行却有一定难度，有许多制约的因素，不仅有技术问题、安全问题、风险问题，还有资金、标准、国家政策及网络的普及等问题。这是一个系统工程。

针对上述情况，环球资源有计划、分步骤地广泛发展战略合作伙伴。2000 年 1 月 31 日，环球资源公司与资讯商邓白氏香港公司(Dun-Bradstreet(HK))达成协议，通过环球资源网，邓白氏香港公司向供应商、买家提供资信调查服务，使交易方在网上就能了解到对方的业务状况、经营规模、财务状况、法律诉讼、银行关系、公司主管等资料，从而降低了交易风险，特别是对首次合作的贸易伙伴。

此外，为了解决网上支付问题，环球资源公司还与国外一些著名的、资信高的银行商洽，以合作的形式，共同解决电子支付的问题，使交易双方在网上实现跨国界的支付变得可能。目前，环球资源已与电子商贸财务服务商 Trade Card Inc 达成了合作协议，将其提供的电子信用证服务纳入环球资源全套的电子贸易解决方案之中。

目前已纳入计划并正在实施的合作项目有：Bureau Veritas 多样提供质量检测服务，由 UPS 等公司提供物流及货运支持等。

19.3.4　不断推出网络交易解决方案

如果把一次完整的商业活动分为产品的寻找和交易处理两部分的话，则服务网站应同时为这两个过程提供服务。在信息的提供方面，其信息资料应是针对专业买家和供应商的完整而有序的结构化数据，具有很强的可比性及行业性，并能满足商家多角度的查询。在交易过程中，真正的服务贸易网站能提供一系列实用的电子贸易工具，帮助商家实现网上沟通和交易。仅停留在信息的收集和发布，而不能提供为交易过程服务的商业模式，充其量只能被认为是商业信息的搜索引擎。目前，有些国内网站能将一些贸易伙伴联系起来，但却不能介入其交易；有的能提供一些贸易环节的电子化交易处理服务，如货运单据的处理，电子报关文件等，但在商业信息的获取上却无能为力。而环球资源在实现真正的服务电子贸易方面迈出了一大步。环球资源不仅是为专业买家和供应商提供大量信息的贸易媒体，而且是一个超信息中介，为买家和卖家实现网上电子交易提供一系列的服务，这也体现了环球资源的使命：作为全球专业买家和供应商不可或缺的商对商讯息传播中介及市场交易中枢。

环球资源所提供的各种线上服务也是电子贸易解决方案的一部分。在 2000 年初，公司推出了 Global Sources Transact Online 系统，该网上交易系统能实现买卖双方网上贸易文件的生成和处理，这套交易系统以租赁方式向企业提供，免去了众多的中小企业自己开发软件所需的大量资金、人力、设备和时间，帮助企业跨过迈向电子商务的瓶颈。环球资源网站为买家和供应商提供的电子贸易服务如图 19-4 所示。

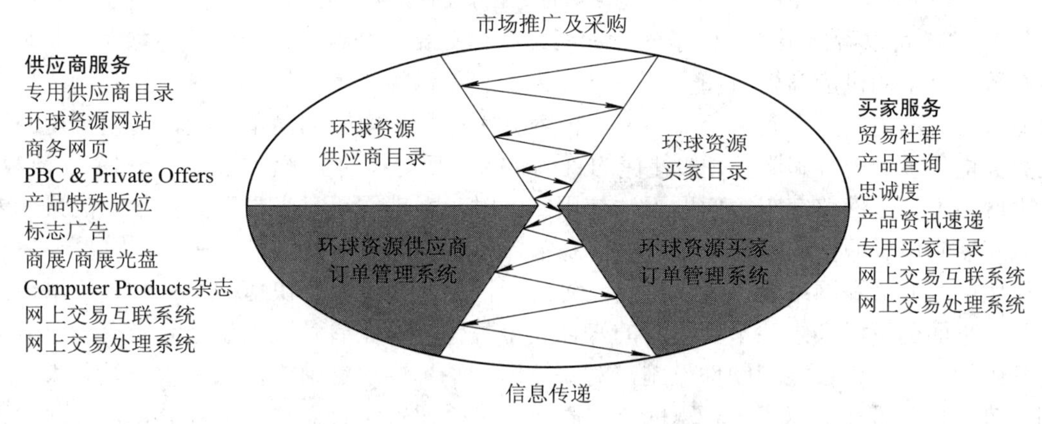

图 19-4　环球资源网站为买家和供应商提供的电子贸易服务

19.3.5　传统营销手段和网络营销手段的有机结合

环球资源的发展轨迹给我们展示了在贸易撮合方面传统媒体手段向“网络媒体”的成功转型。二者之间的有机结合和相互推动，使环球资源的服务趋于更加完善和多方位。

环球资源每月为所服务的三个主要社群出版 17 本各类专业贸易杂志和中国采购咨询报告，以精美的图片和详尽的资料、具有特色的行业专题报导，向专业买家提供各类商品和供应厂商的信息。利用杂志这种传统的媒体，环球资源建立了大量沟通买家和供应商群体的社群。环球资源为买家及供应商出版的杂志和中国采购咨询报告如图 19-5 所示。

图 19-5　环球资源为买家及供应商出版的杂志和中国采购咨询报告

随着杂志内容和信息量的日益增加，杂志变得越来越厚，越来越重，不方便携带，也增加了查询信息的强度和时间。20 世纪 80 年代末，该公司看到了网络技术的发展趋势，于 1989 年成立了一家贸易管理软件公司，专门从事网络技术的研究和电子贸易软件的开发和研究。经过几年的调研、开发和积累后，1995 年 10 月正式推出亚洲资源网站，同时，互动式电子光盘杂志也同步推出，随书一同出售。依托近 40 年在贸易撮合方面的经验及在买家和供应商中的影响力，网站迅速成长壮大起来，环球资源从一个平面的贸易媒体发展成为一个立体的、全方位的贸易媒介机构(见图 19-6)。

专业贸易杂志| 平面出版物　　电子杂志光盘| 电子出版物　　建立网站整合平台| 电子商务

图 19-6　环球资源立体的、全方位的贸易媒介机构

从图 19-5 可以看出杂志、电子光盘和网络媒体的相互结合。每月出版的各大行业杂志中刊有数量众多的供应商资料和产品信息，为了避免翻阅杂志所耗费的时间和强度，环球资源将杂志上的内容整合到网上。但网上内容并不是杂志内容的简单重复，而是利用网络的优势提供更多的内容和服务，如便捷的查询、网上互动式的上下流之间的接触、交流等。如因上网不方便或网路塞车等问题无法使用网络时，互动式讯息光盘让无法上网的采购者也可以享受到电子服务的方便，从众多信息中筛选，取得有用的资讯。

虽然电子光盘和网络能提供大量、及时的行情信息，方便、快捷的查询和各种增值服务，但是平面的贸易杂志并不会被新的媒体完全替代，毕竟后者要求使用者具有一定的计算机基础知识、操作技能和硬件设施，对缺乏这些基本要求的地方，杂志仍有其强大的市场和优势。目前虽然环球资源杂志的广告收入占了公司每年收益的较大部分，但随着网上

贸易的迅速增长，越来越多厂商已认识到网络的特点和优势，愿意上网推广其产品，而公司也鼓励供应商在环球资源网上做广告。每年环球资源通过杂志和网上的广告收入约是 1.5 亿美元，网上广告的收入在直线上升。依托平面的贸易杂志所建立起来的客户和品牌，环球资源网站发展迅速，而网络本身又培养着速度，使环球资源网上社群在几年里迅速壮大。

19.4　环球资源的营销优势

环球资源网站从 1995 年开始启动，经过了 20 多年的发展，已成为全球专业买家和供应商的商对商讯息传播中介和市场交易中枢。环球资源网站的营销优势主要体现在它的内容、网上社群和有效系统三方面。

19.4.1　丰富的营销内容

环球资源网站上有 19.6 万名供应商的主页。通过这些主页，浏览者可以得到公司的简介、业务范围、公司规模、厂房面积、管理模式、产品的图片及详细说明、质量标准、出口国家和地区等一系列的信息，这些完善的服务介绍能给买家一个比较清晰的印象。

对公司自身的介绍有简单型和商务型两种。图 19-7 是一家简单型的供应商主页。进入公司的首页，里面包含着公司的简介、地址、电话、联系人等资料。页面右侧是产品的图片，在图片上按一下可以看到产品的详细说明。进入公司的介绍页面(Company Profile)后，可以得到公司的详细资料，包括业务范围、员工人数、公司的成立日期、市场规模、生产能力、主要出口市场、产品范围等。选择“产品陈列室”(Showroom)进入公司的产品介绍页面，便会列出公司所有产品的图片，并且对产品的规格、型号、材料、特点、竞争优势、主要输出市场、付款方式及交货时间等信息进行了详细的介绍。在图片上点一下可得到产品的大幅照片，如果买家对某个产品感兴趣，想要进一步的信息，点击 Inquiry，再填上一些要求和细节，轻按 Send，即可在线上进行查询和议价，也可以点击图片上方的 Request A Sample，向供应商要求寄送样品。可以看出，简单型的公司网页实际上并不简单，它包含了比较详细的资料。

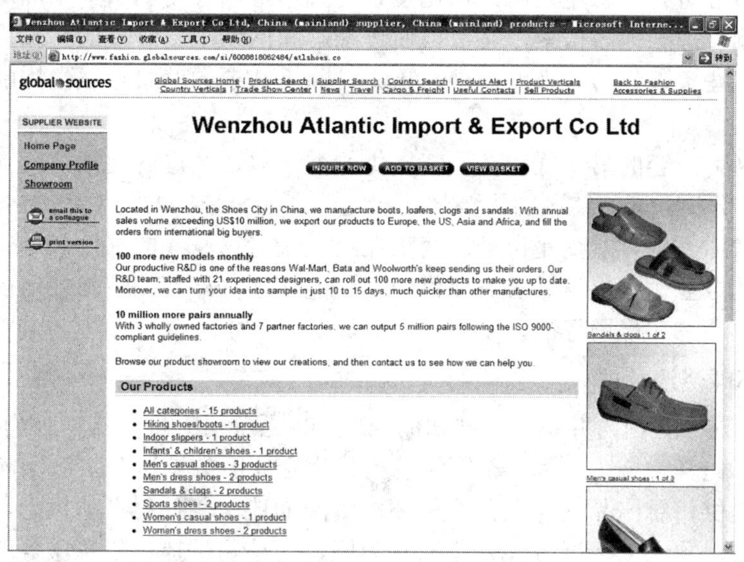

图 19-7　一家简单型供应商的网页

在商务型供应商的主页里(见图 19-8)，除了具有简单型供应商主页里的内容外，还有工厂导游、总经理的话、OEM 服务介绍、品质检验及客户服务等更多的信息。买家想知道的大部分信息都可以从这里得到。这些完善的信息不但可以节省买家的查询时间，也可以帮助买家在充分了解所合作对象的情况下，做出正确的决定。

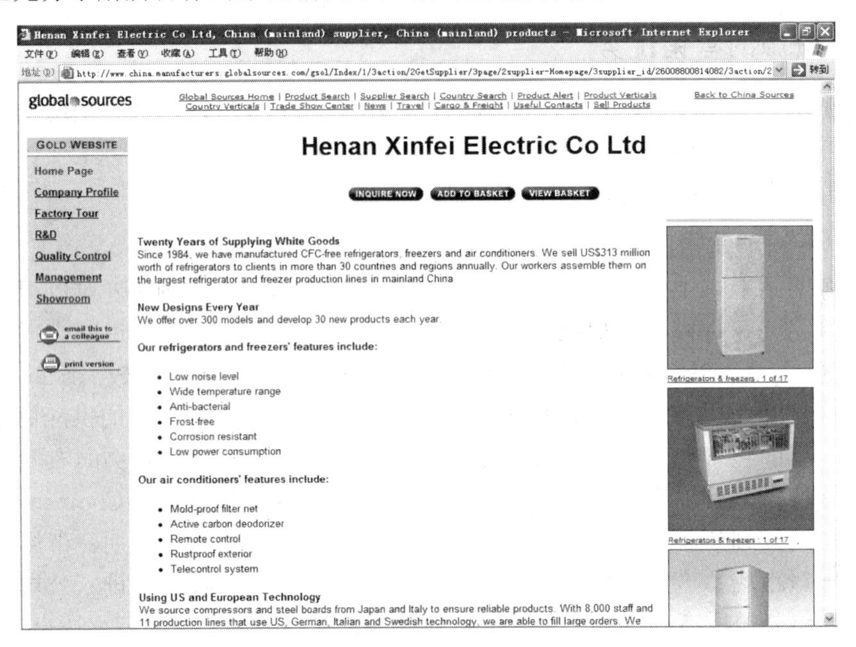

图 19-8　一家商务型供应商的网页

环球资源网站上拥有 530 万余种产品，产品种类包罗万象，从服饰、钟表、电子元器件、计算机、通讯器材、五金产品、家居礼品到食品饮料等，这些产品被归入 14 个垂直型的产品类别，为买家提供广泛的选择。

环球资源网上所有信息均采用结构化搜索格式，查询方便。买家不但可以通过产品搜索、供应商查询、国家地区搜索，还可以通过杂志和网站上刊登过的文章标题来查询。买家还可以设定一些条件作为查询的标准，预先排除不需要的信息，以最快的速度找到所需的资料。

环球资源网上内容的另一优势在于其提供的编辑报道，内容包括行业新闻、新产品报道、行业动态及分析、某一地区的优势产品和优势产业介绍、大宗商品的出口价格行情等，所有这些编辑报道的内容，均是市场研究员在经过大量第一线的采访和调研后，所做出的最新商业讯息的专业分析报告。买家和供应商都能从这些最新的编辑报道内容中了解到本行业的最新行业动态和市场行情。

19.4.2　环球资源社群

环球资源，这家在国内并不为人熟知的全球 500 强企业，虽然从出版物衍生到了光盘、网络甚至展会，但其整个历史都是在围绕着“只为企业服务”这个宗旨。

作为一个提供信息产品的媒介公司，环球资源创造了“社群”的概念。不同的分网站都有自己的社群对象。以环球资源中国网站为例，为该网站提供信息服务的有三个主要社群：全球专业买家和供应商、亚洲及中国的高新技术领域专家、中国商界决策人士。

在“全球专业买家和供应商”社群中，环球资源提供全套产品采购、市场推广及目录管理工具和服务。利用这些工具和服务，环球资源能够以适当的格式，在适当的时机，提供适当的信息，以使买家能够寻找到新的产品及供应商，出口商也能够向全球买家推介自己的产品及生产能力。

在“亚洲及中国的高新技术领域专家”社群中，环球资源通过杂志、网站和技术研讨暨展览会的全套组合，为亚洲及中国电子业的工程师和厂商提供所需信息。《电子工程专辑》和《国际电子商情》杂志为亚洲和中国电子行业的设计工程师以及企业、采购与生产部门的经理提供最新的行业新闻和科技动态，以四种不同的语言版本发行，并在特定时间内以适合其社群的格式提供新闻报道和行业分析。相关网站以四种不同的当地语言，全天候地提供最新行业和科技新闻，并且可以根据用户要求将定制的最新信息直接传递至用户的桌面。一流的技术研讨暨展览会则为供应商和数以千计的电子行业专家提供了面对面交流的机会。这些活动为亚洲工程界提供了极好的学习机会，帮助他们了解先进技术及相关应用、趋势和实践经验。此外，技术研讨暨展览会还是国际技术供应商将新产品介绍给亚洲设计工程师社群的理想场所。

在“中国商界决策人士社群”中，环球资源出版了《世界经理人》杂志，开辟了世界经理人网站，并定期举办各种管理研讨会及展会。环球资源很早以来就认识到中国市场的巨大潜力，深信中国经济的未来维系于中国商业决策者管理知识及技能的提升。通过杂志、网站和管理研讨会，环球资源提供了极具实用性的世界一流管理理念，使中国经理人可以在中国的商业环境中加以有效地运用。

目前，环球资源网站上活跃着世界各地的 79 万个买家社群，19.6 万个供应商社群。在世界前 80 名大买家中，绝大多数大买家通过环球资源网站从世界各地采购他们所需的形形色色的商品，如世界顶级的零售商 Kmart、Toys R'us、Compaq、Dell 等。由于一些大型买家的采购示范效应，必然会吸引其他买家进入环球资源的网站，通过环球资源网站采购，并接受其提供的服务。据环球资源公司的统计，每周平均有 800 多个买家加入环球资源的买家社群；另一方面，供应商看到如此众多的买家通过环球资源采购，也愿意把他们的产品通过环球资源网站推广，这样的良性循环，就像雪球一样越滚越大，不断有新的买家和供应商加入环球资源的网上社群。

在环球资源的网上社群里还有许多小社群，如世界各国的知名商业(贸易)协会、团体，提供货运服务的各大航空、海运、快递公司、检验机构、保险公司、商务旅游服务、世界各地的贸易商展介绍等，这些社群为买家和供应商进行商务活动提供各方面的服务。

19.4.3　高效的网络营销系统

环球资源不仅加强其讯息传播中介的功能，而且注重交易各环节的网上实现。为此，公司投入了大量的资金、技术和人力，开发了一系列电子贸易的解决方案，使买家和卖家能享受到优质、高效的电子商务服务。

1. 专用买家目录(My Catalogue)

这是为买家创造的专用目录。该服务将符合买家要求的供应商及其产品放置于买家的目录中，从而缩短了买家寻找供应商的时间，提高了买家的采购效率，同时也增加了供应商与世界顶级买家直接做生意的机会。专用买家目录(My Catalogue)如图 19-9 所示。

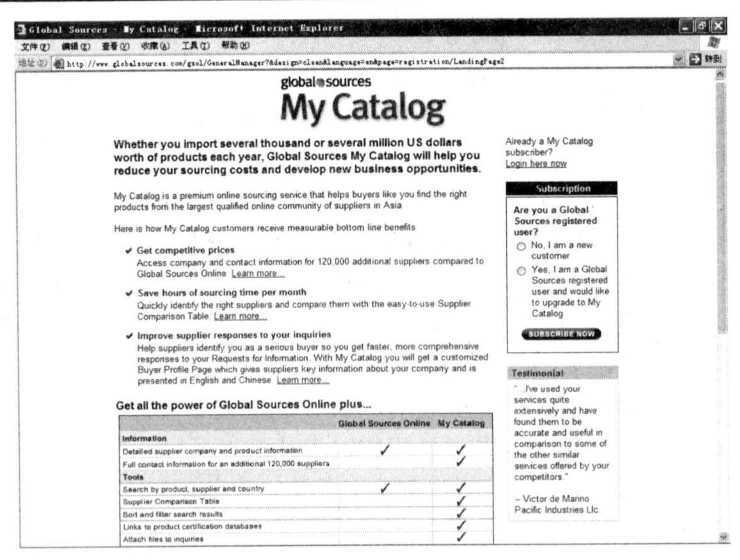

图 19-9　专用买家目录(My Catalogue)

2. 专用供应商目录(Private Supplier Catalogue)

这是为供应商专设的服务。利用该服务，供应商能及时地创造与修改其网上产品的资料，并以较安全的方式将新产品的资料在第一时间传递到其指定的买家。该服务系统也是企业进行网上推广、沟通和订单管理的必由之路。专用供应商目录以网页的形式为供应商提供产品陈列、企业信息网上发布等服务，它以结构化的数据存储形式使供应商管理自己的产品信息。供应商自己拥有用户名及密码，网页上信息的传播完全由企业自己控制与掌握。专用供应商目录(Private Supplier Catalogue)如图 19-10 所示。

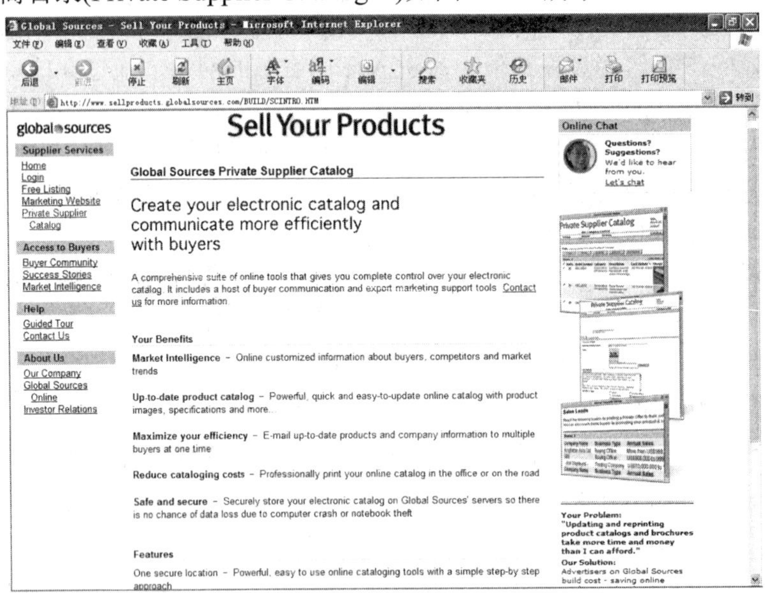

图 19-10　专用供应商目录(Private Supplier Catalogue)

3. 网上交易互联系统(Global Sources Connect)

此系统内置于专用买家目录和专用供应商目录的系统里。此项服务能使双方在线上进行信息的查询与回复，信息的比较和选择以及报价、采购订单的制定等贸易环节。这套构建于互联网上的交易系统保留了电子邮件便捷的特点，又融入了电子数据交换(EDI)的功能，并可与用户以往的系统和所有主要的贸易文件相兼容。与公司以往开发的电子贸易软件相比，该系统具有价格低廉、实用性强、操作方便等特点。这套系统具有下列功能：

(1) 收发及管理所有主要的贸易文件，进行信息的查询、报价、制定采购订单等。

(2) 按产品、地区、价格、日期对所有文件进行比较、选择。

(3) 迅速、有效地回复所有查询。

4. 网上交易处理系统(Global Sources Online Transact)

该系统能根据交易磋商中的各项内容自动生成报价单、销售订单、商业发票、信用证申请、检验证书、装箱单等各类电子贸易文件，从而使买卖双方实现无纸化的高效贸易。

5. 产品资讯指定发送(Private Offer)

供应商利用“产品资讯指定发送”服务将产品资料直接置于相关买家的采购信箱中。供应商通过该服务，向相关的买家发送其新产品信息，让买家在尽量短的时间里了解到新产品的信息，从而及时地做出采购计划。这项服务缩短了新产品的推广期，节省了推广费用，使信息的发送具有较强的目标性，避免了新产品被竞争对手模仿、抄袭而导致的各种干扰问题。

6. 广播式信息查询(Broadcast Inquiry For Information)

该服务可协助买家将其所需的产品信息发送给环球资源社群内所有的供应商。此项服务类似于以广播的形式通知所有相关的供应商，告诉他们买家的要求，使买家和供应商通过这项服务进行广泛的接触，从而找到各自满意的合作伙伴。例如世界著名的零售业买家 Kmart 在使用了该服务后的短短几周内，就向环球资源社群中的 3000 多个供应商发送了 3379 个信息查询。

7. 标志广告(Banners)

作为网页的一个特别入口，标志广告犹如指向供应商产品陈列室的导游广告牌，吸引更多的买家浏览供应商的主页。

这些优势使环球资源网站不仅是专业买家和供应商之间的商讯传播中介，而且正成为一个市场交易中枢。据统计，2009 年 1～3 月，买家发给广告客户的信息查询共达到了 23899260 条，其中亚洲、北美和西欧的买家发送查询比例最高，分别为 26%、24%和 18%。2006～2009 年第一季度买家发给广告客户的信息查询次数统计如图 19-11 所示。不同地区的买家查询发送比例如图 19-12 所示。

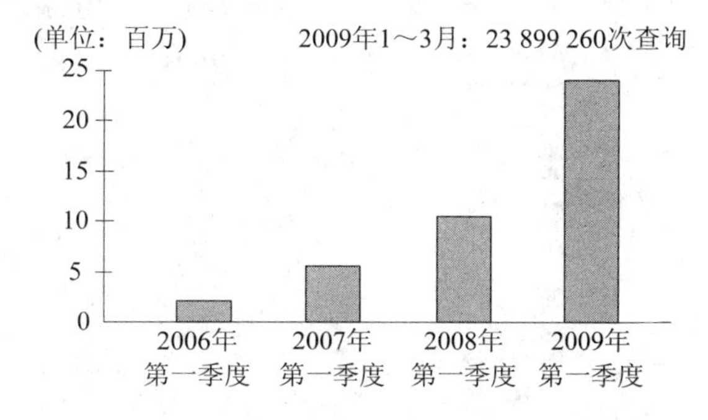

图 19-11　2006～2009 年第一季度买家发给广告客户的信息查询次数统计

(资料来源：环球资源数据库抽取分析)

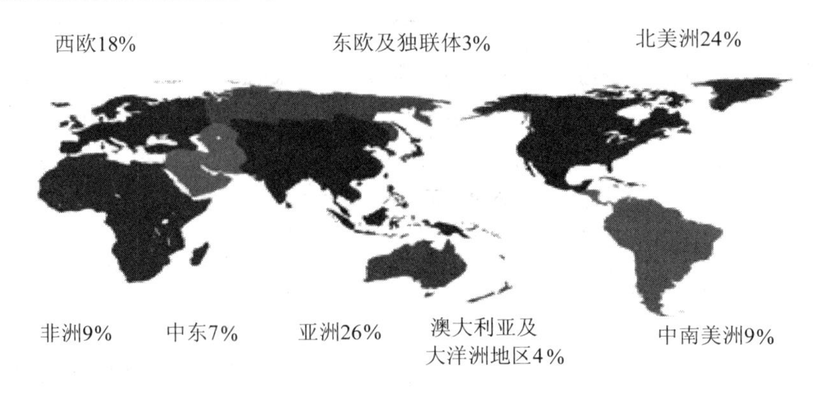

图 19-12　不同地区的买家查询发送比例

(资料来源：环球资源市场资讯内容数据抽取分析. 2008 年 4 月～2009 年 3 月)

参 考 资 料

[1] Jet Magsaysay. 站在国际贸易的潮头[J]. 世界经理人. 2006(2): 19-23.

[2] Michael Kleist. 高端定位的价值打造[J]. 世界经理人. 2006(2): 24-27.

[3] Celine Wei. 不是销售而是顾问[J]. 世界经理人. 2006(2): 28-31.

[4] 环球资源：互联网并非无所不能[EB/OL](2009-03-12)[2009-07-04]. 中华硕博网：http://www.china-b.com/zixun/itzx/20090312/828702_1.html.

[5] 美通社. 环球资源公布2009年第一季度业绩报告[EB/OL](2009-05-21)[2009-07-04]. 美通社(亚洲): http://www.prnasia.com/pr/09/05/09058622-2.html.

[6] 环球资源公布2015年第三季度业绩报告[EB/OL](2015-11-30)[2015-12-04]. http: //www.sci99.com/mt_45173.html.

案例 20　HC360 慧聪网

20.1　慧聪网简介

慧聪网成立于 1992 年，是国内信息服务行业的开创者和领先的 B2B 电子商务服务提供商。依托于慧聪网的核心互联网产品买卖通以及雄厚的传统营销渠道——慧聪商情广告与中国资讯大全、研究院行业分析报告——为客户提供线上、线下的全方位服务，这种优势互补，纵横立体的架构，使得慧聪网成为国内最有影响力的因特网电子商务公司之一。2007 年 4 月，著名市场调研机构 iResearch 为慧聪网颁发了 2007 艾瑞新经济奖之“B2B 网站类最具发展潜力企业”奖。2009 年 2 月，慧聪网正式通过了 ISO9001 质量管理体系认证，成为首家引入 ISO9001 认证的因特网企业。

2003 年 12 月，慧聪网实现了在香港创业板的成功上市，成为国内信息服务业及 B2B 电子商务服务业首家上市公司。2008 年慧聪网全年总收入达到 3.14 亿元人民币，较 2007 年 2.79 亿元增长 12.4%，税后净利润 246 万元人民币。截止到 2008 年 12 月 31 日，慧聪网拥有 840 万名买卖通注册用户，较 2007 年的 750 万名增长了 12%，同时慧聪网在 2005 年 9 月推出的商人即时通讯工具“慧聪发”的下载用户达到 600 万名，比 2007 年的 430 万增长了 40%。[1]慧聪网中文站和国际站的因特网首页如图 20-1、图 20-2 所示。

图 20-1　慧聪网中文站的因特网主页(http://www.hc360.com/)

1　慧聪网. 慧聪网 2008 年报[R/OL](2009-03-25)[2009-07-03]. 千寻创意网：http://vip.qxciw.com/ soft/138066.htm.

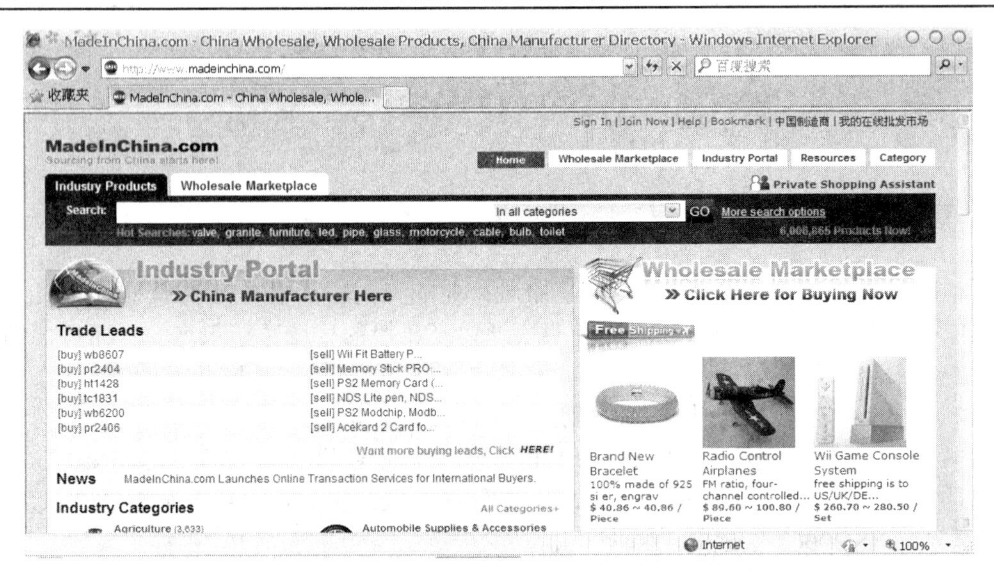

图 20-2　慧聪网国际站的因特网主页(http://www.madeinchina.com/)

20.2　慧聪网的战略定位与核心业务

2005 年以前，慧聪的核心业务是资讯服务。面对电子商务热潮，从 2004 年开始，慧聪加大了网络产品与服务比例，并一跃成为国内最大的 B2B 服务商之一，成为“中国领先的行业门户网站”是慧聪网对自己的定位。慧聪旗下主要经营业务为慧聪网承载的 B2B 服务。慧聪网涉及的目标行业和客户群相当广泛，包括 10 余个行业和 60 余个客户群。慧聪网涉及的目标行业和客户群如表 20-1 所示。

表 20-1　慧聪网涉及的目标行业和客户群

行业	客　户　群
汽车汽配	汽车维修保养、汽车用品、汽车配件、摩托车、汽车
科技电子	教育装备、广电、通信、电子、激光、ＩＴ
家电音响	音响灯光、小家电、家电、影音
房产家居	卫浴洁具、建筑陶瓷、酒店用品、房地产、建材、家居、灯饰
纺织服装	服装服饰、纺织、皮革、制鞋
礼品玩具	办公用品、玩具、礼品、皮具、珠宝
休闲运动	美容美发、运动休闲
医药食品	医疗器械、制药工业、食品工业、医药、酒类
机械制造	机械工业、工程机械、五金、泵阀、机床
公共安全	安防、消防
建筑工程	暖通制冷、变频器、水工业、环保、电气
印刷包装	丝印特印、印刷、纸业、广告
化工橡塑	涂装表面处理、化工、塑料、涂料
能源冶金	能源、石油、冶金、钢铁
其他	商务服务、交通运输

慧聪网的核心业务是围绕客户的需求，提供网上和网下全面、专业的商务资讯和在线交易服务。在因特网上，慧聪网(www.hc360.com)可为客户纵向提供 64 个报导中国主要经济产业资讯的行业频道。行业新闻、技术更新、企业互动等栏目 24 小时滚动更新，每日带给客户行业内外最新动态。横向提供交易过程中需要的经贸动态、商务指南、企业管理等资讯。慧聪网商务数据库积累了上千万条资讯信息，每天实时更新上万条行业信息，是国内最专业、最全面、最准确和最及时的商业资讯数据库。基于这些数据库的强大的搜索引擎服务、沟通买卖双方的“买卖通”产品、企业一站式建网服务和行业书店等，慧聪网成为不可或缺的商务好帮手。

在因特网下，慧聪网(www.hc360.com)出版逾 52 种工商业目录——慧聪商情广告，覆盖行业达 22 个，并同时出版 22 个行业的年度商务黄页——全国行业资讯大全，方便日常工作需求；同时，慧聪网亦提供个性化增值服务，如结合因特网资讯，提供针对多个不同行业而编写的市场研究报告或组织参与行业展会等。

20.3　慧聪网的特色产品与服务

20.3.1　买卖通

2004 年的 3 月，慧聪网推出了基于商务应用的产品“买卖通”。“买卖通”的主要用途是为商业世界的买卖双方提供一个网上信息沟通平台，其定位是互联网商人，同时具备网络交易、企业展示功能、产品对比功能、诚信认证功能，并提供每周 7 天，每天 12 小时的热线咨询服务(7 × 12 小时)。作为慧聪网的高级会员服务，“买卖通”通过网络产品与传统服务的有机结合，为企业提供全面、专业的推广和交易服务；以海量的商机资讯、完善的产品组合、线上与传统结合的服务模式在业界独树一帜。

“买卖通”提供五个层面的会员服务，根据不同企业的不同需求，分别设有买卖通基础会员、银牌会员、金牌会员、铂金会员和尊享(VIP)会员，其中银牌、金牌、铂金会员是在买卖通基础会员的所有服务上，增加了不同需求的搜索排名服务，而尊享会员除了上述服务外，还享有包括纸媒宣传在内的多项服务，可以帮助企业全面、立体推广自身的品牌与产品。为了保证服务质量，尊享会员限额 500 位。

20.3.2　“五方联动”服务

2008 年，美国次贷危机使全世界陷入了 30 年来全球最严重的金融危机之中。为了满足行业客户尤其是中小企业客户日益增长的差异化电子商务需求，及时应对这次金融危机，慧聪网推出了行业专属服务，以行业“五方联动”保障其推动，提升行业服务深度，确保为每一位行业客户提供精细化服务。

所谓“五方联动”服务就是通过慧聪网买家部、客服部、编辑部、发行部、业务部五个部门发挥各自的优势，最大限度的互通资源，相互协作帮助客户感受行业专属服务的使用效果。将慧聪网内各部门的工作转化为给客户带来实际收益的增值服务。作为“五方联动”里的一方，买家工作将是效果最直接最大化的一个重要保障，因此做好买家的服务工作是重中之重。2008 年全年，慧聪网对客户服务达到 68 509 频次，帮助企业直接达成交易金额达 2.2 亿元，为目标群体架设了最直接的互动桥梁。“五方联动”服务是对行业专属服务效果最大化的重要保障。通过“五方联动”，客户在开展电子商务的各个环节都能感受到慧聪网周到的服务，确保为每一位行业客户提供精细化服务。

20.3.3　媒体发布服务

媒体发布服务是慧聪网高级会员的专属服务，服务对象包括战略合作伙伴、VIP 会员、金牌会员、银牌会员，是慧聪网主打的行业“五方联动”中最重要的内容之一。在我国政府扩大内需、促进经济增长的宏观政策下，慧聪网立足于跨行业优势，推出的媒体发布服务就是确保为每一位行业客户提供精细化服务。

媒体发布的涵义是：贯彻新闻营销的概念，深度打造企业品牌。当企业有重大产品、活动等事件发生时，可以通过慧聪网第一时间在互联网平台以重要资讯形式发布，这些新闻将快速被大量慧聪合作媒体所转载，企业的文化理念、人文关怀等快速传达出去，客户在潜移默化中认同了企业的产品及品牌。资讯的内容包括公司的最新动态、领导人介绍、产品的知识介绍、促销信息、新产品新技术信息、公司成功故事、成功案例等。

20.3.4　“商机搜索”服务

“商机搜索”服务是由慧聪网独立知识产权的搜索引擎所提供的技术服务，覆盖超过 20 万个网站、500 万条及时更新数据，与中国搜索联盟等 1000 余家网站平台相结合，可以依据行业用户的要求，提供精、准、快的搜索服务。“商机搜索”将专业的行业信息融入到搜索结果中，并且将搜索结果按行业性质进行分类，使企业准确定位目标人群，宣传推广投资有的放矢，有效掌控自己的投入计划。

与传统引擎只能在一个网站上搜索出结果相比，“商机搜索”能为多家平台提供数据结果支持，客户购买搜索排名服务后，将同时在所有合作伙伴的网站搜索结果页面中出现，最大程度体现企业价值，具有极高的性价比。

商机搜索为用户提供了 67 个行业的分类方式，使客户的搜索范围更加快速、准确、直接。慧聪网每天都会对中国报刊广告总量 95%以上的报刊、每周发行 60 余种计 30 万册的商情信息进行监测，力图为用户提供最强大的专业数据库。慧聪网供应信息搜索的主页如图 20-3 所示。

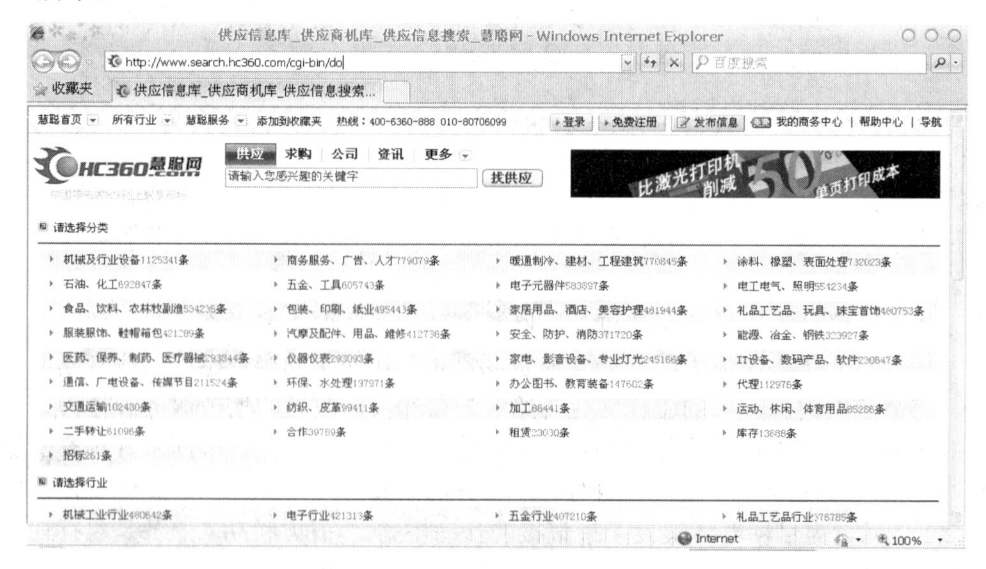

图 20-3　慧聪网供应信息搜索的主页

20.3.5　商情广告

1998 年，《慧聪商情广告》经国家工商总局正式批准并允许在全国发行，成为以商情报价、产品广告、产品技术信息为主的印刷品广告信息媒体。它的信息量庞大、及时、集中、针对性强，方便行业内厂商与用户查询，成为供需双方的信息沟通渠道之一。

目前，《慧聪商情广告》已深入到 10 余个行业领域。作为国内传递信息数量最多、覆盖范围最广的商情广告媒体，它每月在全国 20 多个城市 20 余个行业共出版 85 种，总发行量达到 60 余万册。“商情广告”服务的背后是慧聪网强大的行业企业数据库，该数据库深入各个行业，科学分类，每周更新数十万条产品、价格，企业信息非常强大。通过该数据库，可以为用户提供丰富多样的产品和服务，为厂商、各级经销商和关注市场的各界人士提供全面的市场信息和无限商机。

根据各行业信息流通周期的不同，慧聪网精心设计了投递周期，期数从每年 12 期(月刊)至 48 期(周刊)不等。期刊覆盖全国 31 个省市，集中于行业内的各级生产、经销企业，产品设备使用单位，政府、行业管理机构，行业协会以及其他相关用户。以《慧聪商情广告》搭建行业内信息流通的桥梁，高效、准确地向行业客户传递采购信息，真正做到直击目标人群，投递有效。慧聪网商情广告主页面如图 20-4 所示。

图 20-4　慧聪网商情广告主页面

20.3.6　商务聊天工具“慧聪发发”

为了完全实现商机资讯快速、便捷、畅通地传递，2007 年 9 月，慧聪网推出了商务即时通讯工具“慧聪发发”，把商务洽谈、资讯传递的服务功能完美地结合在了一起。

“慧聪发发”沿袭了此前推出的通讯软件“买卖通 IM”的所有优势功能，还针对客户群的不同需求首创了手机绑定服务项目。这项称为“发发手机在线”的功能不局限于手机的型号，更不区分移动和联通号码，只要在商务中心绑定手机后就可在慧聪网商铺 24 小时显示“慧聪发发”手机在线，客户有了这项服务，即便是处于离线状态，只要保持绑定手机的畅通，就无需担心错过任何一个与商友洽商的机会。“慧聪发发”的手机绑定功能成为商户之间沟通的另一条捷径，不仅拉近了与潜在用户的距离，还真正实现了高枕无忧坐享先机，“慧聪发发”的高互动性使成交几率大幅提高，其产生的附加价值足以改变企业的贸易沟通方式与经营节奏。“慧聪发发”的界面如图 20-5 所示。

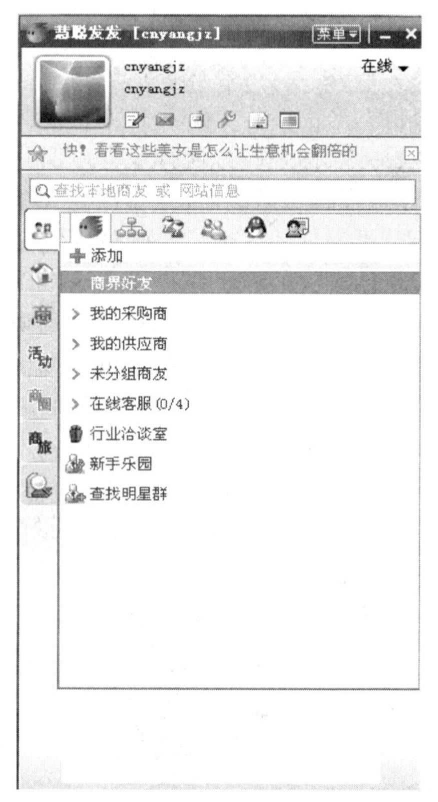

图 20-5　“慧聪发发”的界面

20.3.7　中国行业资讯大全

《中国行业资讯大全》是一套定位于对相应行业进行年终总结的咨询宝典，慧聪网将其定位为工具书，主要包含行业年度分析报告、供应商与采购商名录以及行业产品库等经典内容。从 2000 年慧聪推出第一本行业资讯大全——《全国安全行业资讯大全》以来，经过近十年的发展，慧聪网的《行业资讯大全》已成为中国行业资讯信息量最大、内容最丰富、行业覆盖范围最广的市场实用资讯工具书。

慧聪行业资讯大全，依托慧聪多年来积累所形成的信息、研究、数据资源优势，以行业商务人士需求为根本，把行业市场资讯、产品、黄页等信息加以汇编整合成册，致力于为行业经营者、用户提供具有商务价值的行业资讯信息，解决行业发展中各环节存在的信息取向繁杂性和指向性因素限制。目前，《行业资讯大全》的发行按照公开、诚信、有效的原则进行，并由国家相应公证机构进行的印量公证，具备完善的发行保障体系，免费赠送行业内人士。慧聪网《行业咨询大全》的主页如图 20-6 所示。

图 20-6　慧聪行业咨询大全的主页

20.4　慧聪网的经营策略

20.4.1　用“免费”积累客户量

为了扩大影响，吸引更多的潜在用户，2004 年 5 月慧聪网在推出“买卖通”之后，一直采取免费政策。到 2004 年 9 月份，“买卖通”的注册用户总量就已经突破了 60 万大关。2006 年 7 月，慧聪网又推出了面向 B2B 用户的“免费商铺”，争取更多的企业用户加入到自己的电子商务阵营中来。“免费商铺”使得非付费会员可以免费得到个性化的服务，享受包括发布商机和产品展示、进行公司宣传和招聘、留言和公开提问等在内的商业往来，还可以订阅最新商机信息和管理“商圈”。

在网络交易平台的市场争夺战中，慧聪网巧妙地利用了“免费”这杆大旗为自己积累了大量人气。慧聪网“买卖通”会员数量的直线上升意味着抢占了阿里巴巴大量的“诚信通”付费会员。随着会员数量的急剧递增，慧聪网上的商机数量也会呈几何级发展态势，与阿里巴巴在商机数量上的差距将会日益减少。2004 年 10 月 12 日在积累了相当会员数量后，慧聪网宣布“买卖通”进入收费阶段，付费的“买卖通”正式会员可以享受更具吸引力的市场推广服务。“买卖通”顺利过渡成为慧聪网又一个利润增长点。

20.4.2　打造诚信交易平台

2004 年 9 月 28 日，慧聪网与国际顶级的资信认证机构邓白氏公司签署了协议，委托邓白氏对“买卖通”正式会员进行资信评价。在经过第三方资质认证后，所有“买卖通”会员都将获得由邓白氏公司提供的唯一的 9 位邓氏编码，能得到全球 50 多家工业及贸易协会和组织机构的认可和推荐。

目前国际上的信用评估机构主要有三种业务模式：第一种是资本市场信用评估机构，其评估对象为股票、债券和大型基建项目；第二种是商业市场评估机构，也称做企业征信服务公司，其评估对象为各类大中小企业；第三种是个人消费市场评估机构，其征信对象为消费者个人。邓白氏公司从事的是上述第二种信用评估，即商业市场信用评估的公司，该公司历史悠久，公司规模大，业务领域广，评估方法独特，在全球的信用评估业中占有重要的地位。

诚信问题一直是 B2B 模式成长的一个主要障碍，慧聪网为了使“买卖通”平台以一个高起点的形象进入市场，决定依靠声誉卓著的邓白氏公司，借助其信用风险控制体系，来维护“买卖通”的良好交易环境。在国内 B2B 领域内，大规模地聘请有国际影响力的用户资信评价机构是慧聪网的首创。随着慧聪网的不断努力，“买卖通”日趋完善，已经成长为国内最具影响力的网上交易平台之一。

20.4.3　引入外资

2008 年 10 月，慧聪网联合全球著名的商业信息服务机构美国邓百氏建立了合资公司——慧聪邓白氏研究。

慧聪与跨国公司邓白氏的联合就是引入国际研究公司的专业研究技术和先进的管理激励制度，为慧聪提高实力与活力。与此同时，慧聪对本土市场的把握以及调查执行能力又提升了客户服务能力与服务质量。慧聪研究是中国大陆最早创立的专业咨询品牌之一，是慧聪网除电子商务之外的又一大核心业务，而邓白氏是国际信用管理公司中的龙头老大，是全球著名的商业信息服务机构，强强联手带来的是互补和双赢。

“慧聪邓白氏研究”的成立，一方面给慧聪网的业务拓展带来充沛的现金流，另一方面让慧聪网有更多的资金实力投入在研究设计、产品开发等工作上。2009年慧聪邓白氏研究将会启动两大自主投入型项目，一是针对高端人群的消费形态研究；二是针对企业的B2B消费行为的研究，从而完成构筑常态提供全方位的B2B和B2C市场信息的业务体系。

借用邓白氏全球庞大的数据来源及数据处理基础设施、强大的履约专业知识，“慧聪邓白氏研究”将市场研究业务发展引向更深层面，从而使其慧聪网“根植于行业的市场研究和媒介监测专家”市场定位服务做得更深入，在商业运营的各个关键环节为客户带来价值。在国际市场的开拓上，慧聪网也利用了邓白氏在全球的营销网络，将自己的业务触角伸向全球。2009年3月，慧聪网的行业研究报告已经通过邓白氏实现了在日本、韩国和美国的销售。“慧聪邓白氏研究”的主页如图20-7所示。

图20-7　“慧聪邓白氏研究”的主页

20.5　慧聪网的优势及其用户分析

20.5.1　慧聪网的优势

1. 数据优势

慧聪网拥有庞大且专业的数据采集中心，主要采集IT、家电、汽车等各行业的数据信息，内容包括：

(1) 国家政策法规信息库：对政府机构及官方人士所发布的信息进行收集、整理与分析，高度关注政策动向。

(2) 产品资料库：包罗行业绝大部分产品与产品价格信息，数据时实更新。

(3) 企业数据库：收录企业的重要资讯，涉及企业公关活动、企业销售渠道。

(4) 用户数据库：收录全国各类用户的翔实资料，并且不断充实更新。

(5) 广告监测数据库：汇集、累积了行业内多种重要媒体的广告发布情况。

(6) 行业技术资料库。

(7) 其它辅助数据库。

2. 技术优势

在市场调查与分析的实践中，慧聪网建立了一套独具特色的市场状况评价指标体系，包括销量、经销率、广告出现率、俏销率、报价次数以及价格波动等。根据这些指标收集积累的大量数据，使慧聪市场研究系统能够在多角度、全方位的基础上，做出市场现实状况的描述和发展趋势的判断。

3. 规模优势

慧聪网自行建立的规模庞大的数据库资源，拥有遍布全国多个城市的分支机构组成的全国范围的调查网络，从而使得其服务费用维持在较低的水平。另外，慧聪网寄希望于从长期合作中获得稳定的收益，而非一次性的高收费。

4. 专业化优势

慧聪网对同一市场有着长期而深入的研究，并对该市场保持着敏锐的洞察力，因此工作更加富有成效。另外，慧聪网所有的研究人员及调查人员都是全职的，这在调研行业中绝无仅有，从根本上保证了调查数据的真实性和准确性。慧聪网研究流程图如图20-8所示。

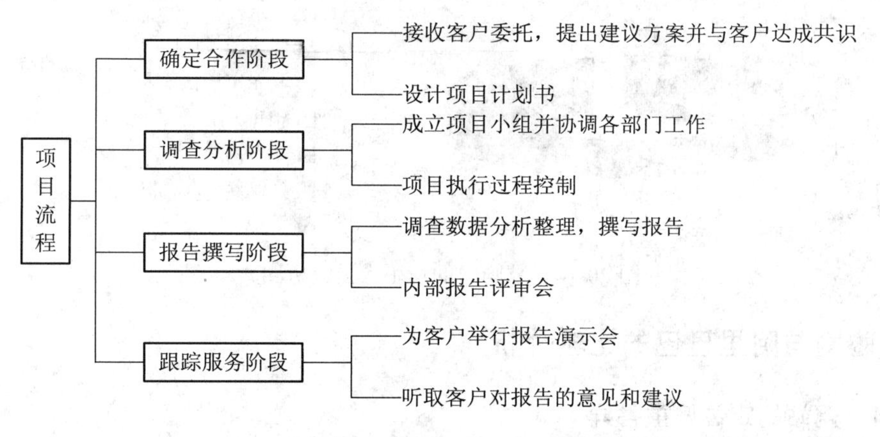

图20-8　慧聪网的研究流程图

5. 网站建设的优势

“HC360建网”是以慧聪网的网络技术为依托，专业从事企事业单位网站的建设、开发、推广及维护、提供网络集成、网络应用、网络服务项目的部门，为客户提供包括域名注册、虚拟主机、企业信箱和邮局、网页制作、网站维护更新、网站宣传推广、网络广告、电子商务、企业内部信息化等多元化的网络服务。

“HC360建网”总结了慧聪网多年来的企业建站经验，并整合了丰富的内部资源，拥有业内资深技术专家、优秀的管理者及专业的服务人才组成的运营团队，为客户提供周到、细致的服务。“HC360建网”的业务领域已涉及慧聪网的几十个行业，目前已经为2000余家企业用户提供了全面的企业互联网营销解决方案。

20.5.2　慧聪网的用户分析

慧聪网面向所有适宜进行电子商务的行业，是为生产、经营性企业和用户提供一站式商务服务的行业门户网站，拥有逾 50 万家企业会员，超过 200 万条商务信息，是目前为止中国大陆服务方式最为独特、行业跨度最广泛的商务信息服务商。依托慧聪网原有的 20 多个行业的信息和客户资源，以及全国 30 多个城市的信息网络构成了庞大的信息服务系统，为满足行业客户对服务专业的深度需求，慧聪网搭建了“水平+垂直”的网站结构。在水平层面上，提供对几十个行业广泛客户的综合商务服务；在垂直层面上，深化行业内专业服务以满足专业人士的不同需求。

慧聪网作为商务信息和交易平台的提供商，是行业商务门户的营造者和信息中间人，横跨 50 多个行业，在多年的经营过程中积累了大量忠实的用户，其中 95%以上都是商务用户。慧聪网的会员企业类型分析如图 20-9 所示，使用人员类型分析如图 20-10 所示。

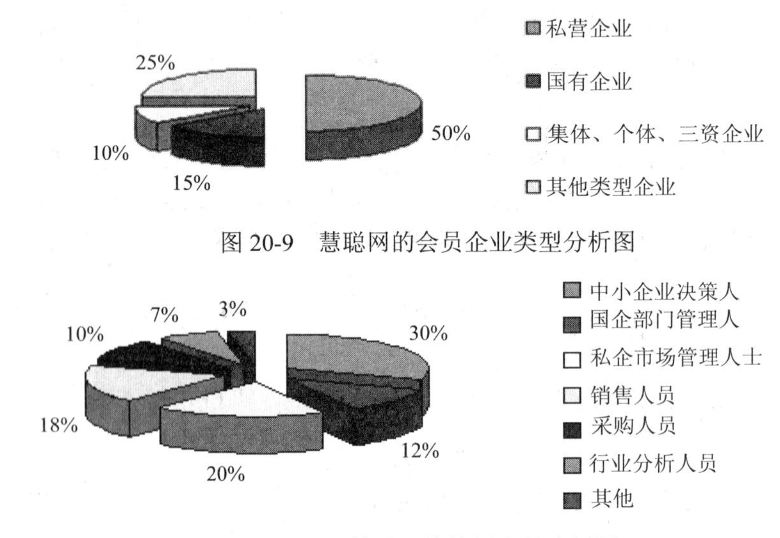

图 20-9　慧聪网的会员企业类型分析图

图 20-10　慧聪网的使用人员分析图

20.6　慧聪网与阿里巴巴的比较分析

20.6.1　网站的定位偏重各异

这两家网站的定位是完全不同的，慧聪网要塑造的是行业门户网站，而阿里巴巴则更专注于电子商务。

比较看来，慧聪网没有把交易市场作为一个独立的个体推出，而是选择通过内嵌在慧聪网各个行业首页内。主要优点是：首先借助了慧聪网的力量，可以在少量宣传的情况下完成从慧聪网客户到交易市场客户的自然转变；另外还利用了慧聪网现有的资讯优势，作为交易市场的增值服务，使交易市场更具有竞争力。

但是，交易市场内嵌还可能会产生一些缺点：首先缺乏了鲜明的导向性，因此让许多潜在客户没有意识到交易市场的作用，反观阿里，则非常醒目地提出了它的主题——全球最大的网上贸易市场；另外，内嵌的交易市场在做品牌和做宣传的时候往往可能会给客户一种交易市场仅仅是慧聪资讯附属产品的感觉，让客户忽略或者轻视了交易市场的重要地位。

20.6.2　核心业务重点不同

从阿里巴巴的成长史看，市场优势是外贸，这也一直是它的核心业务。2003 年通过阿里巴巴出口的商品价值已经达到 100 亿美元。从 2004 年下半年开始，阿里巴巴全力组建海外团队，投入也相当大，在美国投了很多宣传广告，是中国唯一两家包下 CNBC[1]两年广告的公司之一(另一家是中国银行)。

慧聪网的核心业务是内贸，它有着庞大的客户基础，且通过上市解决了融资的难题。慧聪网通过整合其线下的资源优势，包括市场调研、慧聪商情、资讯大全等，在更多行业更好地、更大范围地维护、开发客户，大量而又系统地收集买家信息，并仔细甄别信息的价值和真伪，将有价值的信息通过慧聪迅捷的网络平台提供给卖方，增加买卖双方交易的频次和成功的几率，甚至直接促成部分客户的交易，真正为用户提供更有保障的商务信息服务，搭建有效的交易平台。

同时，慧聪网还有自己独特的优势，它们每年都会参加 600 个不同规模的展会，这些展会涉及各行各业，在展会上慧聪可以将大量的卖家信息及时提供给买家，以利于买卖双方交易。

20.6.3　服务体系不同

阿里巴巴服务体系的主要精力在线上服务，虽也举办论坛之类的见面会，但并不以撮合为主，频率也不高。而慧聪网双管齐下，网上、网下服务并重，其创办的“供需见面会”几乎每天一场，将大买家邀请到现场与供应商洽谈。这种针对国内 B2B 市场先天不足的服务，有效地扩大了现有用户的商机，还发展了潜在用户。

多数用户对这种模式表现出兴趣，大部分企业都对此表示欢迎，认为这种模式比较适合当前国情。但也有企业存在微词，认为其很难保障每场见面会都能达到好的效果。应当看到，见面会需要更多人工来维护，不可避免地增加运营成本，但收到的效果也明显好于网上的沟通。将网上和网下的优势更好的结合，探索更有效的电子商务交易模式，是慧聪网未来几年的重要任务。

参 考 资 料

[1]　硕博网. 慧聪推免费商铺阿里巴巴面临多重挑战[EB/OL](2008-05-03)[2009-07-03]. 硕博网: http://it.china-b.com/dzsw/660904.html.

[2]　IT 社区媒体平台. 慧聪网 2004 年年终大盘点[EB/OL](2004-12-20)[2009-07-03]. IT 社区媒体平台: http://home.donews.com/donews/article/7/71805.html.

[3]　慧聪印刷网. 慧聪网媒体发布功能简介[EB/OL](2009-02-23)[2009-07-03]. 慧聪印刷网: http://info.printing.hc360.com/2009/02/20144194715.shtml.

[4]　比特网. 买卖通 Vs 诚信通慧聪网让阿里巴巴耿耿于怀? [EB/OL].(2004-06-11)

1 CNBC 是全球财经媒体中公认的佼佼者，由美国媒体巨头国家广播公司创办，分支机构遍布全球 89 个国家，设有 129 个记者站，拥有 1700 名新闻采编人员。

[2009-07-03]. 比特网: http://news.chinabyte.com/443/1812943.shtml.
[5] 新浪科技. 慧聪网推免费商铺抢 B2B 市场[EB/OL].(2006-07-03)[2009-07-03]. 新浪科技: http://tech.sina.com.cn/i/2006-07-03/13041018313.shtml.
[6] 新华网. 是谁让阿里巴巴心痛? [EB/OL](2004-06-17)[2009-07-03]. 新华网: http://news.xinhuanet.com/newmedia/2004-06/17/content_1532085.htm.
[7] 从 2014 年的战略调整看慧聪网 2015 年的野心[EB/OL](2015-02-05)[2015-10-14]. http://news.yesky.com/prnews/18/47667518.shtml.
[8] 慧聪网 2015 年再续阿拉丁 极度标王销量火爆[EB/OL](2015-12-07)[2015-12-14]. http://jx.cnr.cn/2011jxfw/xxzx/20151207/t20151207_520708198.shtml.

第 3 篇　农业电子商务网站

案例 21　中粮我买网

21.1　“中粮我买网”电子商务网站简介

“中粮我买网”是由世界 500 强企业中粮集团有限公司于 2009 年投资创办的食品类 B2C 电子商务网站。该网站致力于打造中国最大、最安全的食品购物网站，其经营的商品包括：休闲食品、粮油、冲调品、饼干蛋糕、婴幼食品、果汁饮料、酒类、茶叶、调味品、方便食品和早餐食品等百种品类，是办公室白领、居家生活和年轻一族的首选食品网络购物网站。

21.2　“中粮我买网”的网站规划和目标定位

21.2.1　网站规划

致力于打造食品领域全新的网络销售平台，实现新渠道的战略布局，增加新商机。

开创崭新的创新渠道，成为新产品持续创新的动力源泉。通过积累与分析网购消费者的购买习惯和购买行为，根据其需求进行产品创新，甚至针对网购渠道消费人群进行产品定制。

促进新产品快速上市，保证新产品的成功率。新产品上市不再经历经销商开发、零售商选择的漫长过程，不必支付昂贵的进店费，可以快速呈现到消费者面前，实现和消费者的直接互动。

将“我买网”打造为中国最好的食品购物网站，成为品牌传播、渠道拓展的集成平台，代表中粮持续创新、保持活力的新形象，为国人提供最安全、最丰富、最便宜、最便捷的食品及相关服务。

21.2.2　目标定位

“中粮我买网”致力于打造中国最大、最安全的食品购物网站，坚持的使命是让更多的用户享受到更便捷的购物，吃上更放心的食品。

21.3　中粮我买网的网站优势

1. 保障

世界 500 强企业中粮集团旗下全资食品购物网站，更安全，更放心。

2. 优选

“中粮我买网”所有在售商品均为优选，不是任何一种商品都可以在该网站销售。

3. 过期

“中粮我买网”所有商品均在保质期上严格把关。

4. 健康证

“中粮我买网”库房所有人员均通过健康认证。

5. 库房

“中粮我买网”库房为专业食品库房，室内的通风、温度、湿度、灰尘等指数，和商品之间摆放的关系都经过严格的把控约束。

6. 正规渠道

“中粮我买网”所有商品均为正规厂家直接提供。

7. 个人与企业

“中粮我买网”为中粮集团全资投资的企业，与C2C网站个人卖家相比，更具有保障。

8. 货到付款

“中粮我买网”支持货到付款，解决了担心网上交易不安全问题。

9. 散装食品

“中粮我买网”无散装食品，对于易化、易碎等商品都有特殊的保护。

10. 排队

解决在超市排队的烦恼，也省去路程的时间，不用为重物搬上楼而烦恼，“中粮我买网”直接送货上门。

11. 天气

不用受天气冷热的影响，坐在家里就能买到和超市一样好的商品。

12. 进口食品

在“中粮我买网”上可以买到一般超市看不到的百种进口食品。足不出户，享受世界美食。

13. 适合不同人群

在“中粮我买网”上有特价专区、办公室零食、送礼福利最佳的“我买卡”，想给中老年、母婴、男士、爱美女士和自己选择更多商品，可以查看所有分类、所有品牌。

21.4　战略布局与运营策略

21.4.1　专注垂直，根植于食品

中粮集团是中国领先的农产品、食品领域多元化产品和服务的提供商。中粮的全产业链发展模式和全球化采购政策，使得“我买网”自成立起就专注于食品领域，并在此基础上不断横向扩展食品线，其商品包括休闲食品、粮油、冲调品、饼干蛋糕、婴幼食品、果汁饮料、酒类、茶叶、调味品、方便食品和早餐食品等百种品类。与此同时，“我买网”不断地纵向深化食品体系，是目前国内拥有品类最多的垂直类食品网站。

21.4.2　充满活力、营养专家的企业形象

“中粮我买网”一直积极营造持续创新、充满活力的企业形象，“优选”、“悦活”等品牌形象以健康、积极、营养的概念深入人心，并针对消费者个人特征和偏好提供具有针对性的专家营养建议，成就了其“食品网购专家”的形象。一方面是由于中粮这一老牌央企在消费者心目中的信任度较高，另一方面也得益于“中粮我买网”全新的营销策略，通过“广投放、精检测、深优化”，促进新产品快速上市，针对网购渠道消费人群进行定点广告投放，其投放费用回报率在行业内也处于十分难得的较高水平。

“中粮我买网”已经逐步从初期所有电商所单一追求的广告曝光，走向更深度的用户对话和情感互动，传播方式从单向式纯销售向情感市场互融式转变。它不仅仅是单纯售卖产品的“机器人”电商，而是在用户身边能够提供贴心而专业的营养搭配建议的“食品网购专家”。通过动态实时感知、发现、跟随、响应、理解并与消费者真正实现对话，通过全网互动性信息反馈，洞察用户真实需求，提供更加便利、安心、优惠的服务。

21.4.3　新媒体营销的先行者

随着Web2.0带来的互联网时代的巨大变革，社交文化以其多样性、丰富性、及时性成为主流，由此造成营销思维和渠道也发生了巨大的改变，逐渐转向关注体验性、沟通性、差异性、创造性和关联性。而新媒体营销的渠道也在逐渐扩展，包括门户、搜索引擎、微博、SNS、博客、播客、BBS、RSS、WIKI、手机、移动设备、APP等。

“中粮我买网”针对Web2.0的互动环境，策划了一系列网络营销活动以及体现全网联动式的社会化营销模式，率先为用户专门开设了互动性的讨论社区，同时热衷于微博营销、SNS营销。此外，通过与腾讯QQ超市合作，推出经营型游戏“中粮我买网超市”，以消费者实际需求为着眼点，实现利益性与趣味性的结合，这项活动在消费者和QQ用户中得到了强烈的反响，成功跳出了以往电商单纯靠降价吸引消费者，甚至引起不良竞争的恶性循环，开辟了新的营销之路。

21.4.4　用数据分析提高运营效率

随着各大电商纷纷开辟食品专区，“中粮我买网”也面临着来自其他电商企业的激烈竞争。如何在快速变化的互联网电商平台上占据一席之地，“中粮我买网”依托有效的数据库管理和数据分析来提高自身的运营效率。这体现在以下三个方面：其一，利用数据系统对食品进行保质期管理的系统报告，当某种商品的保质期超过三分之一就不能入库，而保质期超过三分之二就要退回给供货商，从而保证“中粮我买网”上所售商品的品质和食品安全。其二，通过数据系统决定配送方式的选择。当某一地区的每日配送量达到500单时，自建物流就比第三方物流更为节约成本，通过对各区域配送量的监控，对物流配送方式进行合理的选择，从而节约成本。其三，通过双向式互动平台上消费者提供的建议和评论，适时地调整商品种类构成，并对商品的销售进行分析，以提升用户体验。

21.4.5　自建为主，灵活、务实的物流和配送解决方案

“中粮我买网”在运营初期，主要是采用第三方物流进行配送。自2010年底开始在北京试点自建物流，由第三方物流转向自建物流为主，缩短了配送时间和响应时间，保障了服务品质。为了提高效率，“我买网”通过设立社区代B2S(Station)模式，将货物发到社区之后，自社区再进入居民家中，从而有效控制配送成本。基于食品销售量的走势和规律准

确预估配送压力，对于节假日业务量增长情况，在供货、拣货、包装、配送等主要物流环节，组织好人力、车辆等资源，提前配置到位。

21.5 “中粮我买网”的创新之困与发展之难

随着社交网络的不断发展，O2O 概念日渐兴起且备受追捧，即将线下商务的机会与互联网结合在一起，让互联网成为线下交易的前台。社交结合电商也在我国取得了阶段性的成功，不少电商企业增加了社交权重，并且不断开发双向互动式的平台。

“我买网”作为较早涉入社交化平台的电商企业之一，虽然从中也尝到了一定的甜头，取得了不错的业绩，但是电商企业与社交网站如何结合，如何把握结合的深度和广度，却没有一个确切的答案。过度介入社交平台，对电商企业而言并不是百利而无一害的。由于社交平台和电商平台的利润组成不同，社交平台主要依靠广告收入，而电商平台则依靠的是出售商品的价差，因此二者的利益链条不同，也就无法从根本上进行深度融合。因此，在电商企业与社交平台相结合的过程中，必须考虑到企业自身的经营状况和客户群，在介入的深度和广度上慎重考虑。

由于近年来经历了资本市场萎缩，B2C 市场泡沫破裂，整个电商行业加速洗牌，企业间不惜长时间进行价格战，借以掠夺市场份额，导致大部分企业处于亏损状态。虽然“中粮我买网”依靠中粮，暂时没有资金上的困扰，然而其过度集中于食品这个单一门类，也正面临着新的挑战，如京东生鲜食品频道已经上线，顺丰速运旗下的顺丰优选则主打中高档食品网购，凭借其在快递物流上的优势，一上线就受到消费者的关注。而“中粮我买网”除了依靠中粮这一食品巨人、从土地到餐桌产业链这一优势，其余的不论是商品的质量还是物流配送、售后服务都不被消费者所看好，特别是第三方物流问题已经成为制约“中粮我买网”的瓶颈。因此，“中粮我买网”应依靠供应链上的优势，在面临电商行业洗礼之际，积极发挥他人无法比拟的优势，尽量避免价格战，摆脱单纯依靠资本驱动的状况，而在相对弱势的物流配送和售后服务以及技术上加以完善。

电子商务的发展推动了整个社会的主流消费习惯的变迁，响应、价格、服务、商品种类成为决定客户消费决策的重要依据。作为食品电商中的“国家队”，“中粮我买网”凭借中粮丰富的产品线及最大食品进出口商的地位，在供应链和资本方面具有绝对的优势，但能否做得更加出色，需要具有与其商品种类匹配的相对更佳的营运方式。

参 考 资 料

[1] 王昕，范春荟. 我买网：食品电商中的国家队[J]. 中国邮政. 2013.
[2] 银昕. 我买网将触角伸向离源头最近的地方[J]. 商学院. 2015.
[3] 尚爵. 我买网的电商之路[J]. 互联网周刊. 2011.
[4] 段振亮. 中粮集团：“我买网”探索新模式[J]. 现代国企研究. 2011.
[5] 范婷婷.中粮我买网：市场化的国企基因[EB/OL](2015-6-12)[2015-12-14]. 网商在线：http://www.wshang.com/news/detail/id/254.html.

案例 22　沱 沱 公 社

22.1　沱沱公社简介

沱沱公社是九城集团创立的国内首家专业提供新鲜食品的网上超市，2008 年上线。创业团队希望能为更多的中国人提供安全的食品，是以有机农业为切入点，建立起从事“有机、天然、高品质”食品销售的垂直生鲜电商平台。凭借雄厚的资金实力，沱沱公社整合了新鲜食品生产、加工、网络销售及冷链日配等各相关环节，成为目前中国有名的生鲜电商企业之一，满足了北京、上海等一线城市的中高端消费者对安全食品的需求。沱沱公社依靠自建的有机农场坚守高品质产品，在全国大力发展联合农场，通过严控品质获取了大批忠实消费者。沱沱公社互联网主页如图 22-1 所示。

图 22-1　沱沱公社互联网主页

22.2　沱沱公社经营特色

22.2.1　特色产品：有机农产品

沱沱公社始创于食品安全事件频发的 2008 年，创业团队出于强烈的责任心，希望为更多的中国人提供安全的食品，于是以有机农业为切入点，建立起从事“有机、天然、高品质”食品销售的垂直生鲜电商平台。

22.2.2　特色价格：定位中高端用户

对于自营生鲜电商 B2C 沱沱公社来说，他们主做的是生鲜电商最难啃的一块儿——新鲜水果和蔬菜。在线下超市中，消费者可以直观看到商品本身，而电商接触用户的成本比较高。另外，超市中的定价也比较灵活，上午可以卖 1 元，下午可以卖 5 毛钱，这有利于管控损耗。如何跟线下超市抢用户，成了人们对生鲜电商的一大疑问。

打开沱沱公社的网站，可以看到黄瓜 13 元/斤、白菜 11.8 元/斤、青椒 12.8 元/斤，相比农贸市场与超市 3 元一斤的黄瓜和青椒、2 元左右的白菜，沱沱公社的销售价格要高出数倍。按照一家 3 口来计算，一个月蔬菜的消费就需要 2000 元左右，这样的消费显然不是一般的家庭能承受的。“我们产品定位就是北京市区的中高端用户，这样才能支撑企业的发展。”沱沱公社总经理杜菲在接受本刊记者采访时表示。在网上购买农产品的用户都要求农产品品质高、讲求配送时效，且是小批量、多批次，因此物流配送成本较高。一般来说，200 元以上的订单免运费，200 元以下收取 20 元运费，用户觉得这个价格不便宜，但实际上一单的配送成本高达 30～40 元。

关键在于用户的定位不同，“生鲜电商的用户面对的是中产阶级”，沱沱公社 CEO 杜菲这样说。生鲜电商目前的客单价基本在 200 元左右，销售的有机蔬菜和进口水果、肉类和海鲜，单价都比较高，“你如果说生鲜电商小众，那也没错，奢侈品的定位也不是卖给所有人的嘛。”

22.2.3　特色模式：自有农场直销

当今时代的食品危机，是大众消费市场价格竞争的恶果。食品的品质核心不在其表面的色、香、味，而在消费者吃了之后在相当长一段时间内对身体的影响。消费者很难从商品本身就判断出食品的品质，于是就依从了价格和广告选择的标准。生产企业会从两方面压缩成本，一方面，他们压低供应商的材料价格，最后迫使供应商做假，国内大企业的食品危机都出现于此；另一方面，他们利用科技的手段(如转基因特种、农药、化肥、激素、抗生素等)来提高生产效率，降低成本，所以大规模生产存在固有的食品风险。

与中国绝大多数的食品垂直 B2C 不同，沱沱公社拥有自己的有机农场，自建了专业冷链物流配送队伍，解决了物流及时配送的问题，确保生鲜食品能够新鲜到家，做到了“按需采购、按需配送、新鲜直达”的行业新模式。因此，从一开始，沱沱公社就准备打造“生产+B2C+冷链配送”的全产业链，并在北京、上海、深圳三地开设农场与冷链配送，但由于订单量不足以支持整个网站的运营，加上冷链配送需要投入上亿元资金，最终上海和深圳的业务被关掉，只保留北京地区的冷链配送。沱沱农场页面如图 22-2 所示。

图 22-2　沱沱农场页面

22.2.4　特色配送：产出预报

农产品电商尤其生鲜类产品对物流配送的要求很高，这成为农产品电商面临的一大难题。为了解决这一困境，农产品电商各出奇招。为保证有机食品的新鲜与及时配送，沱沱公社采用了一种“产出预报”的方式，即提前三天进行出产预报，对农场可销售的数量做个虚拟库存，预估出即将采摘的产量，然后等采摘完毕后，经过简单的分拣，配送到位于北京市顺义的配送中心，最后再进行包装和配送。

“我们这个行业很难靠第三方物流公司去做，一方面是因为第三方物流很难保证质量和时间，另一方面则是因为一般的物流配送手段也很难满足有机食品装箱和冷藏冷冻的要求。”沱沱公社董事长董敏介绍，沱沱公社最终选择自己来进行配送。为此，公司在顺义投资建立了 4000 平方米的集冷藏、冷冻库和加工车间为一体的现代化仓储配送物流中心，分为标准库和生鲜库，其中生鲜占 40%，此外还购买了若干台冷藏冷冻车，通过采用冷链物流到家的配送运作模式，最终实现“新鲜日配”的目标。目前沱沱公社已经可以做到“头天下单，第二天配送”，即当客户在网上下单后，后台就会迅速把订单传递到农场，第二天一早就会进行采摘，经过简单的分拣后，把生鲜和标准产品放到一个客户订单中，再送到配送中心分包装箱，然后由冷藏车直接配送到消费者的手中。一般而言，在北京范围内，当天下午就可以收到依然新鲜的有机食品。

22.3　沱沱公社现有弊端

22.3.1　有机产品没有正规监管体系

食品电子商务正处在一个蓬勃发展期，但随着网络食品的销售红火，网络食品安全问题越来越引起各方面的关注，其中食品卫生、保质期、储存、运输等成为影响网络食品安全的老大难问题，食品的安全则是食品电商最重要的命脉。而由于当下网络食品监管存在一定空白，食品内杂有异物、过期变质、破损变形时有发生，食品网购“丑闻”频频爆发。然而，没有固定的交易场所，投诉举报信息不全、无票据证明等，都为网购食品投诉举报办理带来诸多负面影响。

22.3.2　农场经营模式无法快速发展

虽然有机食品未来的发展空间很大，但董敏坦言自己做的并不是一个高速发展的产业，沱沱公社也不可能在短期内得到高速的发展，毕竟有机食品的 B2C 业务在目前看来还是一个极为小众化的模式，而且由于受制于配送和运输的问题，只能一个城市一个城市地拓展业务，需要在当地建立有机农场，而且还需要一定的时间来培植当地居民喜爱的蔬菜品种，这些都不是在短时间里可以完成的。

参 考 资 料

[1]　沱沱公社“产出预报”控品质[J]. 中国物流与采购，2013.

[2]　本刊编辑部，苏劲松，王韶辉，董露西，岳彩周，王撷雯. 2012，聚焦中国有机农业[J]. 新财经，2012.

[3] 武康. 有机农业试水有机配送[J]. 农经，2012，11:51-53.

[4] 姜玥，章璇，王思思. 四种生鲜农产品网络零售模式的渠道结构差异研究[J]. 江苏商论，2015.

[5] 赵晓萌. “互联网+”时代更需要产品主义[J]. 销售与市场(评论版)，2015.

[6] 舌尖上的电商生鲜电商的美食江湖[N]. 人民邮电，2014.

案例 23　菜　管　家

23.1　“菜管家”简介

菜管家电子商务有限公司于 2009 年 12 月 26 日正式运营，注册资金 1500 万，依托强大的信息技术、物流配送实力和广泛的农业基地联盟，迅速成为中国农业电子商务 B2C 领域的佼佼者。

“菜管家”农产品电子商务平台于 2009 年正式上线运营，提供涉及人们饮食的 8 大类 37 小类、近 2000 种涵盖蔬菜、水果、水产、禽肉、粮油、土特产、南北货、调理等全方位高品质的商品，现有 197 家获得有机及绿色认证的合作基地，300 多家优质农产品合作供应商，100 多位农业专家的专业指导，为 3000 多家大中型企业提供节日福利与商务礼品服务，为 25000 个人和家庭提供健康农产品网上订购和电话订购服务。

目前“菜管家”在上海青浦建立了符合 GMP 食品安全管理体系的物流仓储基地，建成了一套集 ERP、SCM、CRM、OA 等信息支撑平台于一体的 IT 支持系统，开通了 COD 货到付款和在线支付的结算体系，提供安全、便捷的支付体验。2009 年，“菜管家”获得年度中国农业百强网站、年度农副类网站用户投票第一名、迎世博 2009 九鼎杯上海市场诚信经营单位，“菜管家”集 10 年农业信息化及电子商务系统的开发经验，成为中国最大的优质农产品和食材订购平台。“菜管家”互联网首页如图 23-1 所示。

图 23-1　“菜管家”互联网首页(http://www.962360.com/)

23.2　“菜管家”特色消费模式

23.2.1　个人订购模式

个人订购的模式可以通过网页和商城、电话、移动端 APP 或微信，实现订购操作。“菜管家”每天中午 12 点接单，系统会进行计算，把需求发给供应商，供应商将商品是否可供应反馈到系统，有时候某些产品无法供应，“菜管家”会再跟客户进行沟通。基本上供应商的商品会在晚上 8 点之前送到“菜管家”的车库，系统会计算出配送车辆和单货，例如，500 单大概有 20 辆车配送，1 号车包装好之后到回到原库，这些工作会在凌晨完成，早上 6 点多就会出发配送，下午配送的货物会在中午 12 点之前出仓库。

23.2.2　特色定制模式

“宅配”根据消费者家庭的人口结构和饮食禁忌，提供一对一的服务。如为需要全面营养的家庭推出“全家安康”服务：针对有较小孩子的双职工家庭推出特色定制早餐服务，做到一家三口一个月早餐不重样。对于企业团购，如节日服务、高管福利、员工福利、会务旅游等，基本按照月度、季度、年度进行定制和购买，一周配送两次。“菜管家”企业团购页面，如图 23-2 所示。

图 23-2　“菜管家”企业团购页面

23.2.3　网络订奶模式

2013 年 11 月 2 日，“菜管家”宣布正式加入光明食品集团，消费者可在“菜管家”订购任意光明产品，可选择订购时长、起订日期。“菜管家”网络订奶页面如图 23-3 所示。

图 23-3　“菜管家”网络订奶页面

23.2.4　新品试吃模式

“菜管家”的新品上架之前会组织内部员工、客服和物流等部门进行试吃。“菜管家”还会试吃同行的产品，不断加强品质提升，也有面向消费者的新品试吃活动。

23.3　“菜管家”经营模式

23.3.1　品质监管模式

“菜管家”从源头保证食品的安全，信息透明，系统可追溯到食品生产环节，蔬菜、水果、禽蛋等主要食品的供应商均加入了条码追溯系统，如菜管家销售的青菜在官网上有一个条码，通过 APP 扫一扫，消费者就能看到相关的证书等。“菜管家”的农产品从田头到运输、收货、入库、在库、出库都会经过层层质检。在仓储环节，菜管家建立了一套农产品质量安全体系，对产品品质进行严格把控。“菜管家”还用 5 年时间建立了一套引进新供应商的质量管控体系。

23.3.2　冷链配送模式

“菜管家”对所有产品，尤其是生鲜食品的保鲜都有严格的标准，所有货品均在 0℃的打包车间进行包装，70%的商品都在低温环境下存储，保障食材的新鲜与口感。同时，“菜管家”还打出“保鲜双保险，跑在配送的路上”的标语。双保险，其一是包装好的货品独立在保温箱内进行隔离存放，避免和外界过度接触产生细菌；其二是所有货品都经过冷藏车低温配送。

“菜管家”在物流配送上有着自己的一套服务标准：自有的全程冷链服务设施；从基地提货到仓储、分拣、配送严密监控；全程冷链的运作保障；以 T+1 的模式运作高效的产品供应；早、中、晚三个收货时段选择。而这些标准的执行，代价就是大量的人力、物力、财力的投入，例如对运输过程实施信息化管理，对运输、配送各环节统一调度；在车辆冷藏箱装摄像头等终端设备，实时监控物流环节和冷藏箱内温度；24 小时内配送到位且要严格送货时段；司机和配送人员单独配备……“我们合作过 6 家物流配送企业，最后都因为我们的高标准要求而退出，建立自己的物流配送体系实属无奈之举。”菜管家董事长说。“菜管家”目前自有根据冷链物流标准改装的 12 辆配送车，而 6 辆“菜篮子工程车”2015 年获批投入运营。“菜管家”是业界少数几家拥有全程冷链配送能力的电商平台之一，很多电商平台都是“四轮加两轮”的模式，而“菜管家”在上海是全四轮模式，因而在配送时间和商品品质上更有保障。“菜管家”冷链配送专用车如图 23-4 所示。

图 23-4　“菜管家”冷链配送专用车

23.3.3　智能仓储模式

“菜管家”的仓库使用的是电子货架技术，利用电子货架进行定位，通过技术手段储存产品，央视曾对“菜管家”的仓储拍摄了宣传片。结合车联网技术，菜管家还安装了车门感应器，如果车在异常地点开关门会报警提醒，从而确保产品品质安全和订单准时送达。

23.4　“菜管家”的网络推广战略

“菜管家”移动端 APP 保持每年一个大版本更新，每季度一个小版本更新。微信平台推广也是“菜管家”非常看重的一个方面。

案例：洛川苹果是“菜管家”一直在出售的一款口感非常好的苹果，在销售中备受好评，但是没有形成特别热门的产品。2014 年 iPhone6 推出，“菜管家”决定借机推广这款苹果。他们策划赞助了爱尔兰的一部好评话剧《爱疯苹果》，按推广协议，门票上印有“菜管家”的标识，并采用洛川苹果作为舞台道具。这样，推广团队就将洛川苹果定义成为了“苹果界的爱疯(iPhone)”。

10 月 17 日是中国 iPhone6 的首发日，同时话剧《爱疯苹果》进行首演。“菜管家”在微信朋友圈进行推广，将官网售价的每斤 18 元优惠至微信朋友圈的两箱起定每斤 14 元，最初的订户收到后往往在朋友圈进行分享，吸引了更多订购，从原定推广范围的上海、浙江直到扩散至全国，以较低的销售成本，在不到 5 天的时间中卖出近 5 吨苹果，打造出了一个有品质的产品。

23.5　“菜管家”未来发展道路

2013 年 11 月 2 日，“菜管家”宣布正式加入光明食品集团，并将与该集团旗下上海海博物流集团有限公司开展战略合作，共同打通农产品和食品流通的“最后一公里”，以更好地保障食品安全和快速配送。“菜管家”和“海博物流”将通过战略合作，实现优势互补。

作为国内农产品生鲜电商的开拓者之一，“菜管家”经过 6 年发展，已在上海受到不少年轻消费群体的认可，并成为国家首批农产品冷链信息化应用试点企业。而海博物流作为专业化的物流服务提供商，已形成冷藏物流、城配物流和国际物流三大核心竞争业态。“菜管家”与海博物流的“联姻”，将有利于同时解决前者的“最后一公里”难题，以及后者的信息化难题。

菜管家电子商务副总经理宋轶勤表示，“菜管家”目前的业务范围仅集中在上海地区，菜管家将会把业务范围扩展至华东地区，并尝试将上海模式复制到北京等其他大城市。

参考资料

[1]　赵苹，骆毅. 发展农产品电子商务的案例分析与启示：以“菜管家”和 Freshdirect 为例[J]. 商业经济与管理，2011.

[2]　罗艳. 农产品网络零售模式与对策研究[D]. 西北农林科技大学，2012.

[3]　詹锦川. 农业物联网助推生鲜电子商务模式创新[J]. 国际市场，2014.

[4]　骆毅. 我国发展农产品电子商务的若干思考：基于一组多案例的研究[J]. 中国流通经济，2012.

[5]　记者胡晓滨. “菜管家”优质农产品订购平台正式开通[N]. 东方城乡报，2009.

[6]　本报记者叶梓. 供销“菜管家”惠民好管家[N]. 中华合作时报，2014.

[7]　周倪俊. 基于电子商务平台的农产品同城配送 B2C 模式研究及路径优化设计[D]. 南京农业大学，2013.

案例 24　中国购肥网

24.1　中国购肥网电子商务网站简介

中国购肥网(http://mall.lxhg.com)成立于 2013 年 9 月，是由鲁西化工独立建设维护的，面向终端用户展示、销售鲁西复合肥产品的网站，用户可直接网上购肥。登录网站，在线下订单、付款后，鲁西化工就会据订单信息把复合肥送到指定地点，类似淘宝，快捷方便。中国购肥网的互联网主页如图 24-1 所示。

图 24-1　中国购肥网的互联网主页(http://mall.lxhg.com)

24.2　中国购肥网电子商务网站的成长历程

鲁西化工集团股份有限公司是 1998 年 3 月经中国证监会的批准，于 1998 年 5 月在深圳证券交易所挂牌交易的上市公司。2005 年 9 月，山东省鲁西化工集团股份有限公司生产的“鲁西牌”复合肥荣获“中国名牌产品”称号。2006 年 10 月，山东省鲁西化工集团股份有限公司“鲁西”商标获“中国驰名商标”称号。2012 年，鲁西化工集团股份有限公司被国家石化联合会评为“调结构，转方式”典型企业。

2013 年，鲁西化工建设的“中国购肥网”正式上线，实现了信息化的革新，使农民可以直接在厂家购肥。从 2014 年起，鲁西在中央电视台多个频道的黄金时间密集播放企业的产品宣传，进一步树立了企业的品牌形象。根据鲁西化工 2015 年半年度业绩预增公告，预计上半年净利润比上年同期增长 40%～60%，今年上半年将实现盈利约 24 583～28 095 万元，比上年同期增长 40%～60%。基本每股收益盈利约 0.168 元/股～0.192 元/股。

24.3 中国购肥网电子商务营销策略

24.3.1 重视口碑传播和粉丝经济

在“互联网思维”下，可以通过大量关联话题制造“病毒式”传播，使品牌的热度得以持续；还可以组建自己的粉丝群，定期召开线上线下的粉丝会议，以点带线成面地开展粉丝经济。作为化肥企业，鲁西重视企业形象和产品的口碑传播，通过提供给农户超越其期望值的产品和服务来赢得口碑，使农户享受良好的购物体验和超过预期的服务来使其重复购买成为忠实客户。

鲁西化工集团有限公司希望在各地区建立“鲁西之家”或“鲁西智能服务站”，不定期地为当地“粉丝”组织有一定话题度的群体活动，同时用户还可以自取化肥和进行农业知识的学习交流，增强“粉丝群”对企业的认同感。

24.3.2 将大数据作为发展的核心技术

鲁西集团同样重视大数据的收集和应用，当前集团已建设上线“中国购肥网”，任何移动终端用户都可以免费申请注册为个人用户，浏览鲁西产品并下单采购。“中国购肥网”打通了用户和鲁西集团的直接沟通渠道，同时有利于鲁西集团更快了解到各地农业用肥需求，及时根据农业需求开展新产品的研发和生产，更好地服务于农业。

24.3.3 实现向农业综合服务商的转变

复肥营销要向客户提供增值服务，实施价值营销。价值营销指以客户为核心，满足客户需求，给客户提供各方面增值服务，从而实现产品可持续销售的目的。客户价值包括为客户提供产品、品牌、服务等。这里的价值不仅仅是产品本身，还有品牌、服务价值。同时，必须创新营销模式，掌控农户并提供服务是今后有效的新营销模式。掌控农户，服务农户，实现销售渠道的封闭贯通，实现精准营销。

新农业电子商务蓬勃发展，流通成本、流通渠道扁平化，农业电子商务市场潜力巨大，将成为未来的战略性市场。鲁西中国购肥网是对经销商的电子商务订肥平台，已运行三年。这个电子商务平台以现有的网络为支撑，接受全国各地农户的订单，实施最近距离最快配送。最远的一袋肥料，卖到了哈尔滨市、深圳，从下订单到收货只用了一天的时间。目前，鲁西集团在大力推进企业、一级商、二级商的“厂商铁三角模式”，目的就是要共同给农民提供优质的综合服务。

24.4 中国购肥网营销过程中的不足

24.4.1 缺乏明确的盈利模式

总体来看，农资电商无固定的模式，尚在探索阶段。目前上线的农资电商模式中，主要有以云农场、农一网为代表的第三方网络销售平台(B2C)模式、中农在线为代表的第三方农资信息资讯平台(B2B2C)模式、鲁西化工“中国购肥网”为代表的农资企业自营(B2C)模式以及中化化肥“买肥网”的农资企业自营(B2C)模式，这些信息平台多数仍处于试水阶段，仍没有形成非常明确的盈利模式。

24.4.2　线上线下的冲突问题

传统的农资企业普遍依靠经销商进行产品销售。电商业务势必会减少中间层级，削减中间成本，压缩经销商的利润，可能会引起原有经销商的抵制和不满。同时由于农村乡镇的道路不便，线下的物流运输必将是一大棘手的难题，地区供销点和代理点急需得到建立，电商配送不力的困境未来很长时间仍将制约中国购肥网的业务扩展。

24.4.3　农资服务问题

农资电商作为前台，解决了产品的展示和销售问题，却难以解决农资服务的问题。而农资产品的使用，无论是农药、化肥、农机都需要较强的专业服务，大型高端农机技术含量高，使用复杂，必须经过专业化的培训和后期使用过程中的不断指导和全程服务，所以农资服务问题得不到妥善的解决，电商化只能是空话。

参考资料

[1]　李勇海. 中国化肥行业发展对策研究[D]. 中国农业科学院，2013.

[2]　袁华成. 鲁西化工“中国购肥网”上线[J]. 中国农资，2013.

[3]　刘得. 信息化：农资电商各显神通[J]. 农机市场，2015.

[4]　为农民创造价值：访鲁西化工集团股份有限公司副总经理姜吉涛[J]. 今日农药，2013.

[5]　江燕霞. 鲁西：肥企大哥步伐矫健赢未来[J]. 中国农资，2014.

[6]　董经光. 互联网思维下的农资营销[J]. 中国农资，2014.

[7]　鲁西化工: 2015 中报净利润 2.78 亿同比增长 58.32%[EB/OL] (2015-08-05)[2015-09-10]. http://stock.10jqka.com.cn/20150805/c580443537.shtml.

[8]　鲁西集团成功签约 2015 央视黄金广告资源[EB/OL](2015-08-05)[2015-09-10]. http://liaocheng.dzwww.com/lcsh/201411/t20141127_11443388.htm.

案例 25　好　汇　购

25.1　好汇购简介

吉林省好汇购电子商务有限公司成立于 2011 年。吉林省农委在 2011 年下半年启动实施了吉林省农业电子商务试点工作，组织开发了“好汇购”吉林省农业电子商务交易系统，分试点县市建设了分平台和物流配送中心，依托“好汇购”母公司吉林省农业综合信息服务有限公司强大的农业信息化资源优势，开展对农电子商务服务，涵盖农资、农产品、大宗农产品贸易、日用品等类别。截至目前，共吸纳入馆农产品电商企业、合作社和个人共计 733 家，产品 30000 余款，涵盖吉林大米、吉林杂粮、东北三宝、长白山珍、朝鲜族美食等类目，力争将吉林省名优特产“一网打尽”。

到目前为止，“好汇购”共成交化肥 7800 多吨，农药 125 件，农机具 188 台(套)，销售农特产品 20 余万元，初步构建起了一个安全、顺畅、便捷的农业电子商务平台，探索出了一个农民足不出村就能购买到放心农资和卖出质量可追溯的农产品营销模式。吉林省农业电子商务试点工作被列入农业部重点建设项目，并纳入吉林省政府重点工作目标考核当中。好汇购网络页面如图 25-1 所示。

图 25-1　好汇购网络页面

25.2　面临挑战

25.2.1　运营模式难以大范围推广

好汇购最大的运营特点是本土化，建立吉林省内的农资网络平台。“好汇购”立足于省级流通这个层次，也允许其他厂家的产品进驻，通过自己建立的服务站或者联络点把产品送到农民手里，指导农民正确使用，并建立专业的技术服务热线和团队解决农民在种植过程中遇到的一些技术问题。

该模式在吉林省大田作物区推行较为容易，因为大田作物对技术的要求相对于经济作物更低。但是经济作物区就不同，相对来说对技术的要求更高，对产品的使用更加敏感，所以推翻传统渠道建立新的渠道成本就要大很多。

25.2.2　农民网购习惯未养成

农资电商的用户是农民，可是农民购物习惯偏向传统店铺赊销。如果农资电商开发一个手机应用程序的话，给农民推广 App 也是一个问题。引入流量和提高用户黏着度的常用手段，对农民用户不太适用。

25.3　两大必杀技

25.3.1　低价

农民是最讲实惠的，只要价格足够低，除了质量问题其他都不是问题。传统农资产品流通环节多、流程长，造成流通成本高，最后反映出来的是农资产品销售价格畸高。而当最终形成“厂家—农资电商—农户”的销售模式之后，中间环节被通通去掉，反映在产品上的结果就是价格大大降低，这种降价攻击方式使传统农资经销商毫无还手之力，这也是农资电商最初能在农村市场立足的根本优势。事实上，农资电商多与正规、大型农资厂家直接合作，产品质量本不存在问题，只要价格能够做到足够低，无论有没有电商消费习惯，消费者都会购买，会网购的自然会买，不会网购的找人代购也会买，这就是农资电商的必杀绝技。

25.3.2　服务

农资销售的服务也是争夺市场的重要砝码。基层农村市场的农资销售，甚至可以做到将化肥、农药等农资赊购给农民，并且不用农民动手，而由农资经销商帮助农民将化肥撒到地里，将农药打到作物上，拼的完全是后续的服务。甚至在有些地方，农资经销商负责土地托管，将农民从播种、施肥、打药、收割、仓储，甚至售卖的活儿全包了。除了低价这一必杀招，电商企业最终拼的是服务能力，具体包括农技的服务和物流的服务等。

1. 农技服务

传统农资市场，由于政府农技服务的缺位，农民往往凭借经验及邻居、商家的推荐购买农资，药不对症、施肥不科学等无法避免。而在有了互联网这个连接器之后，完全可以做到百万农技专家与亿万农户需求的对接，曾经坐在办公室里的专家现在有了与农民直接交流的渠道，而农民在专家的指导下购买农资，自然也更科学。在农技服务上，“农医生”做了很好的尝试，例如农技专家的利益回报机制，农户的农技咨询渠道，以及当地水文土壤的具体情况，在这方面京东有一些尝试，例如收集各地土壤的数据，为未来提供测土配方施肥服务提供了数据的支撑。

2. 物流服务

物流服务在农村有其特殊的解决方式。目前我国 90%的行政村已实现了村村通公路，全国大多数农村的可达性是没有问题的，对于农资电商来说，需要的只是转换物流的形态，将 B2C 电商转换为 B2B 电商，即通过自建和合作的方式在农村设立“村站服务网点”，电商企业只需负责“仓库”到“村站”的物流，即将一包包、一箱箱的农资物流转换为一车一车的物流方式，从成本上就会大大减轻压力，剩下的“最后一公里”问题则交给村站及农户自行解决。中国农民种地几乎都不计算自身的劳动投入，因此在农村社会并不需要做到送货上门，在一些农业发展较好的农村地区，农业大户、农业种植户、农业经纪人几乎人人都有物流设施，从摩托车、手扶拖拉机开始，到小卡车、小货车，到九米六的大卡车、12 米的大卡车都有。因此对于企业来说，如果能把自身物流成本的一部分转换成农户的物流投入，再将这部分节约的费用通过产品价格降低的形式体现出来，那么就能够很容易形成一个正向的循环，“最后一公里”问题自然也就解决了。

3. 其他

此外，对于售后服务的问题电商解决起来就更加容易，因为互联网将当事人每一步的操作都进行了记录，不光产品可追溯，消费者的购买数据一样可追溯，而这对于传统农资销售渠道来说，如果农户丢失了发票，那追责及退换货是极难的事情。

对于农资生产企业，电商不仅为其提供了便利的产品销售方式，降低营销成本，而且对企业合理安排生产，减少库存积压有着重要的作用。电商通过互联网技术可以获取较为准确的农资需求数据，企业可根据市场需求来决定生产，并可以通过电商获取订单，从而解决盲目生产造成的损失。有些电商还可为企业提供金融服务，通过线上交易数据就能换取银行的信用贷款，企业再也不用为缺少资金周转发愁了。

参考资料

[1] 本刊编辑部，崔明理. 农业“触网”[J]. 农产品市场周刊，2014.

[2] 宋俊成. 农资电商如何做？三种可操作的农资电商模式分析[J]. 营销界(农资与市场)，2014.

[3] 张晶. 吉林省农产品电子商务发展研究[D]. 吉林农业大学，2014.

[4] 唐林. 农村小微企业电子商务对策研究[D]. 华中师范大学，2014.

[5] 朱弘博. 吉林省农业信息资源配置模式研究[D]. 中国农业科学院，2012.

[6] 潘云燕，潘玥. 吉林省新农村电子商务交易平台构建的可行性研究[J]. 无线互联科技，2013.

[7] 白雪. 吉林省农委积极推进农业电子商务成效显著[N]. 中国食品报，2013-01-14008.

[8] 刘玫君. 吉林商务助力企业行高志远[N]. 国际商报，2015-08-28B09.

第 4 篇　金融业电子商务网站

案例 26　支　付　宝

26.1　支付宝的简介

支付宝是全球领先的第三方支付平台，由阿里巴巴集团创办于 2004 年 12 月，致力于为用户提供“简单、安全、快速”的支付解决方案，旗下有“支付宝”与“支付宝钱包”两个独立品牌，自 2014 年第二季度开始成为当前全球最大的移动支付厂商。

支付宝主要提供支付及理财服务，涉及网购担保交易、网络支付、转账、信用卡还款、手机充值、水电煤缴费、个人理财等多个领域。在进入移动支付领域后，为零售百货、电影院线、连锁商超和出租车等多个行业提供服务，还推出了余额宝等理财服务。支付宝的互联网主页如图 26-1 所示。

图 26-1　支付宝的互联网主页

26.2　支付宝的发展历程

2003 年 10 月 18 日，淘宝网首次推出支付宝服务。

2004 年，支付宝从淘宝网分拆独立，逐渐向更多的合作方提供支付服务，发展成为中国最大的第三方支付平台。

2004年12月8日，浙江支付宝网络科技有限公司成立。

2005年2月2日，支付宝推出“全额赔付”支付，提出“你敢用，我敢赔”承诺。

2008年2月27日，支付宝发布移动电子商务战略，推出手机支付业务。2008年8月底，支付宝用户数首次达到1亿。2008年10月25日，支付宝公共事业缴费正式上线，支持水、电、煤、通讯等缴费。

2010年3月14日，支付宝又宣布其用户数正式突破3亿，这是国内第三方支付公司用户数首次达到3亿规模。从1亿用户增长到2亿用户，支付宝仅仅用了10个月，而从2亿增长到3亿，只用了9个月。2010年12月23日，支付宝与中国银行合作，首次推出信用卡快捷支付。

截至2012年12月，支付宝注册账户突破8亿，日交易额峰值超过200亿元人民币，日交易笔数峰值达到1.058亿笔。

2013年8月，用户使用支付宝付款不用再捆绑信用卡或者储蓄卡，能够直接透支消费，额度最高5000元。2013年11月17日，支付宝发布消息称，从2013年12月3日开始在电脑上进行支付宝转账将要收取手续费，每笔按0.1%计算，最低收费0.5元起，最高上限10元。

2014年6月19日消息，支付宝钱包与住建部合作推出城市一卡通服务，将NFC手机变身公交一卡通，可实现35个城市刷手机公交出行，目前覆盖城市包括上海、天津、沈阳、宁波等，暂不支持北京地区。

2015年，支付宝钱包8.5版，在钱包“探索”二级页面下，多了一个“我的朋友”选项，在进入转账界面后，就可以和对方直接发送文字、语音、图片等信息。

26.3　支付宝的主要产品

1. “支付宝实名认证”服务

“支付宝实名认证”服务是由支付宝(中国)网络技术有限公司提供的一项身份识别服务。“支付宝实名认证”同时核实会员身份信息和银行账户信息。通过“支付宝实名认证”后，相当于拥有了一张互联网身份证，可以在淘宝网等众多电子商务网站开店、出售商品，增加支付宝账户拥有者的信用度。

“支付宝实名认证”的类型：个人类型和公司类型。无论是个人类型还是公司类型，通过“支付宝实名认证”后都会带有相应的标志。

支付宝认证费用：支付宝认证不收费。

2. 支付宝卡通

“支付宝卡通”将用户的支付宝账户与银行卡连通，不需要开通网上银行，就可直接在网上付款，并且享受支付宝提供的“先验货，再付款”的担保服务。“支付宝卡通”的特点：

(1) 输入支付密码立刻充值或支付，不需开通网上银行。

(2) 自动帮助用户完成实名认证，即刻可以成为收款账户。

(3) 一个支付宝账户可以绑定多个银行和多张银行卡。

(4) 在支付宝网站可以随时查询银行卡内余额。

(5) 实时提现，真正零等待。

“支付宝卡通”是支付宝与工、建、招等超过 50 家银行联合推出的一项网上支付服务。输入支付宝密码就可以完成付款，不需要登录网上银行。办理成功即可在淘宝网马上开店。

3. 数字证书

“支付宝数字证书”是由支付宝公司通过与公安部、信息产业部、国家密码管理局等机构认证的权威机构合作，采用数字签名技术，颁发给支付宝客户用以增强支付宝客户账户使用安全的一种数字凭证，并根据支付宝客户身份给予相应的网络资源访问权限。

4. 支付盾

“支付盾”是支付宝公司推出的安全解决方案。“支付盾”(天威)是联合第三方权威机构天威诚信一起推出的安全产品，具有电子签名和数字认证的工具，用以保证网上信息传递的保密性、唯一性、真实性和完整性。

26.4 支付宝的特点

1. 支付宝的信誉机制

支付宝属于信用担保平台，是网上支付信用过程中起到信用担保和代收代付作用的平台，其运作的实质是以支付宝为中介，在买家确认收到合格货物前，由支付宝替买卖双方保存支付款的一个增值服务。支付宝在全球首创了“担保交易模式”，较好地解决了电子商务信用问题。

2. 支付宝的沉淀资金处理

消费者实现网上购物是实时付款，而支付宝支付给网店的货款则是按周或月度结算。根据淘宝网公布的数据，2010 年其交易额为 4000 亿元，那么，即使是按照活期存款 0.5% 的利息计算，仅利息一项，支付宝一年就可以拿到 2800 万的净收入，再加上买家账户中的预存资金，银行人士估计支付宝一年的沉淀资金就可达上百亿元，利息收入可达上亿元。

2011 年 11 月 4 日，央行起草了《支付机构客户储备金存管暂行办法(征求意见稿)》，其中第三十四条及第三十五条明确规定，客户备付金利息，即沉淀资金利息除必须计提不低于 10%的风险准备金以外，剩余的近九成利息收入全部可归属第三方支付机构。

《支付机构客户备付金存管暂行办法(征求意见稿)》第五条规定，支付机构接受的客户备付金，应当与支付机构的自有资金分户管理。客户备付金应当全额存放在备付金银行账户，且只能用于客户委托的支付业务。

3. 支付宝与电子商务的结合

通过支付宝的“担保”，一举解决了互联网上买卖双方互不信任的难题。在支付宝出现的前后五年时间中，可以看到中国网络购物市场规模的巨大变化。支付宝的推出是此后淘宝得以迅速发展的主要原因。支付宝巨大的用户数和交易量足以说明第三方支付已经成为重要的电子商务基础设施。

4. 支付宝与网银支付的竞合关系

超级网银是央行 2009 年研发的标准化跨银行网上金融服务信息化平台，其最大的特点是使跨行转账、跨行支付等业务实现实时转账，能为个人和单位用户提供跨行的实时资金汇划、跨行账户信息查询、在线签约业务等当下支付系统无法实现的跨行扣款、第三方支付、第三方预授权等业务。

银行作为传统金融行业的巨头显然具备很高的自信度，与银行合作会大大降低支付宝的风险。同时，银行的技术远远领先于目前国内的第三方支付平台，跟银行合作可以得到银行的技术支持。

参 考 资 料

[1] 武汉理工大学公开课. 第三方在线支付模式：以支付宝为例. http://www.shangxueba.com/gongkaike/p1_488917.html.

[2] 张春燕. 第三方支付平台沉淀资金及利息之法律权属初探：以支付宝为样本[J]. 河北法学，2011.

[3] 郭颖. 网络第三方支付平台监管法律规制：以支付宝为例[J]. 商业管理，2014.

[4] 董莉. 支付宝：从支付工具到场景平台[J]. IT 经理世界，2015.

案例 27　拍　拍　贷

27.1　拍拍贷的简介

拍拍贷成立于 2007 年 6 月，公司全称为“上海拍拍贷金融信息服务有限公司”，总部位于上海，现有员工逾 1000 人。拍拍贷是国内首家 P2P 纯信用无担保网络借贷平台，同时也是第一家由工商部门批准，获得“金融信息服务”资质的互联网金融平台。除普通散标投资项目外，还为用户提供拍拍宝、拍小宝两款组合投资工具，方便用户使用。

截至 2015 年底，拍拍贷平台注册用户达 1211 万，服务覆盖全国 98%的地区，无论从品牌影响、用户数、平台交易等方面均在行业内占据领先位置。拍拍贷的互联网主页如图 27-1 所示。

图 27-1　拍拍贷的互联网主页

27.2　拍拍贷的发展历程

2012 年 4 月 16 日，“拍拍贷”在上海工商局的支持下，正式特批更名为“上海拍拍贷金融信息服务有限公司”。“拍拍贷”是 P2P 网络借贷行业内第一家拿到金融信息服务资质的公司，并且在经营范围里面有了内容更为广泛的“金融信息服务”。

2012 年 12 月 21 日，由上海市信息服务业行业协会发起的网络信贷服务业企业联盟成立。这是国内首家网贷企业联盟，上海市委常委、副市长屠光绍和上海现代服务业联合会会长周禹鹏为联盟揭牌。“拍拍贷”成为联盟创始成员之一。

2013 年 12 月 3 日，加入互联网金融业界专业组织“互联网金融专业委员会”。该委员会是由央行下属支付清算协会牵头与“拍拍贷”等 75 家机构共同发起的，组织成员囊括了四大国有银行在内的 18 家国内最具实力的商业银行，支付宝、腾讯等国内知名互联网企业、清华五道口金融学院等知名研究院校，是第一个真正的由监管部门参与的行业组织。

2014 年 4 月 9 日，“拍拍贷”完成数千万美元的 B 轮融资，该轮融资由光速安振领投，红杉资本和诺亚财富跟投。“拍拍贷”也成为业内首家完成 B 轮融资的企业。

27.3　拍拍贷的服务特点

1. 平台定位

“拍拍贷”为有资金闲余的人(投资人)和有资金需求的人(借款人)提供一个中间的服务平台。

对投资人的服务：对借款人进行风险审核，降低投资人的风险。

对借款人的服务：通过平台帮助借款人募集资金。

平台的盈利模式：收取中间的服务费。

操作流程：借款人通过线上提供个人或企业资料向“拍拍贷”提出借款需求，“拍拍贷”对借款人的资料进行风险审核。当借款人满足借款条件，平台将在线上发布一个借款需求，这时，投资人可以看见借款项目的一定资料，投资人可以根据自己的个人喜好对借款项目进行投资，当借款项目募集满时拍拍贷将进行复审，确保信息无误，将募集的资金一次划转到借款人的线上账户，借款人可以申请提现，项目到期后借款人按时通过线上还款即可。

2. 借款用途以及借款利率

2013 年“拍拍贷”的用户中近四成是电商用户，他们注明的目的多是“短期周转”，提供的利率往往高达 20%以上，紧随其后为个人消费。“拍拍贷”2013 年借款用途分布如图 27-2 所示，拍拍贷不同利率资金投标金额占比如图 27-3 所示。

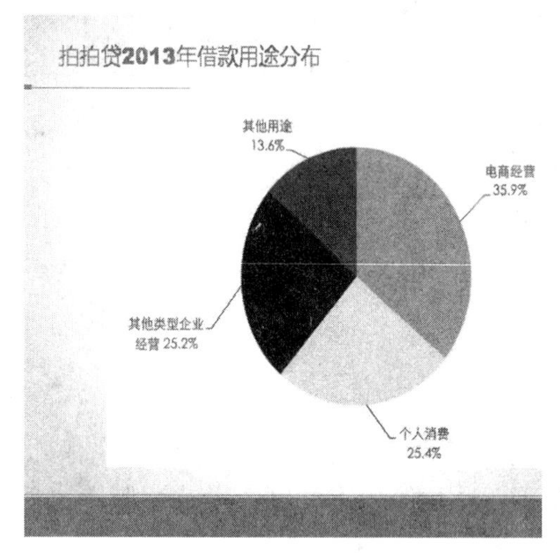

图 27-2　“拍拍贷”2013 年借款用途分布

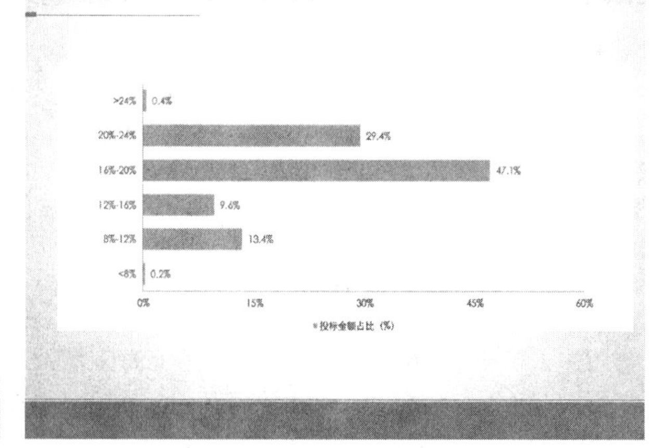

图 27-3　拍拍贷不同利率资金投票金额占比

3. 盈利模式及资费标准

除去向用户收取的账户管理费和充值手续费等成本，“拍拍贷”的利润来自于成交服务费，对 6 个月或其以下的借贷收取 2%，6～12 个月收取 4%。拍拍贷的盈利模式及资费标准如图 27-4 所示。

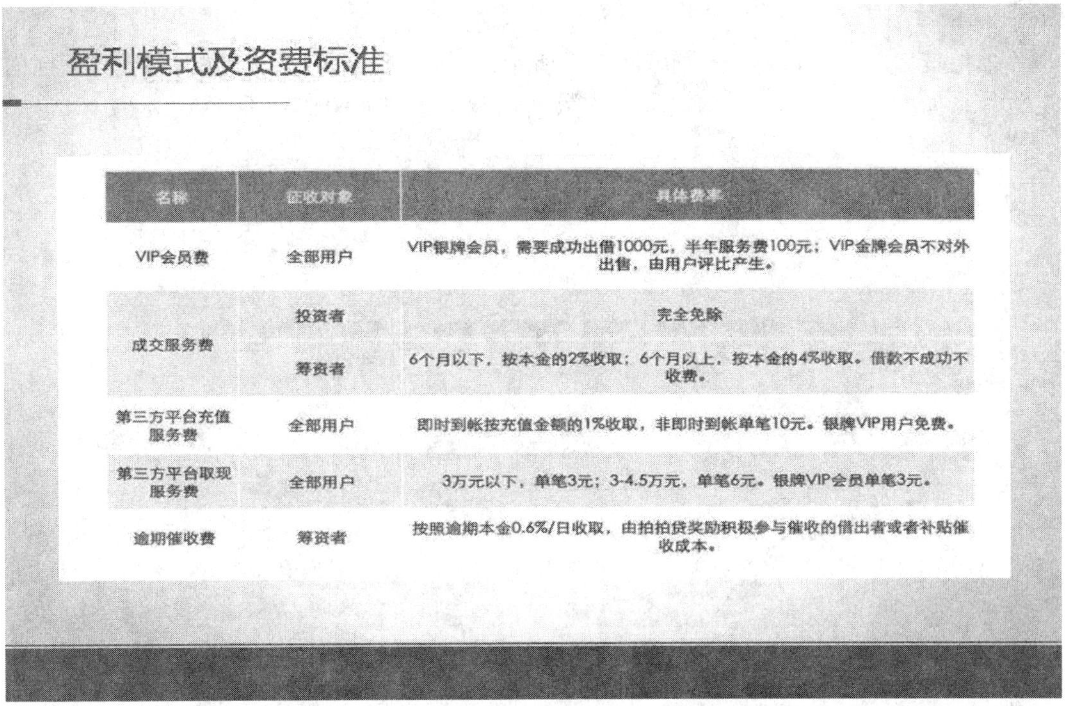

盈利模式及资费标准

名称	征收对象	具体费率
VIP会员费	全部用户	VIP银牌会员，需要成功出借1000元，半年服务费100元；VIP金牌会员不对外出售，由用户评比产生。
成交服务费	投资者	完全免除
	筹资者	6个月以下，按本金的2%收取；6个月以上，按本金的4%收取。借款不成功不收费。
第三方平台充值服务费	全部用户	即时到帐按充值金额的1%收取，非即时到帐单笔10元。银牌VIP用户免费。
第三方平台取现服务费	全部用户	3万元以下，单笔3元；3-4.5万元，单笔6元。银牌VIP会员单笔3元。
逾期催收费	筹资者	按照逾期本金0.6%/日收取，由拍拍贷奖励积极参与催收的借出者或者补贴催收成本。

图 27-4　“拍拍贷”的盈利模式及资费标准

4. 2008～2013 年交易规模、营收规模的变化

2008 年至 2013 年“拍拍贷”的交易额变化如图 27-5 所示。

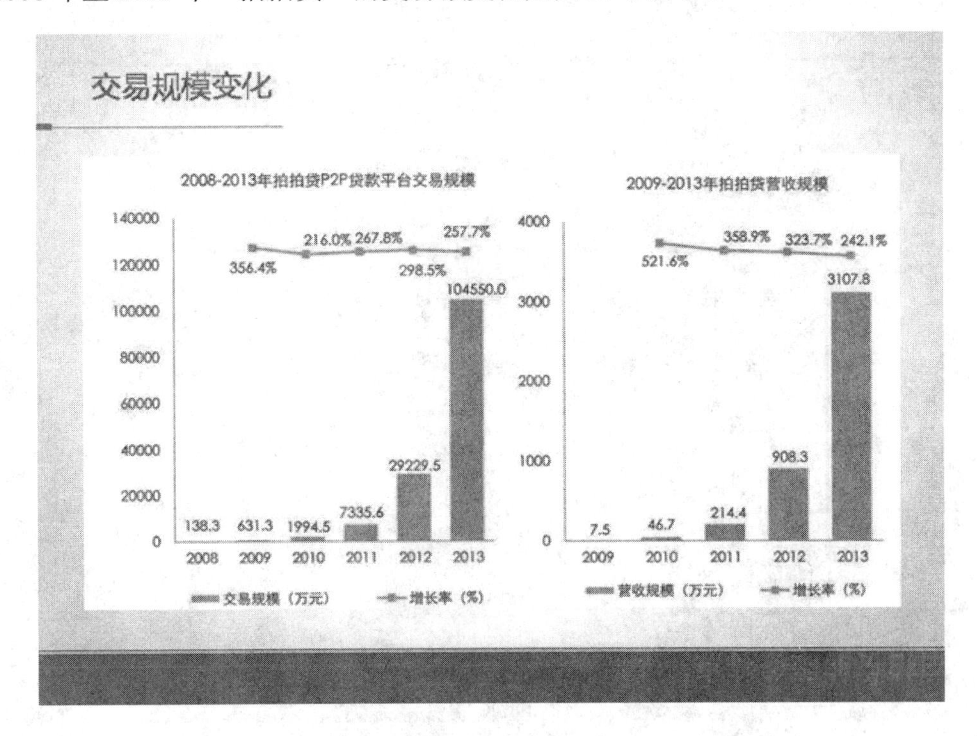

图 27-5　2008 年至 2013 年“拍拍贷”的交易金额变化

5. 风险控制

“拍拍贷”的风险审核流程如图 27-6 所示，“拍拍贷”的基于互联网和大数据征信风险定价体系如图 27-7 所示，“拍拍贷”的数据来源示意图如图 27-8 所示。

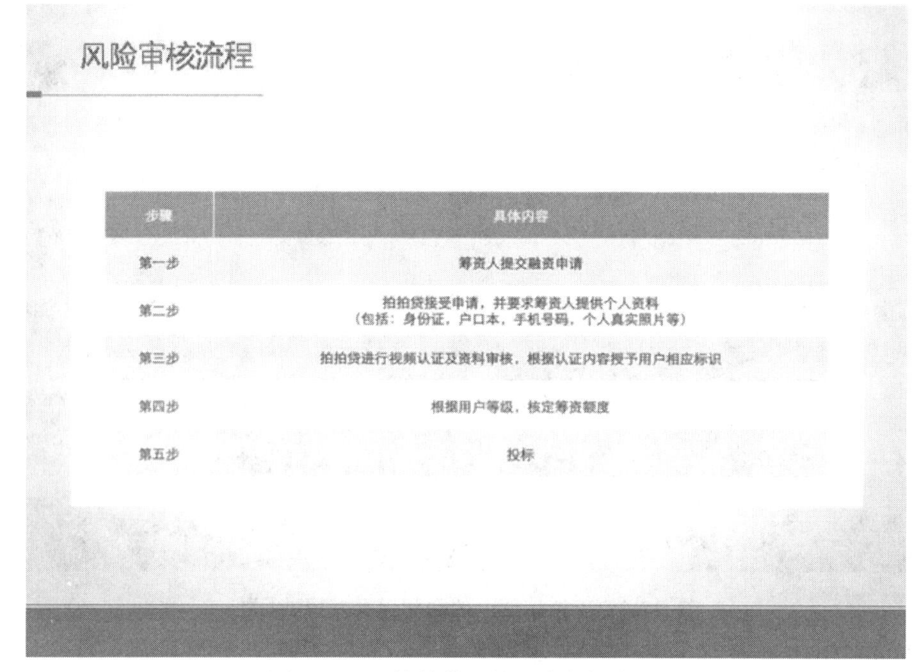

步骤	具体内容
第一步	筹资人提交融资申请
第二步	拍拍贷接受申请，并要求筹资人提供个人资料 （包括：身份证，户口本，手机号码，个人真实照片等）
第三步	拍拍贷进行视频认证及资料审核，根据认证内容授予用户相应标识
第四步	根据用户等级，核定筹资额度
第五步	投标

图 27-6　“拍拍贷”的风险审核流程

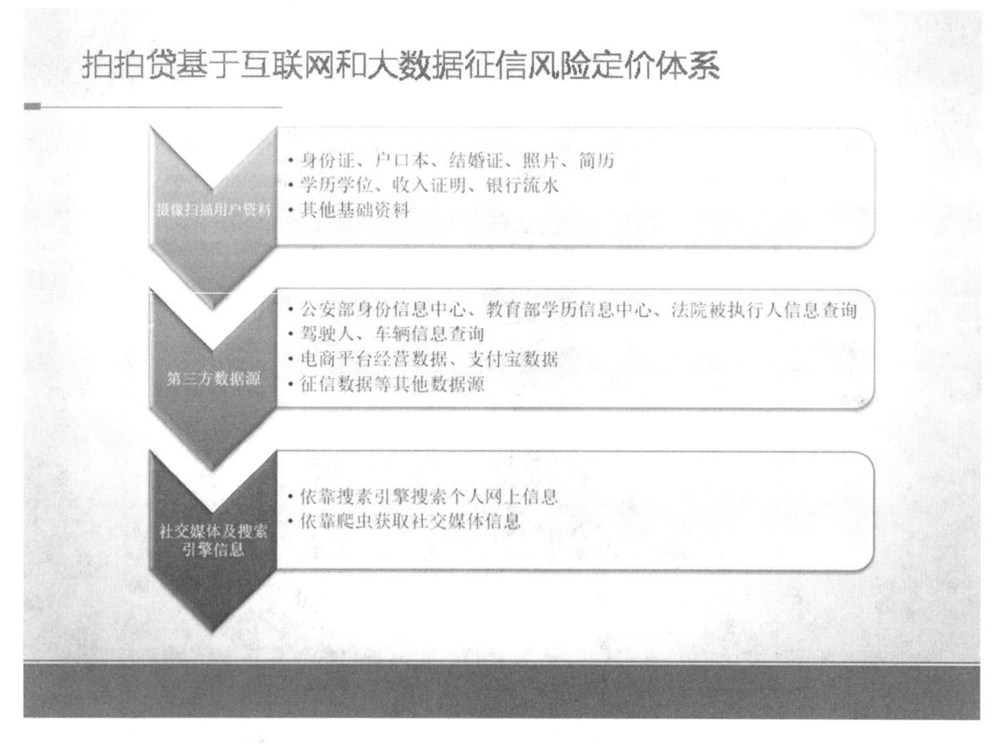

图 27-7　“拍拍贷”的基于互联网和大数据征信风险定价体系

数据来源体系示意图
慧聪网
DHgate.com
电商平台数据
其他互联网数据
快速注册
用户提交数据
用户线上行为数据
拍拍贷
PPDAI.COM
数据共享
其他P2P平台
其他P2P平台

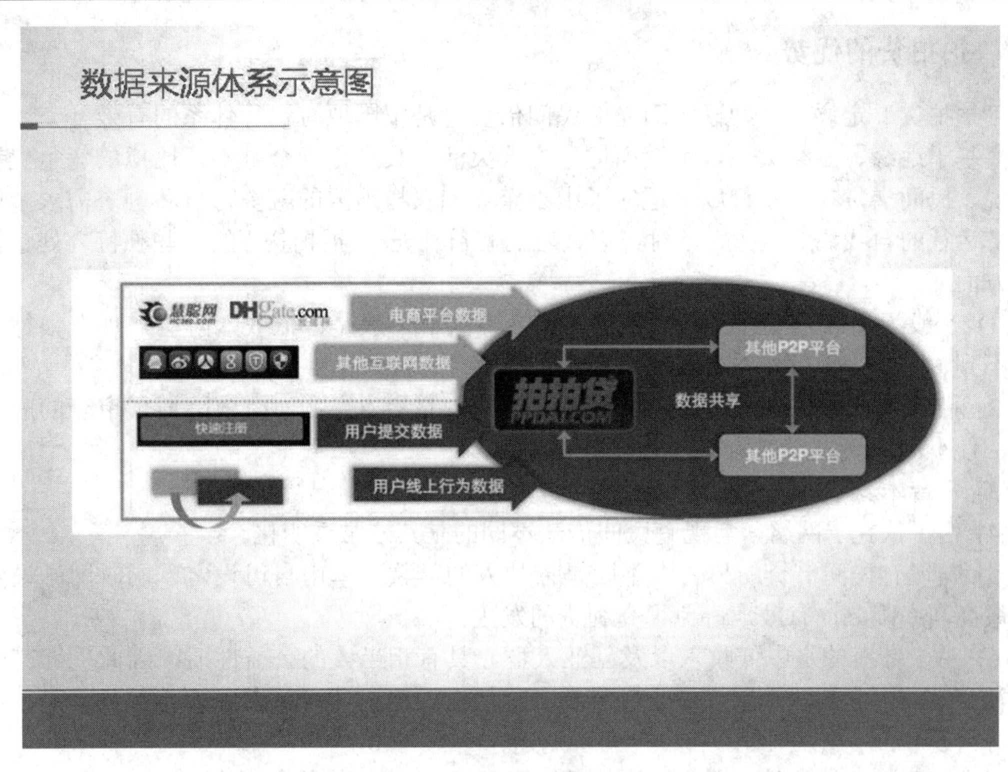

图 27-8　“拍拍贷”的数据来源示意图

6. 拍拍贷的不良贷款处理

拍拍贷的不良贷款处理如图 27-9 所示。

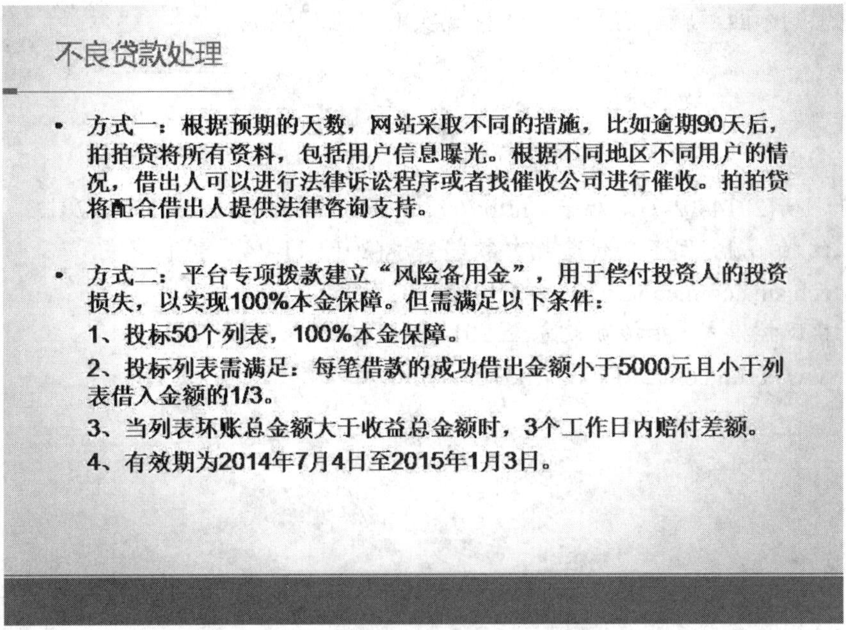

不良贷款处理
• 方式一：根据预期的天数，网站采取不同的措施，比如逾期90天后，拍拍贷将所有资料，包括用户信息曝光。根据不同地区不同用户的情况，借出人可以进行法律诉讼程序或者找催收公司进行催收。拍拍贷将配合借出人提供法律咨询支持。
• 方式二：平台专项拨款建立“风险备用金”，用于偿付投资人的投资损失，以实现100%本金保障。但需满足以下条件：
1、投标50个列表，100%本金保障。
2、投标列表需满足：每笔借款的成功借出金额小于5000元且小于列表借入金额的1/3。
3、当列表坏账总金额大于收益总金额时，3个工作日内赔付差额。
4、有效期为2014年7月4日至2015年1月3日。

图 27-9　拍拍贷的不良贷款处理

27.4　拍拍贷的优势

“拍拍贷”定位于一种透明阳光的民间借贷，是中国现有银行体系的有效补充。民间借贷多基于地缘、血缘关系，手续简便、方式灵活，具有正规金融不可比拟的竞争优势，可以说，民间借贷在一定程度上适应了中小企业和农村地区的融资特点和融资需求，增强了经济运行的自我调节能力，是对正规金融的有益补充。“拍拍贷”的一些独特之处包括以下几方面：

(1) 一般为小额无抵押借贷，覆盖的借入者人群一般是中低收入阶层，现有银行体系覆盖不到，因此是银行体系必要和有效的补充。

(2) 借助了网络、社区化的力量，强调每个人的参与，从而有效降低了审查的成本和风险，使小额贷款成为可能。

(3) 平台本身不参与借款，更多做的是信息匹配、工具支持和服务等。

(4) 由于依托于网络，与现有民间借款不同的是其非常透明化。

(5) 与现有民间借贷的另一大不同是借款人的借款利率由自己设定，同时网站设置了法定最高利率限制，有效地避免了高利贷的发生。

(6) 由于针对的是中低收入以及创业人群，具有相当大的公益性质，因此能够产生较大的社会效益，它解决了很多做小额贷款尝试的机构组织 NGO 普遍存在的成本高、不易追踪等问题。

现在业界对“拍拍贷”商业模式的看法褒贬不一，“拍拍贷”没有保障，普遍的投资者不能接受，这也是“拍拍贷”自 2007 年创建到目前成交量还比不上创建一年的有保障的平台，但在一定程度上，“拍拍贷”之所以能持续运作这些年，就是因为不采用给投资人保障的模式，大大降低了初期平台的运营成本。这种商业模式可能是一种理想的商业模式，但往往越是理想的东西，就越需要面对各种现实的困难和挑战。

参 考 资 料

[1]　拍拍贷调研(2014-12-7)，知乎：http://www.zhihu.com/question/19812201.

[2]　被孤立的拍拍贷：因不垫付逾期欠款陷窘境(2012-11-24)，新浪科技.
http://tech.sina.com.cn/i/2012-11-24/01247827195.shtml.

[3]　P2P 贷款风控模式：拍拍贷最危险(2014-3-31)，新浪财经.
http://www.ebrun.com/20140331/95183.shtml.

案例 28　上 海 众 牛

28.1　上海众牛的简介

上海众牛网络科技有限公司(以下简称“众牛”)成立于 2013 年 12 月 31 日，主营互联网金融，兼营计算机软件开发。不管是对于电子商务，还是对众筹行业来说，众牛都是一个“新人”，还处于起步阶段，规模较小，其员工仅有 20 人左右。公司业务主要包括众筹平台青橘众筹(见图 28-1)、筹道股权(见图 28-2)和针对安卓手机用户的众牛浏览器，其中众牛浏览器于 2014 年 6 月初已经停止更新，而青橘众筹、筹道股权却快速发展，这是众牛一个重要的转折节点：不再发展计算机软件开发的业务，而一心做起了众筹平台。

图 28-1　青橘众筹网页

图 28-2　筹道股权主页

28.2 众牛的运营与发展

众牛的发展脉络比较清晰(见表 28-1)，2013 年 10 月“中国梦网”上线，11 月底至 12 月初改名为青橘众筹，2014 年 12 月 9 日筹道股权正式上线，不过才短短一年多的时间。众牛曾因作为首个支持比特币支付的众筹网站而受到了比特币世界及互联网媒体的关注，也因与起点中文合作而得到网络文学爱好者的青睐。这些认可既是公司的成绩，也从某种程度上反映了公司之前放弃其他业务而一心发展众筹平台的正确性。

表 28-1　众牛发展轨迹

时　间	主 要 事 迹
2013 年 10 月	中国梦网上线
2013 年 11 月底 12 月初	中国梦网改名青橘众筹
2013 年 11 月 18 日	青橘众筹宣布成为首个支持比特币支付的众筹网站，参与捐助的众筹项目“关注留守儿童的新年愿望”提前 10 天众筹成功，完成度 101%
2013 年 11 月 21 日	蝴蝶蓝在其平台上发起众筹出版《全职高手》纪念画册，项目最终筹资完成度 181%
2014 年 3 月 28 日	青橘众筹与国内最大的网络文学平台起点中文网合作成立“起点圆梦开放平台”，得到网络文学爱好者的青睐
2014 年 12 月 9 日	筹道股权上线

在营销上，众牛采取了热门电视节目合作和网络微营销相结合的策略，现已开通了微信、微博等公众号，并与浙江卫视、京华时报、起点中文、中国梦想秀、CCG EXPO、私人订制、第一财经周刊、零壹财经、魔豆、控哪儿网、缘创派、爱合伙、众筹中国、上海国际科普产品展览会等建立了合作关系。其中比较显著的是“青橘众筹”携手浙江卫视《中国梦想秀》为梦想发起人提供平台、资金、宣传和数据支持，已成功资助了周玉阳老师、菜刀老师、蓝嘴唇、柏剑老师、小星欣等梦想成员，这大大提高了青橘众筹(中国梦网)的知名度。同时，首席执行官管晓红充分利用自身的优势，借助媒体访谈等机会极力宣传公司的产品、理念、目标等，让大众有机会逐渐认识、接受公司的产品。

总体上，众牛的发展趋势还是相当乐观的。在当今电子商务及互联网金融如火如荼之际，作为一个刚刚起步、正在发展并且势头不小的互联网企业，对其进行系统式的分析还是很有实际意义的。

28.3 众牛的众筹布局

从青橘众筹到筹道股权，中间隔了一年多之久，可见“众牛”并不是一开始就设定好了未来的步子，而是在不断的摸索中形成了自己的战略布局——先青橘后筹道。

青橘众筹，主要为项目发起人提供一站式项目筹资、产品运营发布、意见反馈、投资孵化等服务，是众牛的先驱众筹平台。

筹道股权，注册于上海自贸区，专注于 TMT(Telecommunication、Media、Technology)领域创新企业的股权众筹，并专门吸收青橘已成功的项目继续进行众筹。同时，筹道股权也是中国证券业协会首批 8 家股权众筹认证会员之一，是上海浦东新区唯一一家从事股权众筹的平台，亦是全国最早开始互联网股权众筹的企业之一。

“众牛”这一独创的布局即递进式众筹，我们将在下面的章节中作为平台特点来具体阐述。众牛的众筹布局图如图 28-3 所示。

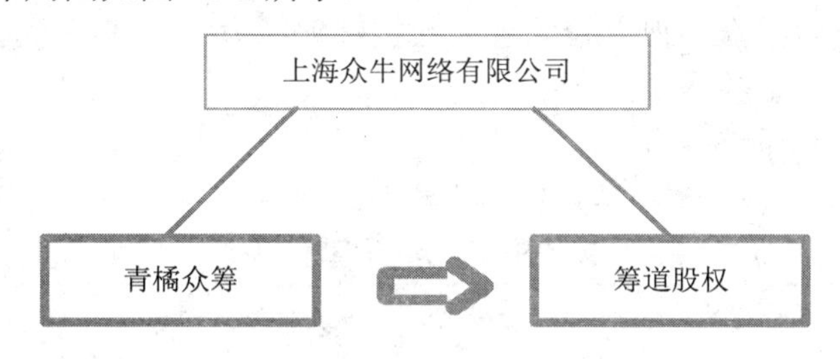

图 28-3　众牛的众筹布局图

28.4　平台特点

“众牛”以青橘众筹和筹道股权两个平台为依托，首创递进式众筹模式。前者以商品众筹为主，后者则专门做股权众筹，二者相辅相成自成体系。

递进式众筹模式，即在青橘众筹的基础上通过严格的数据分析系统和阈值筛选系统，根据项目立意、项目进度、用户跟踪、筹资额度等标准对项目进行初步评估和漏斗式筛选，通过筛选后的项目才能进入筹道股权进行股权众筹。项目从初选到青橘众筹平台上发布，上线率不会超过 20%，而从青橘众筹到筹道股权，上线率将再降低至前者的 20%。为此，众牛针对青橘众筹专门成立了一个专业的评估团队，对项目进行各方面评析，筹道股权亦建立了完整、严谨的项目数据模型，并通过各项完善的数据来评估股权众筹项目的质量指标。这大幅降低了投资风险，引导科学投资，使投资人能够更客观、更真实、更理性地判断出股权众筹项目的投资潜质。递进式的众筹模式的确加强了项目的监管，从而降低了一般股权众筹平台中项目夭折的风险，大大提升了股权众筹的可靠性。

同时，对于缺少启动资金的小微企业和团队，青橘将以平台的身份到市场上寻找如市场推广公司、会计事务所、律师事务所等第三方合作伙伴，以六至七折的服务价格将具有可靠资质的合作伙伴与平台项目对接，在此过程中，青橘不会与第三方产生任何金钱关系。而任何一个在青橘平台上发起的项目，平台关注者的数量、关注的入口渠道、点击量，青橘都会及时进行跟踪，并将结果反馈给项目发起人。

对比较了解众筹的部分民众进行的调查显示：80%的受访民众表示比较看好这一模式，只有 20%的受访民众持保守态度。同时在行业内，许多相关人士也表示非常期待众牛这两大平台未来的发展。这表明，众牛这一独创的模式的确为众筹领域开辟了崭新的道路。

除了首创递进式众筹外，众牛还有两大特点也是至关重要的，一是三大运营体系(见表 28-2)，二是两大俱乐部(见表 28-3)的建立。

表 28-2　三大运营体系

阈值筛选体系	沉淀符合筹资额度、用户分析及数据跟踪的数据信息支撑产品漏斗体系的完善
虚拟服务商体系	通过 360 度资源整合，为项目发起人打造一站式管家服务
数据分析推送体系	通过精准的数据分析，为发起人提供更有参考价值的数据来源和分析

三大运营体系的建立和完善，有利于逐步建立完善的信用和评价体系，让项目的成功众筹变得不再那么艰难，也替项目发起者解决了许多不可避免的问题，并最终为递进式平台提供了切实的依据和保障。另外，由于三大体系都需要平台对项目相关数据的搜集、整理、分析和应用，这要求众牛得有较完善的数据管理能力，否则三大体系是否能够真的实现期待的效果将成为未知数。

三大系统作为内部系统，有它不可替代的作用，而两大俱乐部的建立则加强了平台的吸引力与凝聚力。

表 28-3　两大俱乐部

筹天使俱乐部	筹道股权特有的众筹代理模式，来筹天使引入创新项目或创新投资，就有机会获得丰厚的激励与回报
筹道会俱乐部	前身“青橘大课堂”，拥有金牌资深创投导师、行业尖端评论者和策划师，定期举办线上路演、线下沙龙活动，加入筹道会就能享受量身定制的独特权益，享受令人惊喜的积分和红利等服务

两大俱乐部的建立意在吸引和维持投资人、项目发起人的持续关注，增加双方的黏性，既给投资人和项目发起人建立了日常联系，又能给项目发起人提供必要的机会和宝贵资源。随着两大俱乐部的运营，也培养了一大批众牛的忠实粉丝，这些粉丝只要达到一定数量，也将带来真实的经济效益，是众牛长远布局的一步妙棋。

28.5　两大效益

众牛网络科技两大众筹平台上线至今，经过发展，所产生的经济效益和社会效益是十分明显的，也为行业电子商务及互联网金融的发展积累了不少有益的经验。

经济效益上，两大众筹平台给众牛本身、投资人和项目发起人带来了许多或明显或潜在的经济效益。对于平台来说，最直接的经济效益主要来自于使用众筹平台的投资人、项目发起人提供的资源和回报，为商户提供的信息发布费、网站及各种方式的广告费和产品宣传服务费等。间接经济效益主要来自于信息服务费、技术服务费，以及未来互联网金融的成功运作带来的市场升值的收入等。

社会效益上，两大众筹平台的建立不仅能够带动行业的发展，而且还能推动改造传统行业的结构和模式，促进新兴科技产业、文化产业、服务业的发展。具体来说，所取得的社会效益主要有如下四个方面：

(1) 确立了有形市场与无形市场共同发展的理念。依托中国互联网金融市场产生和发展起来的众筹平台，经过不断实践和探索，明确了平台的发展定位：充分利用中国互联网金融市场初级阶段的有利环境，抓住机遇，以公共信息服务与商务电子化为服务手段，实现有形市场与无形市场的有效联动，逐步完善和健全平台进入体系、网上支付体系和营销体系，努力把众牛的两大众筹平台真正打造成为一个具有鲜明特色的网上市场，逐步跻身于国内一流的众筹平台。

(2) 初步形成了中国互联网上的众筹市场。众牛众筹依托中国互联网汇集全国各地的项目信息及投资人，每天在第一时间对各地的项目信息进行搜集、整理，成为众筹平台的核心信息来源。平台上的项目涵盖文化、科技、公益、活动等方方面面，为投资人投资提供了极大便利。平台独立开发建立的三大运营体系规范了项目众筹的要求与标准，为众筹的成功奠定了基础。

(3) 打造中国众筹市场的资讯中心。众牛众筹开发了手机 APP，定期举办项目路演，为投资人和项目发起人牵桥搭线。为使投资人能够真实有效掌握市场行情，众牛众筹平台上实行了信息资源共享，使项目信息透明客观。

(4) 推动创新创业的发展。近几年来国家政府极力号召和推动创新创业的发展，众牛众筹作为项目众筹的平台，积极响应国家号召，努力发掘和支持创业者，为其提供专门服务，助其众筹成功。这也为广大有想法或项目但缺乏资源的创业人提供了一个机遇，极大地推动了创新创业的发展。

28.6　众牛的困境

筹道股权 2014 年底才上线，可供参考的数据比较少，还很难做出比较有说服力的分析。但是从目前的状态来看，由于递进式的众筹模式，在筹道股权上线的都是经过青橘众筹筛选过的项目，是得到市场认可的，所以 4 个上线项目中三个已经筹资成功并有两个已完成交割，另外一个筹资已接近 50%。这从事实上证明，众牛提出的递进式众筹的确取得了一定的效果，未来是否会有更惊喜的发展，还需要实践的检验才能知晓。

青橘众筹至今已累计筹资成功达 29 218 496.5 元人民币，其中上线的项目总共有 394 个，筹资成功 108 个，成功率约为 27.5%，在同行业中属于中等地位。

图 28-4 中的数据搜集于 2014 年第二季度。青橘众筹在国内众筹平台中已经排到第五名，项目成功率达到 82.8%。这种情况说明，青橘众筹在过去的几年中取得了较大的发展。

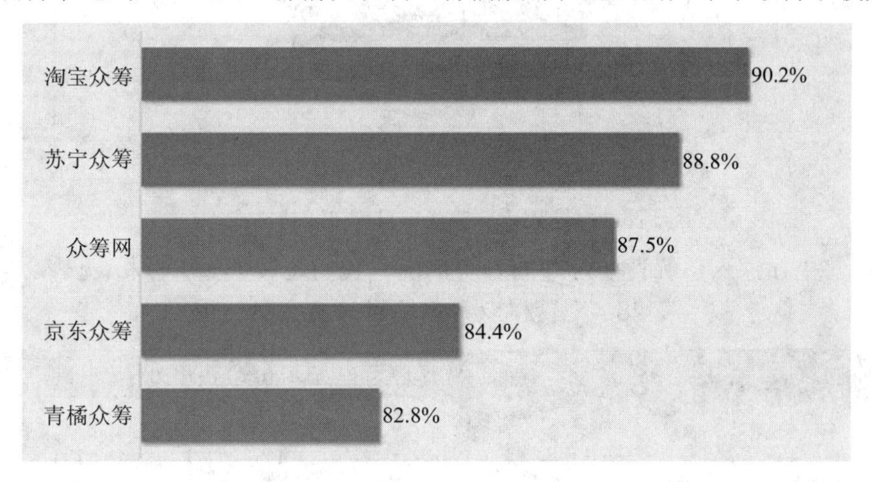

图 28-4　2015 年第 2 季度国内众筹平台项目成功率

(数据说明：项目成功率=各平台的项目成功数/各平台的项目总数

数据来源：比达(BigData Research)数据中心)

据调查统计，在青橘众筹筹资成功的 108 个项目中，各项目比重失衡严重，其中文化项目是众多项目中比例最高的，其后依次是活动、科技、公益、游戏。而这一特点又和国内其他众筹平台不谋而合，可见这也是当今国内众筹行业中普遍的特点，数据如图 28-5 和图 28-6 所示。

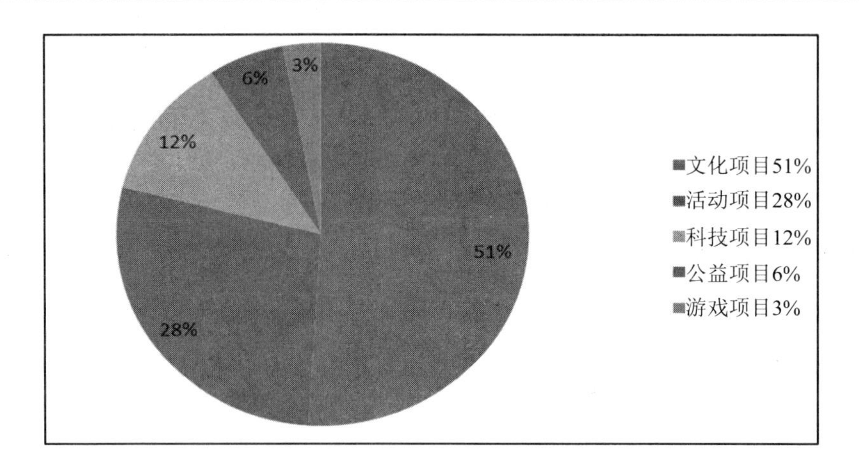

图 28-5　青橘众筹各项目筹资成功比重

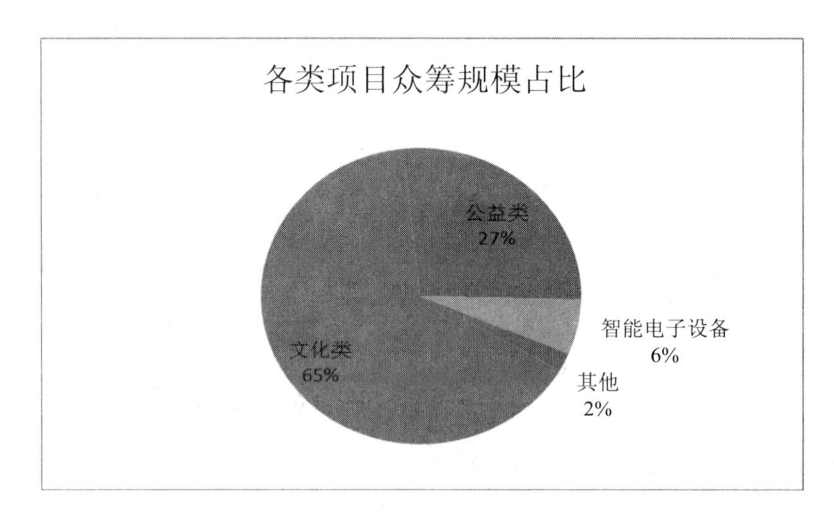

图 28-6　国内众筹各项目筹资成功比重

为了能够更加深入了解青橘众筹的筹资情况，我们还做了如下分析(见表 28-4)：

表 28-4　青橘众筹各项目筹资金额比重

项目/筹额比例	<1千元	1千元～1万元	1万元～10万元	10万元～1百万元
文化	2%	10%	26%	14%
游戏	——	19%	1%	1%
科技	1%	4%	3%	3%
公益	——	3%	3%	——
活动	13%	11%	5%	——

项目/筹额比例	>1千万	1百万～2百万
文化	——	1%
游戏	——	——
科技	1%	1%
公益	——	——
活动	——	——

(1) 活动项目的众筹金额稳定在较低的水平，这样就解释了为什么活动项目众筹成功比重仅次于文化项目，活动项目的众筹金额不高，更容易众筹成功。

(2) 基本上所有的项目都在1千到10万元之间，说明大部分众筹项目都属于小额众筹，项目本身也大都属于产品众筹，项目较小。

(3) 文化和科技项目均出现了高额众筹，尤其是科技项目，最高众筹额已经超过1千万，虽然高额众筹的风险性更高，但是科技项目和文化项目本身的潜在价值也是最高的。

(4) 游戏项目也是众筹金额比较高的一类项目，现今网民的逐年增多以及全民游戏的特点，游戏项目总数虽然少，但其回报和利润也是比较容易预测和可观的，风险性较低，因此众筹相对容易。

(5) 公益项目始终是众筹中的弱项，没有利润诱惑的项目在市场中还是处于劣势，部分众筹成功的公益项目大都是依靠主办方、政府、公益组织的大力宣传，投资方也基本来源于公益性质的组织或个人，有一定的局限性。

28.7　众牛与其他平台的比较分析

众牛的两大众筹平台在前面已经有过很详细的介绍，这里不再赘述。

京东众筹是京东电商于2014年7月上线的众筹平台，主要进行商品众筹，依托京东电商平台，用户量增长很快，至2014年底其总筹款金额达12 235万，占全国总众筹金额45.23%，成为全国第一大众筹平台。

淘宝众筹是阿里巴巴旗下的众筹平台，于2014年3月正式上线，同样依靠中国最大电商淘宝网的客户资源推广众筹项目，至2014年底成功筹款3916万，占全国众筹总金额的14.48%，众牛与两大众筹平台的对比如表28-5所示，国内15家众筹平台成功筹款总额比较如图28-7所示。

表28-5　众牛与两大众筹平台的对比

公司名称	筹道股权	青橘众筹	京东众筹	淘宝众筹
上线时间	2014年12月	2013年10月	2014年7月	2014年3月
众筹模式	股权众筹	商品众筹	商品众筹	商品众筹
主要项目类型	出版、音乐、影视、游戏、科技、公益、动漫	科技、活动、出版、设计	科技、农业、动漫、设计、工艺、娱乐、影音、书籍、游戏	智能硬件、流行文化、生活美学、公益
筹资项目总数(个)	16	401	301	544
成功项目数(个)	4	113	244	386
参与投资人数(个)	180	40 000	591 742	585 933
预期募集金额(万)	5980	10 366.06	1185.91	2372.77
已募集金额(万)	1115	2923.23	14 716.39	6354.01
募集成功率(%)	18.6%	28.2%	1240.9%	267.8%

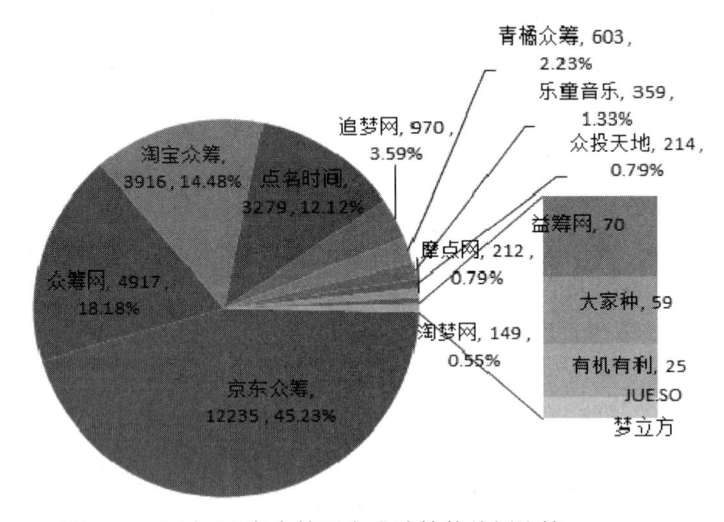

图 28-7　国内 15 家众筹平台成功筹款总额比较

经过分析，可知：

(1) 目前主要众筹平台大多依附于电商网站，依靠电商平台的知名度提高市场份额和融资金额，尚没有专业的众筹网站，众牛网络由于成立时间比较晚，没有电商平台作为依托，导致其知名度较低，发展较为缓慢，募资成功率较低。

(2) 市场份额较大的众筹平台主要是商品众筹，并且以返还式的商品以及服务众筹为主，缺乏长期的股权分红模式，这并不利于多数筹资项目日后的继续发展。

(3) 我国商品众筹占比过高，许多投资者仅仅为了短期的效益而忽视了项目的长期发展。

(4) 众牛两大平台上线时间较其它众筹平台上线时间晚，市场知名度较低，并且缺乏良好的宣传和众筹发售渠道。许多大型的电商平台依靠其电商背景和大量的用户数量可快速推广其众筹项目，如支付宝的“娱乐宝”利用支付宝的平台进行众筹，筹集资金用于拍摄电影，中国好声音等活动；京东商场在 APP Store 上线了“京东众筹”、“京东金融”等 APP 软件，方便用户参与众筹。

(5) 投资者对于众筹项目的成功率、未来发展前景和盈利能力等方面都没有很好的了解渠道，这也是阻碍大众参与众筹的因素之一。

参 考 资 料

[1] 从青橘众筹完成首个千万级融资看众筹平台的潜力，百度文库. http://wenku.baidu.com/view/881e5543b90d6c85ec3ac684.html.

[2] 青橘众筹的商业模式，百度文库. http://www.wenkuxiazai.com/doc/ cc4eb2e5ddccda38376baff6.html.

[3] 零壹财经《中国众筹行业 2014 年度简报》，知乎. http://www.zhihu.com/question/21022884

[4] 华讯财经. 众牛金融牵手赢多多 开辟互联网理财大整合大营销时代[EB/OL](2015-5-14)[2015-9-14]. http://money.591hx.com/article/2015-05-14/0000350428s.shtml

案例 29　众 安 保 险

29.1　众安保险简介

众安在线保险公司(简称众安保险)，由阿里巴巴的马云、中国平安的马明哲、腾讯的马化腾联手设立，于 2013 年 9 月通过保监会的监督审核，同年 11 月于复旦大学举行挂牌仪式。众安保险的投资者如图 29-1 所示。

众安保险注册地位于上海，全国范围内均不设立任何分支机构，完全通过网络进行销售和理赔服务。这是中国平安在互联网金融上的一次创新尝试。

众安保险定位护航互联网生态。成立不到一年的时间，其累计服务客户超过 2 亿。截至 2016 年 05 月 31 日，众安保险累计服务客户数量超过 4.14 亿，保单数量超过 45.83 亿，在 2015 年双十一，更是创造了 2 亿张保单、1.28 亿保费的记录。图 29-1 是众安保险的三个投资者，图 29-2 是众安保险的互联网首页。

图 29-1　众安保险的投资者

图 29-2　众安保险的互联网首页

29.2　众安保险的三大股东

表 29-1 对众安保险的三个投资者的优势、劣势和机会进行了对比分析。

表 29-1　众安保险的三个投资者优势、劣势和机会的对比分析

	阿里巴巴	中国平安	腾讯
优势	(1) 一体化的业务组合 (2) B to B 和 C to C 市场的行业领导者 (3) 较强的营销能力 (4) 优秀的企业文化 (5) 较强的创新能力 (6) B to B 较低的中介费	(1) 拥有较高的知名度和信誉度，具有品牌上的优势 (2) 拥有一流的信息管理技术 (3) 资金来源充足 (4) 大量的信息度	(1) 拥有庞大的用户网络以及超强的用户关系链 (2) 基于 IM 平台，能够实时直接触及最大范围用户，同时在接受用户反馈时具有优势。产品多，涉及面广，广告吸引力大
劣势	(1) 搜索服务是短板 (2) 数据筛选能力不强	险种承保范围狭窄，偿付能力低	(1) 细化产品过多，投资分散 (2) 过多的规范，缺乏创新 (3) 过度依赖用户平台，产品自身缺乏特色
机会	(1) 电子商务市场发展空间非常巨大 (2) 人们对网上购物的认识日趋理性 (3) 中小企业需要强大的 B to B 平台 (4) 国家对电子商务日益重视 (5) 电子商务法律制度日渐完善	(1) 保险公司的资金运用渠道得到拓宽 (2) 人们保险意识加强，投资渠道扩大 (3) 为保险业提供广阔的资金进入股市 (4) 抢占市场份额，处于有利地位	(1) QQ 给腾讯带来了巨大的人气，市场里潜在的用户还有很多可以挖掘 (2) 网络的不断普及，市场的规模不断扩大，以及不断推出的新兴市场，行业资源的不断优化，都给腾讯提供了良好的发展机会

29.3　众安保险的优势

众安保险不仅只是互联网行业和金融行业的简单相加，两者的结合将开拓出一个全新的保险市场和领域。互联网技术在保险领域的应用，也为这一领域带来了多方面的新变化。

1. *大幅降低了众安在线的经营成本*

众安在线通过网络销售保单，节省去了分支机构设立记忆代理网点上的花费，与此同时，也节省了支付给传统保险代理人和经纪人的大量佣金。对众安在线而言，虽然各保险公司通过网络获得的保险费收入占的比重很小，但网络平台在信息咨询和产品宣传上，为投保人节省成本的作用正慢慢体现出来。尤其是非寿险方面的公司，电子商务不但提高了保单销售、管理和理赔的效率，也减少了直接的销售费用。

2. *大大加快了众安在线产品的推出*

在新产品推出以后，众安在线能够第一时间把与产品有关的信息发布到网络，潜在的投保人也能够立即看到产品，第一时间浏览、比较以及选择，投保人自行主动地挑选适合自己的相关险种信息，了解保险产品，很大程度上增加了投保人的便利性。这样也节省了众安在线为宣传新险种而消耗的资源，最新的险种信息能够迅速、最大限度地进行宣传。与此同时，众安在线也能够根据客户的反馈进行及时的调整和开发。

3. 有效提高了众安在线服务的质量

互联网技术大大提高了服务的质量，使众安在线的险种信息变得更加全面，同时也提高了客户的反馈速度。保险公司的服务和险种在网络上公布，也保证了服务的透明化和顾客的自主化，在线理赔也通过网络得到了快速的实现，这在很大程度上提高了众安在线的服务质量，也是对保险需求上的一个刺激。

29.4　众安保险的劣势

在拥有众多优势的同时，线上支付的方式给众安在线带来了新的风险，目前依然存在着四个线上支付的问题：

(1) 产业链整体的安全防范水平参差不齐，中小企业一级第三方的支付机构相关的安全投入急需提高。

(2) 行业安全联防协作的程度急需提高，高风险的商户、IP 地址、区域、客户等的黑名单急需加强。

(3) 网上的支付和电商行业的外部环境、基础设施管理急需加强。互联网金融安全技术上存在的问题，导致用户缺乏安全感。

(4) 轻视用户的风险教育，同时用户的安全防范意识也不够。

(5) 拥有互联网和金融的双重特征的线上支付方式，风险管理上的策略也比传统的线下支付风险管理有更多的挑战，日常的监控需要更加严格。

参 考 资 料

[1] 南方都市报. 众安在线吃大户首批5产品4款傍阿里[EB/OL] (2014-01-12) [2014-09-08]. 网易. http:// tech.163.com/ 14/0102/04/ 9HICSE66000915BF.html?f = jsearch.

[2] 众安在线：纯互联网险企的诞生[EB/OL].(2014-05-26)[2014-09-08]. 天下网商. http:// www.ebrun.com/20140526/100078.shtml.

[3] 众安在线保险公司引来各界新的的无限遐想(2012-09-28)逗号网络. http:// www.douhao.net.cn/newsdetail.asp?id=1760.

案例 30　快　　钱

30.1　快钱网站的简介

上海快钱信息服务有限公司(简称快钱)创办于 2004 年，是国内第一家提供基于 Email 和手机号码的网上收付款服务的互联网企业。它是国内领先的独立第三方支付企业，旨在为各类企业及个人提供安全、便捷和保密的综合电子支付服务。目前，“快钱”是支付产品最丰富、覆盖人群最广泛的电子支付企业，其推出的支付产品包括但不限于人民币支付、外卡支付、神州行支付、代缴/收费业务、VPOS 服务、集团账户管理等众多支付产品，同时支持互联网、手机、电话和 POS 等多种终端，能够满足各类企业和个人的不同支付需求。

通过十余年在电子支付领域的积累，快钱公司充分整合数据信息，结合各类应用场景，为消费者和企业提供丰富的支付工具、稳健的投资理财、便捷的融资信贷以及丰富的应用，使客户能够随时随地畅享便利、智慧的互联网金融服务。2016 年，快钱已覆盖逾 4.3 亿个人用户，以及 500 余万商业合作伙伴，对接的金融机构超过 100 家，在北京、广州、深圳等 40 多地设有分公司，并在南京设立了全国首家创新型金融服务研发中心。

2015 年 11 月，在东方财经第一届国际金融理财博览会上，快钱公司获得“最具信赖投资平台”奖项。业内人士分析，快钱的核心优势在于场景结合能力，其与万达联手打造以产业为依托的互联网金融平台，将是较大且较多元化线下场景的集中地，是线下 O2O 较大的流量入口，是目前线上线下相融合的一种综合化互联网金融新布局。

截至 2009 年 3 月 31 日，快钱已拥有 3500 万注册用户和超过 26 万名商业合作伙伴，许多著名的网站，如网易、搜狐、百度、TOM、当当、神州数码、国美、三联家电等公司都是该公司的业务合作伙伴；中国工商银行、中国建设银行、中国银行、中国农业银行、中国银联等 20 余个金融机构是该公司的战略合作伙伴；同时，该公司还开通 VISA 国际卡在线支付，服务覆盖国内外 30 亿张银行卡。

2008 年 1 月，在由中国电子商务协会主办的中国电子金融发展年会评选中，快钱获得“用户喜爱第三方支付品牌”荣誉称号；3 月，在《电子商务世界》杂志主办的第三届中小企业电子商务应用发展大会上获得“中小企业最喜爱支付平台”奖；2009 年 6 月，由国内著名咨询公司赛迪顾问股份有限公司主办的“中国保险行业电子商务网站高峰论坛暨电子商务网站成熟度评估活动”中，快钱荣获“中国保险电子商务市场最佳安全支付平台奖”。

图 30-1 是快钱公司网站的互联网主页。

图 30-1　快钱公司网站的互联网主页(https://www.99bill.com/)

30.2　快钱的发展历程

2005 年 1 月，"快钱"正式上线。这是国内首家基于 Email 和手机号码的综合支付平台。半年后，"快钱"开通了与国际 Visa 和 MasterCard 的在线交易功能，使得服务范围覆盖到了全球 30 亿张银联和国际银行卡。接着，快钱与百度、搜狐达成战略合作协议，为百度旗下"竞价排名"和"影视搜索"两大服务和搜狐全线产品提供在线支付平台。2005 年 10 月，"快钱"又推出了无线 WAP 支付，其支付系统安全性达到了 Visa、MasterCard 和美国运通的信息安全标准。基于这一优势，快钱成为全球最大的中文网上商城当当网的网上支付平台，并逐渐形成了自己的商品导购平台——快钱推荐(top.99bill.com)。

2006 年 3 月，"快钱"获得了国家信息产业部颁发的全网增值业务资质，并同中国移动合作推出了在线手机充值业务。9 月，"快钱"携工商银行推出了 B2B 商业支付服务，同时联合工商银行、招商银行和民生银行共同推出电话支付服务，全国八亿部座机、手机和小灵通用户都可以通过拨打电话完成支付。

2007 年 1 月，"快钱"获得了中国电子商务协会颁发的"中国优秀电子支付企业奖"和互联网实验室和清华科技园评选的"2007 最具投资价值网站 100 强"称号。9 月，"快钱"全面开通了上海、北京、江苏、湖南等九省市手机充值业务，重金打造个人服务体系。11 月，"快钱"2008 版隆重上线，新系统构架与国际支付行业标准接轨，更安全，更高效，有效保障和提高了用户在线支付的可靠性和安全性。

2008 年 1 月，"快钱"推出了升级版 WAP 支付，升级后的 WAP 支付在易用性、安全性、快捷性方面都更好地满足了用户和商户的需求。6 月，快钱支付系统通过了国际 PCI(Payment Card Industry)安全认证，并在随后推出了信用卡无卡支付服务，与新东方教育科技集团和全球最大的私人英语教育机构英孚教育集团签署了战略合作协议。

2009 年 2 月，"快钱"与在线付款解决方案的全球领导者 PayPal 签订战略合作协议，双方将共同致力于提高国际支付效率，促进国际贸易结算向更方便、快捷的方向发展。3 月，"快钱"推出"个人账单中心"服务，用户只需要拥有一张开通网上支付功能的银行卡就能方便地为多种生活账单进行缴费，甚至可以一键搞定所有账单。

2010 年 1 月，"快钱"2009 年交易量突破 1000 亿元人民币，注册用户突破 5300 万，商业合作伙伴达 41 万 2009 年 5 月举办题为"创新领先合作共赢——快钱助力保险业开创电子商务新时代"的新闻发布会，正式宣布"快钱"与 9 家保险公司达成战略合作，成为国内与保险公司合作最多的支付企业。

2011 年 2 月，"快钱"新版官方网站正式上线，在支付产品、解决方案、用户接入、安全保障四大方面进一步优化，为企业客户带来更优异的应用体验。

2012 年 3 月，"快钱"发力线下支付，国内快递企业宅急送已与快钱公司达成战略合作，携手营造多方获益的电商生态圈。

2014 年 12 月，快钱与万达集团在北京签署战略投资协议，双方将以快钱为核心打造互联网金融生态链，共同打造以实体产业为依托的互联网金融平台，构筑中国综合化互联网金融集团。同时，快钱将保持独立运营，继续推进互联网金融向更多产业的渗透。

2015 年 6 月，上海支付清算协会第一次会员大会暨成立大会在沪召开，快钱作为发起单位应邀出席大会，公司董事长兼首席执行官关国光当选为协会副会长。

2016 年 10 月，快钱公司通过全球最高级别的数据存储标准 PCI 认证，构建起国际化的安全支付体系。PCI(Payment Card Industry)认证由 VISA、万事达、美国运通等五大国际卡组织联合推出，是全球支付卡行业最严格的数据安全标准。目前，国内仅有少数银行和金融机构通过该项认证。

30.3　快钱的特色服务

作为国内第一家提供基于 Email 和手机号码的网上收付款服务的因特网企业，快钱以提供在线收付款服务为核心内容，其服务领域已经拓展到零售、商旅、保险、电子商务、教育等多个领域。除了账户充值、提现等基本服务，“快钱”的特色服务还包括以下内容。

1. 支付服务

快钱支付服务是快钱推出的强大的在线收付款平台，可以帮助用户的网站迅速搭建安全便捷的网上支付系统。服务产品包括：

(1) 人民币支付：支持全球近 30 亿张银行卡、支持快钱账户支付、支持线下支付及电话支付。

(2) 神州行支付：支持年发行量过亿的神州行充值卡的在线支付。

(3) 外卡在线支付：支付 VISA 和 MASTER 卡网上在线支付。

(4) B2B 支付：快钱 B2B 支付是快钱特别为企业提供的、解决企业之间资金往来的服务。

(5) VPOS 支付：支持包括五大外卡在内的全球近 27 亿张银行卡支付，使用时无需开通网银。

快钱支付服务使商家避免了与每家银行单独签订协议的繁琐手续和搭建支付平台的技术挑战，大大降低了商家在线交易的门槛，帮助各类企业和个人商家解决电子商务中的在线支付问题，使商家突破支付瓶颈，获得安全便捷的支付渠道。

2. 网上付款

通过快钱账户的网上付款功能，用户可以轻松地在线把货款支付给收款方，付款方式包括：

(1) 付款到快钱账户：此功能将把用户快钱账户内的资金支付到收款方的快钱账户内。如果收款方还没有注册快钱，用户需要正确提供对方的 Email 地址、并进行付款操作。收款方只需用该 Email 注册登录快钱，就能顺利收到货款。图 30-2 是快钱钱包的演示页面。

图 30-2　快钱钱包的演示页面

(2) 付款到银行账户：此功能将把用户快钱账户内的余额支付到收款方的银行账户内。同时，快钱还向企业用户提供批量付款功能，该功能帮助用户一次性处理多笔在线支付业务，减少重复进行单笔付款操作的麻烦。用户只需下载填写一张快钱指定的 Excel 模板，将该文件上传后，就可以一次性完成批量付款的操作。批量付款操作同样包括批量付款到快钱账户及批量付款到银行账户。

为了吸引用户，快钱对使用快钱支付货款进行消费的用户发放优惠券。用户领取优惠券后，就能在对应的商家网站享受到相应的优惠。对于接入了快钱支付，用快钱进行在线收款的企业用户来说，优惠券是十分强大的营销工具，商家可以免费向广大快钱用户发行自己的优惠券并加以管理，开展促销活动。

3. 集团账户管理

集团账户管理服务是用来关联总公司和子公司的快钱账户，总公司账户可以对子公司账户进行明细和余额查询的服务；如经特殊授权，还可以实时划拨集团内相关成员在快钱账户内的资金，提高企业管理水平与资金使用效率。快钱集团账户管理适用于：① 对分公司财务进行管理；② 对代理人财务状况进行管理；③ 网上多店管理平台；④ 其他具有上下级关系的企业。

快钱集团账户管理服务有简便、高效、实时等六大优势：

(1) 变被动等待数据为主动查看数据。总公司了解下属企业或机构的账务明细、交易明细、销售状况等，不再需要等待数据的上报，而是可以根据需要，主动查看这些数据，随时了解数据动向，提高管理效率，提高资金效率。

(2) 操作简便。总公司管理人员只需运用鼠标简单地进行点击操作，不仅可以查看自己账户的相关信息，还可查看授权用户的账户明细、余额等相关信息，一步到位、一目了然。

(3) 数据实时查询，真实高效。使用快钱集团账户管理功能，所看到的授权账户的账务信息数据皆为实时数据，真实高效。

(4) 24 小时管理。快钱集团账户管理功能，提供 7 × 24 小时服务，不受时间、空间的限制，满足随时所需。

(5) 资金实时划拨，款项实时到账。在授权账户授权的范围内进行资金划拨，可实时操作，款项实时到账，提高资金营运效率。

(6) 六重安全保障。具体包括系统安全、注册安全、登录安全、支付安全、技术安全、监控安全。快钱对全部消费者信息、账户信息、交易信息等都进行 128 位 SSL 加密，并具有 VeriSign 签发的全球安全证书。

4. 个人账单中心

快钱个人账单中心专门为个人用户设计服务，集合了日常生活中常用的缴费支付功能，让用户可以一站式完成付费。个人账单中心服务具体包括：

(1) 信用卡还款：快钱信用卡跨行还款服务允许个人用户通过快钱平台，经借记卡网上银行扣款，对其信用卡进行还款的业务。

(2) 公共事业缴费：用户通过快钱平台可以在线经银行卡网上银行对家庭所发生的水、电、煤、税等公共事业费进行缴费的服务。

(3) 房贷：为住房贷款绑定的银行卡轻松付款。

(4) 保险账单：无需交付现金，实现线上支付保险账单。

(5) 生活费：无需银行排队，可以在家支付外地亲人的生活费。

(6) 跨行转账：支付用户的各种个性化账单，完成不同银行账户的转账。

5. 跨境电商通关服务

2014 年 7 月，快钱成为“海关总署跨境电商通关服务平台”全国首家试点支付企业。该平台由国家海关总署牵头研发，实现了电商平台企业、支付平台企业、物流企业三方平台与海关总署中央电子口岸的系统对接。

30.4 快钱的营销策略分析

30.4.1 与国内外著名网站合作拓展业务

与国内外网站合作，拓展业务领域，是快钱的主要营销策略。从 2005 年创立至今，快钱公司成功完成了与网易、百度、九天音乐网、Visa、MasterCard 等公司的合作，业务获得了巨大的发展。

1. 与网易合作推出一卡通收付费平台

2005 年 8 月 9 日，快钱与中国领先的门户网站“网易”共同宣布，双方在线上一卡通支付业务方面达成合作，将共同建设和推广网易一卡通在线收付费平台。通过本次合作，快钱在线收付费平台将为广大网易一卡通用户及互联网和无线服务提供商提供一个崭新的低成本网上收付费方案。

网易是国内知名的综合性门户网站，站内拥有包括在线游戏、邮箱、个人主页等众多收费产品，网易一卡通作为其唯一的在线支付工具，拥有数量庞大的使用群体和覆盖全国的完善分销体系。此次双方签署合作协议后，网易一卡通用户可以通过快钱平台支付和购买第三方产品或服务，大大拓宽一卡通用户的选择范围，使网易一卡通走出网易平台，实现了基于互联网平台的全面应用。同时，互联网服务提供商或无线应用业务运营商可以通过快钱收付费平台低成本接受网易一卡通支付，立即拥有千万持币待购的全国用户。

开通网易一卡通支付使快钱收付费平台进一步完善，覆盖大量不使用银行卡的互联网用户。同时能够为互联网服务和无线应用提供商的市场拓展和产品销售提供无坏账和低成本的支付方案。

2. 与百度联手开辟网上支付新航线

2005 年 7 月 22 日，快钱与全球最大中文搜索引擎“百度”正式达成战略合作，为百度旗下“竞价排名”和“影视搜索”两大服务提供在线支付平台。此次合作是快钱拓展国内在线支付市场的重要一击，不仅为百度用户创造了一个更加轻松、便利和安全的网上支付环境，同时也为快钱平台赢得国内网民更广泛的认可和支持奠定下良好基础。

百度是国内人气最旺的搜索引擎之一，日使用率超过 1 亿人次，覆盖 95%的中国网民，提供包括 MP3 搜索、图片搜索、新闻搜索、贴吧等在内的丰富多彩的搜索功能和服务。其中，“竞价排名”是百度首创的一种按效果付费的网络推广方式，其卓越的灵活性和性价比有口皆碑。而“影视搜索”则是百度近日新推出的一种包月制服务，允许网民通过百度影视搜索到上万部影视剧，并可在线或下载观看。根据双方协定，快钱将为百度的上述两大服务提供安全高效的网上收付费平台，具体包括，为百度及使用百度服务的所有个人用户提供相关的产品和服务，如收费、付费、转账、结算、充值等基本服务，和基本账户管理功能如账目明细、交易历史等。与此同时，百度还能充分利用快钱平台的多种先进工具，最大限度方便用户的付费流程，确保为用户带来简易、畅通、安全可靠的电子支付体验，进而提高用户的满意度。

借助于快钱平台，用户只需输入收款方的电子邮件地址或手机号码，就可以轻松完成支付，此过程中完全无须提供对方的银行账号、姓名、地址等私密信息。无论是对于收款一方还是付款一方，这其中的安全便捷自然不言而喻。另外，快钱平台只要求交易双方有一方是快钱注册用户，非常适合于网上商店、搜索引擎等用户层面涵盖广泛的领域。

3. 与九天音乐合作实现音乐服务平台在线支付

2005 年 6 月 10 日，快钱同国内最大音乐下载网站之一的“九天音乐网”以及著名的在线音乐服务平台“飞行网”达成合作协议，将分别为二者的音乐下载及相关服务提供在线支付平台，以方便用户更加轻松的享受到自己心仪的在线音乐。

在线音乐欣赏和下载是目前深受网络用户，特别是青少年用户喜爱的一种娱乐休闲方式。九天音乐网和飞行网是此领域内的国内翘楚。根据协议，飞行网将推出快钱专用版本的 Kuro 音乐下载客户端软件，将快钱支付平台列为用户的唯一初次缴费及续费方式。同时，九天音乐网将在其九天音乐下载、九天翻乐行和九天音乐下载单曲/专辑等三大主打栏目以及未来的其他服务中将快钱列为向用户推荐的首选在线收付费平台，并将通过快钱在线支付平台推广其音乐下载服务。由此，借助快钱平台简单、便捷、安全的支付手段，九天音乐网和飞行网将能够为用户提供更加完善的服务，使用户的音乐休闲之旅变得前所未有的轻松愉快。

4. 与 Visa、MasterCard 实现在线银行卡交易

2005 年 6 月 2 日，快钱开通了 Visa 和 MasterCard 等国际卡网上交易。随着这一举措的实施，快钱用户足不出户，可尽收全球 13 亿张 Visa 卡和 7 亿张 MasterCard。目前，快钱平台覆盖的国内和国际银行卡数目已高达 30 亿之多。

在跨国电子商务愈演愈烈的时代，支付手段的匮乏已成为制约商家拓展海外市场的一大瓶颈。快钱开通了国际应用范围广泛的 Visa 和 MasterCard，为众多商家打开了国际网上收付费的方便之门，成为商家敏锐捕捉瞬息万变的国际市场机遇和网上收取美元、欧元和其他主流货币最得力的助手。

5. 联手中国同学录打造虚拟社区在线支付平台

2006 年 8 月，快钱联手国内第一家以同学用户数据为基础的综合类网站“中国同学录”(www.5460.net)，开展了提升虚拟社区在线支付服务体验和满意度的活动，为中国同学录的用户带来更多在线支付体验。

活动期间，所有通过中国同学录成功注册为快钱的用户，将免费升级成为中国同学录 VIP 会员。同时，用户在购买中国同学录学分及进行 VIP 续费时，可以选择快钱支付。通过与快钱合作，中国同学录的用户还可以参加快钱丰富的优惠活动，获得快钱众多合作商家的优惠券以及其他优惠服务。

中国同学录是国内网上最大的中文同学录网站之一，拥有用户 2800 多万，快钱通过和中国同学录合作，将客户范围扩大到了虚拟社区，由单纯的线上支付变为娱乐购物，丰富了快钱的企业形象。

6. 与橡果国际合作改善网上购物环境

2007 年 10 月，快钱与知名电视购物公司“橡果国际”签订了“大额支付和外卡支付

服务”的合作协议，消费者在橡果网上购物商城可以通过快钱提供的电子支付方式进行购物，享受网上支付体验。

快钱为橡果国际的广大用户主要提供了快钱账户支付、银行卡支付和电话支付等三种支付方式。同时还特别为橡果用户提供了大额支付和外卡支付服务。通过这次合作，快钱将电子支付扩展到了电视购物行业，也使得电视购物行业向电子化、信息化发展，达到了双赢的效果。

7. 快钱与 PAYPAL 携手共拓国际支付市场

随着全球经济一体化进程加快与电子商务逐步成熟，国际贸易日渐增多，国际支付的重要性日益凸现。2009 年 2 月，快钱与在线支付解决方案的 PayPal 签订合作协议，共同致力于提高国际支付效率，促进国际贸易结算。

这次合作是支付市场走向合作共赢的标志性事件。PayPal 拥有超过 1.65 亿用户、覆盖了 190 个国家和地区，支持 19 种货币，是全球最大的在线支付服务提供商。借助于 PayPal 在国际支付方面的巨大优势，快钱可以为广大商业客户提供更丰富的支付服务，帮助其拓展国际市场。未来快钱还将和 PayPal 不断加深合作，为用户带来更加丰富的支付应用和服务。

30.4.2　与银行联手开展促销活动

在开展市场营销活动时，快钱采用联合商业银行共同推出活动的形式。这种营销方法不仅可以加快快钱的全国营销渠道布局，还可以有效提高客户满意度，保持已有客户的忠诚度。

2007 年，快钱先后与民生银行、浦发银行、华夏银行等近 10 家金融机构达成深度合作，推出“百万大奖、六重巨献”大型市场营销活动，掀起互联网的消费狂潮。在优惠活动期内，用户不仅可以参加趣味游戏、体验支付惊喜。还有机会赢取百万大奖、梦幻抽奖 i-dog、爱可视 MP4 等大奖，在当当、e 龙等 20 余家品牌企业购物可以获得返现优惠。

2008 年 6 月，快钱与浦发银行联手推出幸运大转盘游戏，为用户送出现金、大礼包等惊喜好礼；10 月又与光大银行联合推出“趣味体验光大支付，开心赢大奖”有奖回报活动，只要是光大网银用户都有机会参加活动。

2009 年 4 月，快钱联手中国建设银行开展双线促销活动，无论在柜台还是在线上都可以参与“砸金蛋活动”，获得 1000 元、500 元现金等奖品，100%有奖，获奖奖金将直接发送到用户的快钱账户中。快钱与浦发银行和中国建行开展活动时的宣传页面如图 30-3 所示。

2014 年 10 月，快钱与台湾元大银行签署战略合作协议，联手开展跨境人民币支付业务。元大银行依托自身的电子商务平台，协助台湾地区中小企业及网络商户开创跨境电子商务市场；快钱则通过创新的跨境电子支付系统，打通海峡两岸的人民币支付，协助元大银行以电子化的方式完成整个跨境贸易的全流程。元大银行与快钱公司战略合作的首款产品“元大 e 付通”已正式上线。大陆的个人和企业可以直接使用人民币支付购买元大银行电子商务平台上的各类宝岛特色商品，包括食品伴手礼、美容保健、3C 数码等，并且还能通过“元大 e 付通”查询货物寄送进度；与此同时，赴台大陆学生的学费缴纳也从此告别了现金购汇支付的困扰，通过在线人民币跨境支付即可完成，所付款项将通过快钱系统结算到台湾商户在元大银行开设的人民币账户内。由此，该平台实现了资金流、信息流、物流的三流合一，并通过电子化的方式提升了贸易效率。

图 30-3　快钱与浦发银行和中国建行开展活动时的宣传页面

30.4.3　与商家直接联合开展特惠

联合商家在特殊节日时间开展大型特惠活动，是快钱的又一项常用的营销手法。这种方法既能最大限度地吸引客户的眼球，还能与商家一起分担营销活动的成本，提高利润。快钱曾先后与网游公司盟邦国际、无忧商城游戏点卡、芒果机票、复星大药房、红孩子、诺顿等著名购物网站和商家开展了一系列形式多样的特惠活动。

2008 年岁末，快钱联合海尔举办了网上促销优惠活动，除了有特殊商品供客户选购，凡是参与活动的用户都可以免费领取到 100 元的优惠券，用来购买海尔新商城中的商品。2009 年春节，快钱联合了北京、上海、广州等多个地方的商家集中开展促销活动，这次活动覆盖群体多样、地域广泛、商品空前丰富，取得了很好的效果。在情人节期间，快钱联合近百家企业筛选出几百种时尚礼品，集中为消费者提供更多情人节礼物选择。快钱在2009年春节和情人节与商家特惠活动的宣传主页如图 30-4 所示。

图 30-4　快钱在 2009 年春节和情人节与商家特惠活动的宣传主页

30.4.4　借助高端金融杂志和会议论坛加强品牌宣传

在品牌宣传方面，快钱除了运用常规的地铁广告、社区广告、办公楼 DM(Direct Mail Advertising，直接邮送广告)等活动，还借助于会议论坛加强品牌宣传。2015 年 10 月，由中国人民银行批准、中国金融电子化公司联合全国众多金融机构共同举办的第 23 届中国国际金融展在上海开幕，快钱作为唯一的互联网金融企业，受邀在开幕式的主论坛上发表了主题演讲。本次展会上，作为与万达联手之后的一次集中亮相，快钱展示了整合支付、理财、信贷、应用在内的综合化互联网金融服务。同时，圈内热传的快钱超智能 POS 也在展会上首次亮相。此外，凭借卓越的互联网金融服务，快钱问鼎组委会的“金鼎奖”。图 27-5 是 2015 年 10 月快钱在第 23 届中国国际金融展上的宣传广告。

图 30-5　2015 年 10 月快钱在第 23 届中国国际金融展上的宣传广告

30.5　快钱的创新探索

30.5.1　探索数字产品下载支付手段

快钱公司确定了六大重点业务领域：网上拍卖、网络购物、数字内容下载、网络游戏、搜索引擎以及无线增值服务。

支持数字下载的收付费平台现正处于测试阶段，已经吸纳了大约 20 家内容提供商。这种收付费平台的概念其实很简单，中国的用户可以在线购买包括电影在内的数字内容，并下载到自己的 PC 上，下载后，依靠 DRM(数字版权管理)技术，这些数字内容的使用将受到内容提供商指定条款的限制。

盗版是中国市场一直存在的问题。尽管政府一直在加大力度打击盗版 DVD 的销售，但还是能在市场上轻易买到价格在 6 元到 8 元之间的碟片。

因此，快钱公司建议内容提供商把正版 DVD 产品交给快钱公司来提供下载服务，快钱通过网上支付可以让中国用户享受到具有正版品质的 DVD，下载的费用在 2 元到 10 元之间，收益在快钱和内容提供商之间合理分配。

快钱的做法不是要迫使内容提供商放弃一笔相当可观的收入，在当前情况下，大多数的收益流失到了盗版商那里。如果能以放弃总收入的 50%来换取盈利的能力是很合理的，内容提供商仍然可以挣到很多钱。快钱希望通过这种数字下载收付费服务的方式使严重的 DVD 盗版现象得到缓解。

30.5.2　开发超智能 POS 产品

2014 年，快钱启动了超智能 POS 的研发，而这种转变正是来自市场的驱动。2015 年 10 月份发布超智能 POS 产品，11 月 1 日开放免费申购，发展速度极为快速。

表 30-1 显示了快钱超智能 POS 机功能。

表 30-1　快钱超智能 POS 机功能

产 品 功 能	具 体 内 涵
全能支付	支持银行卡刷卡支付、移动扫描支付以及 NFC 支付等，收款问题一机解决
企业贷款	无需财产抵押或证明，可提供高达百万的融资服务，手续简单，还款轻松方便
O2O 应用	一台智能设备即可满足团购、订座、外卖等多种应用处理需求，轻松玩转 O2O
企业理财	万达旗下专业理财平台，投资门槛低，预期收益率高
便民服务	为消费者提供多种应用服务，拓展业务范围，增加商家收入

有别于其他厂商直接通过线下代理推广 POS 的做法，快钱首次尝试以网销渠道打开超智能 POS 的市场。从 11 月 1 日起，快钱开通了第一期官网和手机端两个预售申购的入口，首期申购的数量为 1 万台。随着免费申购的进行，越来越多的商户体验到了超智能 POS 带来的便利。很多商户纷纷表示，这是移动互联网时代下真正需要的产品，也是目前贴合市场应用广泛的产品。

30.5.3　建设电子商务创业平台

快钱推出的基于手机短信和 E-Mail 的网上收付费系统 99Bill，为创业者提供了新的创业平台。

目前网络交易人群和交易方式还局限在几种传统方式上：同城当面交易，相对比较麻烦；如果到邮局、银行汇款，无论是货到付款，还是款到付货，都有一方将承担一定风险；如果用网上银行，各银行的在线支付系统却不能互通，且交易信息更新较慢；使用手机支付比较方便，但费用却高达 50%，于是，网上支付工具便成了目前最好的选择，但淘宝的支付宝、易趣的安付通，交易周期长，中间环节多，且只适用于拍卖。

99Bill 改变了以往的支付方式。在这一平台上，如果是个人用户，交易费全部免除，提现费仅 1.3%，个人账户之间转账不用支付费用。同时，该平台还有信用保护的功能。

对创业者来说，要学会利用“99Bill”的多种创业渠道，寻找最有力的支付方式，特别是收钱和付钱问题，对于在激烈的市场竞争中获得成功是至关重要的。“99Bill”为创业者提供了便宜、方便和安全的交易支持。用户通过 EMAIL 电邮地址或手机号码就可以轻松、安全和快捷地向任何人或商户收费或缴费。

参考资料

[1] 梁小婵. 众安在线吃大户，首批 5 产品 4 款傍阿里[N]. 南方都市，2014-01-02.

[2] 天下网商. 众安在线：纯互联网险企的诞生(2014-05-26)[2016-6-26]. http://www.ebrun.com/20140526/100078.shtml.

[3] 逗号网络. 众安在线保险公司引来各界新的无限遐想(2012-09-28)[2015-12-26]. http://www.douhao.net.cn/newsdetail.asp?id=1760.

[4] 中关村在线. 快钱在线支付平台携手音乐下载服务[EB/OL](2005-07-26)[2009-07-03]. 中关村在线: http://news.zol.com.cn/2005/0726/188767.shtml.

[5] 比特网. 快钱开通 Visa、MasterCard 在线银行卡交易[EB/OL](2005-06-03)[2009-7-3]. 比特网: http://www.chinabyte.com/telecom/113/2011113.shtml.

[6] 新华网. 快钱与 PAYPAL 携手共拓国际支付市场[EB/OL](2009-02-05)[2009-7-3]. 新华网: http://news.xinhuanet.com/fortune/2009-02/05/content_10769936.htm.

[7] 传统企业一周要闻：万达投资快钱[EB/OL].(2014-12-27)[2015-7-10]. http://www.ebrun.com/20141227/119562.shtml.

[8] 互联网金融理财国际范：地方金融、蚂蚁金服、万达快钱[EB/OL](2016-1-12)[2016-1-18]. http://www.ccidnet.com/2016/0112/10081067.shtml.

第 5 篇　服务业电子商务网站

案例 31　携　程　网

31.1　携程网站的经营理念

31.1.1　行业和企业的准确定位

携程网认为，旅游是 21 世纪的朝阳产业，现在旅游产业的年平均增长速度为 18%，21 世纪的中国将成为全球最大的旅游市场。

在充分认清旅游行业发展态势的同时，携程网努力争取在本行业处于主导地位，并及时调整自己的经营业务，将原来订房、订票、订线路三头并举的业务状况，调整为以订房为主、订票订线路为辅的业务战略，将公司资源汇集于最有效果的一点上。携程网从无到有，迅速建立了中国最大的旅行网站，并一举成为中国最大的订房中心。

利用网络优势建立经济型酒店联盟是携程旅行网对未来发展的重要规划。携程网想凭借自己已有的销售网络和行业优势整合传统的经济型酒店资源，建立一个在中国处于主导地位的酒店业连锁品牌。运用互联网、Call-center 等高科技手段降低成本、提高效率、增强竞争力，争取用三年的时间将其发展成有 200 家加盟店的经济型连锁酒店联盟。

31.1.2　符合国情的商业模式和管理文化

携程网以订房为代表的旅游中介服务，创造了一种成功的电子商务模式，即 B2C 的交易方式加 B2B 的支付。巧妙避免了物流和资金流的“瓶颈”，创造了中国商业化电子商务网站中交易额最大的奇迹。

2000 年的互联网呈现出一种“海归”现象，即很多互联网公司的老总几乎都有从海外求学归来的背景。但 2001 年以后，这些由“海归派”领导的网站，无一例外地存在着严峻的生存压力。这也说明要在中国的土壤上收获果实，就得播下适合中国土壤的种子，按照中国的气候环境来浇灌培育。将国外精细的管理模式和合理的激励机制与本土文化结合，携程网铸造出独有的公司文化和企业性格。

31.1.3　秉持“以客户为中心”的原则

旅游服务行业一直以来都被消费者评为最不满意的行业之一。“强制购物、酒店餐饮品质不高、团队旅行不自由、旅行价格不透明……”，消费者对旅游行业诟病颇多，其中对“强制购物”尤为气愤。2007 年，携程曾经进行了一次“3•15 旅游服务质量调查”，共有 5000 余名网友参与，调查结果显示，“强制购物”已经成为旅游行业内的最大的“毒瘤”，有六成的消费者都把它列为“旅游过程中最厌恶的事情”。旅游行业中层出不穷的问题，直接导致了消费者对行业及从业人员都逐渐失去信心。

秉持“以客户为中心”的原则，携程旅行网郑重公布了“携程服务宣言”—— 一应俱全、一丝不苟、一诺千金。“一应俱全”旨在为游客提供全面的优质服务，携程目前能提供包括酒店预订、机票预订、度假业务等全方位的旅行服务。“一丝不苟”则是携程服务精神的体现，携程是国内旅游行业内第一家实行六西格玛管理，目前携程已经实现了服务准确率 99.9%。“一诺千金”则是针对消费者对旅游行业普遍缺乏信心，公开推出承诺，并接受广大客户的监督。

诚信是企业的立身之本，尤其是在旅游行业，因为旅游企业并不提供有形的产品，而是提供无形的服务，涉及的金额也比较大，旅行体验又是不可逆转的，所以旅游企业的诚信就显得尤其重要。携程推出了一系列的服务承诺：酒店低价赔付承诺、1 小时飞人通道承诺、自然灾害旅游体验保障承诺和海外团队游标准承诺。例如，自然灾害旅游体验保障承诺：当客人预订携程度假产品并出行，恰逢旅游目的地发生自然灾害而导致旅游体验遭受实质性损害的状况，将获得一定比例甚至全额补偿。2005 年，三亚遭遇台风，240 多位携程的客人行程受到影响，携程为此赔付给客人 60 万元人民币。

2006 年年底，携程隆重推出了海外团队游标准，针对海外团队游产品中的吃、住、行、游、购等细节做出了近乎苛刻的限定，并承诺严格按照此标准设计海外团队游产品。对于游客来说，该标准使得服务质量有了保证。有超过 50%的受访消费者认为，这样的标准化规范有利于客人了解产品，约束旅游企业。

在旅游行业，随着市场竞争的深入，产品很容易被模仿，例如携程在国内率先大规模推广了“自由行”概念后，国内各个大小旅行社纷纷步其后尘，推出了各式各样的自由行。但是，高水平的服务标准是难以模仿的，而服务水平的高低将直接关系到旅游企业的发展，携程在旅游行业内不断推出各种服务标准，在不断提升旅游行业的准入门槛、净化旅游市场的同时，也持续地将旅游服务的水准带上了新台阶。

31.1.4　人才、资金和技术的充分利用

携程的创始人团队是海外留学生与本土经营者的完美组合，他们在融资、管理、技术和业务上的优势一直为业内人士所称道。携程网在发展中，又不断根据自己的业务方向，吸引传统行业的优秀人才加盟公司建设，可以说，现在的携程网聚集了一支中国较好的订房业务队伍。

在资金方面，携程网发展过程中的三次成功融资，给网站带来了 1700 万美元。在国际资本市场的成功融资不仅给了携程发展所需的大量资金，更重要的是带来了国际上规范运作的方式和激励机制。

在解决了资金问题后，携程网充分运用包括互联网、呼叫中心、CRM、数据仓库在内的先进技术构筑自身的竞争优势。公司从市场销售、产品(服务)提供、客户服务、内部管理等方面全面采用以互联网为代表的技术，达到了低成本扩张、低成本运营的效果。

31.2　携程旅行网站的特色服务项目

携程为客户提供全方位的商务及休闲旅行服务，包括酒店预订、机票预订、商旅管理、

休闲度假、旅游信息和打折商户。作为目前中国领先的宾馆分销商，携程网上可供预订的国内外星级酒店多达五千多家，遍布国内外三百余个城市，还建成了目前中国领先的机票预订服务网络，覆盖中国的四十三个大中城市，提供免费送票服务。携程推出的以“机票加酒店”为主的自助度假业务为中国旅游行业的发展开辟了新的思路。

1. 酒店预订——酒店低价赔付承诺

携程拥有中国领先的酒店预订服务中心，为会员提供即时预订服务。与携程合作的酒店超过 28 000 家，遍布全球 134 个国家和地区的 5900 余个城市。不仅能为会员提供优惠价客房的预订，还会在主要酒店拥有大量保留房，为携程的会员出行提供更多保障。2007 年，携程率先在业内推出酒店低价赔付承诺，保证客人以优惠的价格入住酒店。携程承诺：“若会员通过携程预订并入住酒店，会员价高于该酒店当日相同房型前台价，我们将在核实后进行相应积分或差价补偿。”

2. 机票预订——1 小时飞人通道

携程旅行网拥有全国联网的机票预订、配送和各大机场的现场服务系统，为会员提供国际和国内机票的查询预订服务。目前，携程旅行网的机票预订已覆盖国内和国际各大航空公司的航线和航班，实现国内 54 个城市市内免费送票，实现异地机票，本地预订、异地取送。机票直客预订量和电子机票预订量均在同行中名列前茅，业务量连续两年保持 3 位数的增长率，成为中国领先的机票预订服务中心。携程在机票预订领域首家推出 1 小时飞人通道，以确保客人在更短的时间内成功预订机票并登机。携程承诺：“在舱位保证的前提下，航班起飞前，您只需提前 1 小时预订电子机票，并使用信用卡付款，即可凭身份证件直接办理登机。”

3. 度假预订——自然灾害旅游体验保障金

携程倡导自由享受与深度体验的度假休闲方式，为会员提供自由行、海外团队游、半自助游、自驾游、签证、自由行 PASS、代驾租车等多种度假产品。其中，自由行产品依托充足的行业资源，提供丰富多样的酒店、航班、轮船、火车、专线巴士等搭配完善的配套服务，现已成为业内自由行的领军者；海外团队游产品摈弃传统团队走马观花的形式，以合理的行程安排和深入的旅行体验为特色，正在逐步引领团队游行业新标准。

目前，携程旅行网已开拓 10 余个出发城市，拥有千余条度假线路，覆盖海内外 200 余个度假地，月出行人次近 5 万人，是中国领先的度假旅行服务网络。携程旅行网斥资 100 万元人民币作为保障金，保障会员的旅游体验不受损害。携程承诺：“预订携程度假产品并出行，如发生因旅游目的地自然灾害，而导致旅游体验遭受实质性损害的状况，携程将依照旅游体验受损程度，给予会员一定比例甚至全额预订金额的补偿。”

4. 商旅管理

商旅管理业务面向国内外各大企业与集团公司，以提升企业整体商旅管理水平与资源整合能力为服务宗旨。依托遍及全国范围的行业资源网络，以及与酒店、航空公司、旅行社等各大供应商建立的长期良好稳定的合作关系，携程充分利用电话呼叫中心、互联网等先进技术，通过与酒店、民航互补式合作，为公司客户全力提供商旅资源的选择、整合与优化服务。目前携程正在为 300 多家跨国公司和中外大型企业超过 20 万的工商界人士提供专业的商务旅行管理服务，客户包括可口可乐、松下、索尼、施耐德、爱立信、宝钢、腾讯、李宁等知名企业。

5. 特约商户

特约商户是为 VIP 贵宾会员打造的增值服务，旨在为 VIP 会员的商务旅行或周游各地提供更为完善的服务。携程在全国 15 个知名旅游城市拥有 3000 多家特约商户，覆盖各地特色餐饮、酒吧、娱乐、健身、购物等生活各方面，VIP 会员可享受低至 5 折消费优惠。

6. 旅游资讯

旅游资讯是为会员提供的附加服务。由线上交互式网站信息与线下旅行丛书、杂志形成立体式资讯组合。“目的地指南”涵盖全球近 500 个景区 10000 多个景点的住、行、吃、乐、购等全方位旅行信息，更有出行情报、火车查询、热点推荐、域外采风、自驾线路等资讯信息。携程社区是中国目前公认的人气最旺旅行社区之一，拥有大量游记与旅行图片，并设立“结伴同行”、“有问必答”、“七嘴八舌”等交互性栏目，为客户提供沟通交流平台，分享旅行信息和心得，帮客户解决旅途问题。

目前，携程还推出旅游书刊《携程走中国》、《携程自由行》、《私游天下》、《中国顶级度假村指南》、《携程美食地图》等。通过大量的旅游资讯、精美的文字信息、多角度的感官体验，提供周到体贴的出行服务，打造独具个性的旅游方案。

31.3 携程面对的挑战

31.3.1 竞争者的挑战不断加剧

2009 年是携程品牌成立的第十个年头。与 2004 年 5 周岁时的风光无限相比，现在的携程正面对着竞争者的追赶和合作者的诟病。

携程的盈利模式是，一边发展庞大的会员卡客户群体，另一边向酒店和航空公司争取更低的折扣，从交易中赚取佣金。然而，随着电子商务的不断发展，越来越多的酒店和航空公司也开始拓展“直销”的自主经营方式，昔日的盟友如今各怀心思。

上线仅一年时间的淘宝机票业务也在步步紧逼，2008 年年底，淘宝网在一周内共卖出 5 万多张机票，单 12 月 25 日一天就卖出了 9000 多张。目前，全国已有 55 个城市的 100 多家机票代理商开通了淘宝店。2008 年 12 月 15 日，海南航空的淘宝旗舰店正式开张，这是淘宝上第一家直接开店的航空公司。据淘宝透露，还有七八家国内主要航空公司与正在与淘宝“紧锣密鼓地谈合作”。

除了本行业中 E 龙、芒果、游易、遨游、乐天、安旅等几千家中小网站的竞争者，各大航空公司和酒店的直销业对携程影响也很大。由于航空公司的直销能力增强，代理商在机票销售产业链中的地位有所下降，从而造成代理费用的降低。2008 年三季度携程单张机票的营收约为 41.7 元，同比下降 12%。近年来，航空公司正试图不断增加直销比例，来分食在线旅行社的市场。2006 年才正式成立电子商务部门的国航，其 2008 年的机票销售量相对于 2007 年已经翻了 3 倍。国航销售部电子商务高级总监胡进法曾表示，“电子商务比传统分销成本要低很多，而且还能掌握终端客户。通过网站直销方式节约了成本后，我们就把这部分成本让给顾客。”电子商务的发展，使得所有的航空公司都意识到这是个节约成本的好方法，于是从 2007 年起，各家航空公司便开始大力投入电子商务，推广自身的网站和呼叫中心业务。除了国内航空公司，国际上一些低成本的航空公司，如 RyanAir，其直销比例已经达到93%。

31.3.2 携程自身的品牌危机

2009年的春节前后，携程遭遇了两番品牌危机。第一起是2008年末，携程会员梁先生发现通过携程旅行网购买的两份金额各为20元的航空意外保险是无效的假保单，为此向携程提出索赔要求，此事被称为“保单门”事件。2009年2月20日晚，携程网向各大媒体发出公开声明，向“保单门”事件主角梁先生进行公开道歉，并承认保单确实系作假。此外，携程方面还表示，将通过斥资1000万元人民币设立“诚信服务先行赔付基金”、推出国内首个航空意外保险保单网络销售平台等手段进行相关弥补。虽然携程及时做出了补救措施，但其一直号称的诚信理念却遭到了大家的怀疑。

第二起危机是2009年初爆发的“封杀门”事件。2008年12月至2009年2月，携程的合作酒店格林豪泰举行了四周年庆典活动，向旗下会员发放电子抵用券，面额达到百元，就是这项促销活动引起了携程极大的不满。2009年1月16日，携程在未通知格林豪泰所有签约酒店的情况下，单方面停止合同的执行，强行下线了所有格林豪泰旗下与之合作的酒店，总数有60多家。“封杀门”事件是中国酒店行业与分销商之间截至目前最为激化的一次矛盾曝光，携程、格林豪泰双双在媒体上打起口水战，并引发了行业内的广泛关注。2009年3月，格林豪泰在北京、上海同时举办发布会，宣布以侵害名誉权为由将携程告上法庭，格林豪泰要求携程撤回失实报道，并公开道歉。

携程在整个预订市场占据份额过大，已经涉嫌行业垄断。在格林豪泰方面提供的资料中，援引了一段易观国际对中国网络旅游市场的分析报告，数据显示，“2007年第一季度的市场份额分析，携程以46.1%的市场份额远远领先于其他厂商，其中居第二位的厂商市场份额为14.2%。到了2007年第四季度，这个份额达到了51.9%，居市场第二位的厂商则为10.6%。2008年，携程市场营收份额继续增加，达到了57.1%”。格林豪泰方面认为，根据2008年8月1日起施行的《中华人民共和国反垄断法》第十九条规定：一个经营者在相关市场的份额达到1/2的，可以推定经营者具有市场支配地位。第六条则规定，具有市场支配地位的经营者，不得滥用市场支配地位，排除、限制竞争。

携程经营的出发点在于让用户从携程获得最低价格，这就需要对酒店严加控制，不允许其出台更优惠的活动，然而酒店却总是在尝试着绕开携程的控制。其实，携程的这个游戏规则只要酒店做一些改动，就会被打破。比如凭学生证可以打八折，三八妇女节女士可以优惠等，只要不是针对酒店的所有散户，携程是没有办法限制的。“封杀门”给携程带来的品牌危机，主要原因是由于网络时代的发展已经赋予了消费者更多的权力，消费者行为也更偏向于主动积极地去搜索产品相关信息，进行比价等，从而使交易信息更加透明。自身的品牌危机和目前金融危机的影响，给了竞争对手机会和追赶的时间。根据携程的年度报表显示，2007、2008年的利润率连续两年下降。

31.4 携程应对挑战的策略

31.4.1 扶持商旅和度假新业务

如何突破携程的增长瓶颈，找到含金量更高的服务内容，推动盈利结构升级，是携程最急于解决的现实问题。由于机票和酒店订购属于中介服务难以控制，携程开发了度假和商旅管理业务，将其全力打造为自身业务，按照携程内部人士的说法，携程过去是靠“两条腿走路”，如今在扶持商旅和度假新业务后，希望未来能用“四条腿走路”。

近年来，在中国主要城市的机场、商业区随处可见着装各异的工作人员在免费派发携程会员卡，这就是携程首创的终端拦截战术。这样的发卡人员构成的人海战术形成了营销的一个前端战场，在上海携程总部，一个上千人规模的电话呼叫中心是其后端战场。最初，终端拦截是行之有效的营销手段，通过携程孜孜不倦地大规模拦截，的确吸引了众多会员，尤其是商务差旅客户，他们对携程会员卡的使用频率很高。但是，随着加入发卡行列的机构越来越多，形式上的模仿让这种手段不可避免地遇到“审美疲劳”；有的旅客甚至正直线走着一看到发卡人员来了便马上绕一个弯道然后继续走；有的旅客则干脆一手麻利地接过马上再扔进垃圾桶。

在度假业务的宣传上，携程改变了方法，采取更加精准的方式对特定的人群、在特定的时间和地点进行推广。目前，携程在南京、杭州、成都等机场推出了全新的“携程度假体验中心”，从这里开始，用户就可以享受到当地的资源供应商所提供的各种度假产品。体验中心的店面装修明快，店里摆放着几台笔记本电脑，穿戴整齐的工作人员来回走动请客人使用电脑，教他们如何上携程网预订酒店、机票或是度假产品，同时，现场还会举办“玩转长周末”等互动活动，客人有机会赢取小礼品。“携程度假体验中心”的工作人员并不是携程的销售人员，没有销售指标。销售部依然有专门的人员在机场内发放会员卡，并会把客人带到这里进行亲身体验。正是因为没有销售压力，体验中心的工作人员便不会像一般的销售人员那样喋喋不休，在用户体验方面就可以取得更好的效果。

在商旅管理上，携程的商旅管理部门建立了一个独立于机票和酒店系统之外的呼叫中心。换言之，公司的 B2C 与 B2B 业务有两套预订人员。携程认为，公司客户与散客的最大区别在于公司客户的重复预订和购买频率较高，甚至有专门的预订采购人员，“一天订十几次”，这个时候，商旅部门就必须用一种有别于个人客户的方式和他打交道。商旅的客服人员对客户的差旅习惯会做深入的了解，譬如哪家公司是国旅的常客，哪位高管只住特定品牌的酒店，这些个性化的差旅政策、预订习惯和支付方式，客服人员会了然于心，不用每次再向企业用户确认。根据计划，携程在机票和酒店的业务比例会逐渐缩小，从而将更多的精力放在度假和商旅管理上。如何走出旧有模式，让新生模式成为盈利主导，是携程努力的方向。

31.4.2 延伸产业链

为了延伸产业链，携程已经将触角伸向了旅行社、汽车租赁等各个领域，力求纵向发展。2008 年 11 月，携程与国内最大的景区票务直销网——“驴妈妈”——签订一份战略合作协议，双方约定将共同为景区输送中高端旅游人群。此举标志着中国两大旅游电子商务走到一起，充分调动了各自领域的优势资源，在联合营销层面展开深度合作，共同促进双方网站产品的市场号召力和影响力，携手为自助游游客打造一个最具规模的全方位旅游服务平台。

过去，国内旅游业基本以旅行社为主导，景点的资源配置大都按观光游的模式运作。但近年来，随着生活水准的提高，自助游正逐渐成为国内旅游业的主流。数据显示，未来几年内自助游游客在客源中的比重将达到 70%。其中，超过 90%的自助游游客会通过网络了解、选择出游目的地。无论是着眼于散客的行为习惯，还是从上世纪 90 年代以来发达旅游国家和地区的旅游业发展历程来看，以便捷性、优惠性、个性化为特征的旅游电子商务平台都是景区迎接“散客潮”时代的必然选择。为顺应这一需求，驴妈妈景区票务直销网在旅游电子商务界横空出世。截至 2008 年 11 月 17 日，驴妈妈加盟景区已达到 624 家，覆盖中国绝大多数省份，其中 3A 评级及以上的景区所占比例已经超过 50%，更包括了周庄古镇、海南南山、福建武夷山、宜昌三峡大坝等多家国内著名 5A 级景区。用户在驴妈妈网站上订完门票后，再点击一下，就能直接切换到携程的界面订机票和酒店。

驴妈妈与携程此次战略合作对双方的长远发展都具有重要意义。对驴妈妈而言，此项合作将有望直接把驴妈妈的景区门票直销业务推介给携程的 1900 万会员，从而实现其会员数量的跨越式增长；对携程来说，阻碍自助游游客进入景区消费的最大障碍——景区门票价格普遍偏高的问题，将由此迎刃而解，这将是巩固携程在国内酒店机票预订领域优势地位的重要砝码。

在租车领域方面，携程在目的地与当地的旅行社或租车公司合作，为客户提供机场接送服务。目前，携程做的只是借用当地资源，为客户提供服务的解决方案，对当地的租车公司而言，携程提供的是客户的增量，共同开拓当地的市场。但是如何像国外的代理公司一样提供高附加值的服务，携程还在学习和摸索中。

31.4.3　应用大数据推动业务发展

2015 年，中国的旅游业保持着高速发展。在不断进步的过程中大数据起到了非常重要的作用，大数据已经成为指导整个行业发展的核心。

从大数据的体量上来看，携程网在行业中处于非常领先的地位，2.5 亿的用户群体每天会为携程网带来接近 4T 的浏览、预订的行为数据。携程网通过庞大的智能数据库，自主研发并建立起了可视化订单展示系统及个性化推荐系统，这两个系统的诞生帮助携程更加了解用户，同时也促使携程网的服务和产品更贴近用户的个性化需求。

借助可视化订单系统，携程网能够实时地了解出发地及目的地的热度情况、分析用户的出行趋势，在多次发布旅客群体、出行主题类的行业分析报告后，这套系统的实际应用效果远超携程网和业内专家的预期。同时，个性化推荐系统主要针对用户的预订过程，通过对用户的地理位置、浏览行为和历史画像的分析，细化并猜测出行意图，同步推送合适的产品和线路，大量节省用户的预订耗时。

未来，携程网将利用大数据在目的地资源、行程规划、用户行为等方面深入挖掘有价值的资源和内容，促使整个行业的产品与技术获得进一步的发展。

参考资料

[1]　黄锴. 携程开始“狙击”分食市场份额新竞争对手. 21 世纪经济报，2009.

[2]　中国在线旅游竞争加剧携程抛离对手[EB/OL] (2007-05-21)[2009-06-20]. 新浪网: http://tech.sina.com.cn/i/2007-05-21/09221517440.shtml.

[3]　王泽蕴. 3•15 大话旅游:消费者乐见高品质旅游产品[EB/OL](2007-03-14)[2009-06-20].

中计在线: http://news.ciw.com.cn/news/20070314103401.shtml.

[4] 三创动态. 企业案例：携程网[EB/OL](2009-03-17)[2009-06-20]. 三创网：http://www.eccontest.org.cn/sanchuang/sanchuangdongtai/qiyesanchuanganli/T3257.shtml.

[5] 江文兵. 携程遭遇品牌危机:艺龙制定三大战役追赶策略[EB/OL].(2009-03-31)[2009-06-20]. 中国站长站: http://www.chinaz.com/News/IT/030BVP2009.html.

[6] 携程旅行网《2014在线出境旅游报告》[EB/OL](2015-03-06)[2015-08-06]. http://www.dotour.cn/article/12148.html.

[7] 天霸商场网.携程2015年三季度净利润大涨[EB/OL](2015-11-20)[2015-12-26]. http://mammon.tbshops.com/Html/news/386/192890.html.

案例 32　驴　妈　妈

32.1　驴妈妈简介

驴妈妈旅游网(简称驴妈妈)初期是一家旅游咨询公司，随着自助游的兴起，驴妈妈网创始人洪清华想搭建一个自助游网络平台，在帮助自助旅游客人获得景区折扣门票的同时，景区获得更多人流，而网络平台从中抽取佣金。2008 年初驴妈妈旅游网正式上线，是中国的新型 B2C 旅游电子商务网站，中国的自助游产品预订及资讯服务平台。成立之初，驴妈妈就以自助游服务商定位市场，为此驴妈妈旅游网通过以销售景区票务为核心，融合景区“精准营销”和“网络分销”的需求，为景区搭建网上门票销售平台。

同时，驴妈妈旅游网致力于将传统旅游线下运营和网络营销有机结合，为旅游企业提供精准网络营销，包括为旅游企业搭建提供在线电子商务平台、产品分销、网络营销策划、活动策划、网络媒体投放等整合营销服务。秉承“诚信、激情、创新、多赢”的企业理念，驴妈妈旅游网将鼎力支持旅游企业全面提升电子商务应用水平和网络营销应用能力。根据 2015 年 10 月劲旅智库数据，驴妈妈旅游网稳居在线旅游网站流量前三。驴妈妈 APP 客户端累计下载量超 5 亿，覆盖景区 7000 家，合作伙伴超 3 万家。

驴妈妈旅游网总部设在上海，已在北京、广州、重庆、天津、南京、无锡、苏州、杭州、宁波等 64 个城市设立分/子公司，覆盖国内重要旅游目的地和客源地，形成全国深度布局、线上线下 O2O 一站式服务。

驴妈妈母公司景域集团连续四年入选“中国旅游集团 20 强”，2015 年 12 月 17 日在北京股转中心挂牌上市(证券简称：景域文化　证券代码：835188)。

图 32-1　驴妈妈旅游网的互联网主页

32.2　驴妈妈的商业模式

32.2.1　战略目标

初期，驴妈妈与国内一批景区形成互利共赢的战略合作。随后，驴妈妈从“中介型网站”向“服务型网站”转型。所有合作景区将在驴妈妈网上拥有各自独立的分销平台，游客将能够直接与景区对接实现各环节票务的定购，并为游客设计、提供个性化产品。

驴妈妈重点向几千万中高端自助游客推介 300 家著名景区，其中包括绝大部分国家 5A 级景区、部分 4A 级景区以及在游客群体中具有良好口碑的各类国家级风景名胜区等。驴妈妈网络将覆盖全国各大板块热点区域，从而实现真正的精准营销和电子化分销。景区票务直销只是驴妈妈梦想的开端，提供景区电子商务服务和网络营销，做散客旅游市场最大的服务商，才是驴妈妈的终极构想。

32.2.2　产品和服务

随着业务的不断深入，目前驴妈妈所提供的产品不仅有景区门票，而且包含“景区+酒店”的自由行产品、旅游团购、国内游、出境游、精品酒店等多品类产品，继而成为以自助游产品为核心特色的旅游综合服务网站。驴妈妈旅游网陆续上线了特色酒店、度假村，供游客在购买景区门票时进行自由选择或搭配。

32.2.3　目标客户

驴妈妈网的主要目标客户是热爱旅游、有时间精力的散客和自助游人群。这类人群在选择消费或服务方面自主性较高，且对所选择对象好感较强烈，但其消费地位同时也较不受商品或服务提供方重视，具有自主性、灵活性和多样性的特征。在旅游产品的购买上强调“点菜式”或“量体裁衣式”，游客自愿结合，自定路线，“随走随买”，而非一次性付清旅行费用或完全被动接受既定的旅游项目。自助游客的核心价值在于进入景区后的二次消费。驴妈妈通过打造景区票务直销平台和景区整体营销平台，为景区输送更多的游客，引导他们进行二次消费。

32.2.4　景区票务+网络营销商业模式

驴妈妈通过打造景区票务直销平台和景区整体营销平台，为景区输送更多的游客，同时，通过降低面向散客的景区门票价格门槛，为占到出游比例超一半的散客群体提供优惠的门票。驴妈妈为自主旅游者提供超过 10000 种景点门票低价订购服务。

作为一家新型的 B2C 旅游电子商务网站，驴妈妈的着眼点绝不仅仅在门票预订。与携程模式相似，驴妈妈也以预订业务作为平台和切入点。通过对全国景区门票、酒店、机票预订市场信息(上游信息)和旅游消费者信息(下游信息)的全面整合，把供应商和消费者连接起来，一边服务全国数千万会员客户，另一边则与全国数千家景区及其他旅游相关环节的产品供应商战略互联，同时与各行业网站、媒体达成营销联盟，在上下游资源无缝对接中扮演最好的“红娘”。

驴妈妈为游客(特别是自助游客)和景区双方打造一个在线买卖交易平台，盘活景区内部资源，降低自助游客出游门槛。景区通过这一全新的电子商务平台，可以大大节约营销成本，增加分销渠道，吸引更多有消费能力的中高端自助游客。

驴妈妈不仅为旅游景区搭建平台，同时为其他产业创造平台。2011 年驴妈妈旅游网与百事联合举办活动，借此向社会发放一定数量的优惠券，目的是降低旅游门槛，刺激游客对驴妈妈旅游网的使用频率来挖掘潜在客户。2012 年，驴妈妈携手 JEEPCompass 开展自驾游中华的活动，一方面游客在获得体验 JEEPCompss 机会的同时享受各类景区优惠，另一方面促进景区综合收益的提升。在这一系列活动中，驴妈妈旅游网通过为其他产品搭建平台收取一定的广告费，更重要的是驴妈妈旅游网在与其他产品互动的同时刺激网站的点击率，促进自身线上与旅游相关产品的推销。

32.2.5　核心能力

驴妈妈并不仅仅是一个旅游产品的网购平台，还是目前国内最丰富的旅游目的地信息提供平台和国内人气最旺的旅游社区。

基于“散客时代”中国旅游市场的现状和趋势，驴妈妈以景区票务为切入点，融合景区“精准营销”和“网络分销”的需求，使景区以“零投入”的方式拥有了自己的门票网上预订平台；根据自由行游客的行为特征，驴妈妈通过电子商务“便捷、优惠及个性化”的定制服务，满足了“自由行”游客的需求，最终成为国内最好的自由行产品设计和自助游服务平台及景区整合营销平台。

32.2.6　竞争优势

驴妈妈旅游网从创立至今发展态势良好，从最初顺利获得天使投资到完成几轮融资，这个成立不到几年的旅游网站取得这样良好的业绩，其优势主要表现在：

(1) 从背景来看，“散客”成为旅游中的主要人群。旅游市场提供的数据表明：以往通常 80%的游客是跟团游，20%是散客；而如今却是 7%的商务旅行，21%左右是跟团，70%左右是散客。未来的旅游市场将以散客的消费为主，加之随着生活水平的不断提高，私家车的数量越来越多，在一定程度上促使当下的游客选择自驾出行。

(2) 多板块的良性互动，促使驴妈妈旅游网具有竞争优势。驴妈妈旅游网所属的景域国际旅游运营集团汇集了中国旅游产业链上各环节领军人物，由五大事业版块构成：奇创旅游规划咨询机构是中国极具影响力的旅游咨询运营机构；景域旅游发展有限公司是中国一流的专业景区投资运营管理机构；奇创节庆是中国节庆策划及执行一站式服务专家；景域旅游营销中心是中国最专业的营销、策划及执行机构；《携程自由行》是定期出版的旅游杂志，介绍各种最新旅游资讯；而驴妈妈旅游网则专注于景区电子商务，在景区和游客间搭建沟通的桥梁。

32.2.7　盈利模式

(1) 景区门票分销佣金收入。通过与上游旅游产品供应商的战略合作，网站可以获得相对优惠的价格政策。一般，驴妈妈可以拿到景区 4 到 8 折的折扣，然后以 6 到 9 折给客户，从中提取一定的佣金。

(2) 会员费。在成为驴妈妈会员后，每年只需付一定数额的会员费，驴妈妈就会为景区提供系列电子商务支持服务，景区的后台系统就交由其自行管理，驴妈妈只需要输送客源，这时收取会员费就成为主要收入。

(3) 广告费。驴妈妈的第三种模式，是实现从“中介型网站”向“服务型网站”的转型，吸引景区在驴妈妈旅游网上做精准营销推广，从中收取广告费用。

截至 2015 年，驴妈妈旅游网已经与 2000 多家景区签署了合作协议。目前，该公司的收入还是以门票佣金为主，另两种模式为辅，但今后这三种模式将并重。

32.3　驴妈妈网站的管理模式

32.3.1　客户关系处理

对客户：驴妈妈全新打造景区票务直销新模式，同时为景区及目的地提供精准网络营销服务，为景区插上精准营销和票务直销的新双翼。

对游客：创立伊始，驴妈妈就定位于“妈妈般呵护驴友”，力求提供驴友所需要的资讯，帮助自助游客降低景区票价门槛，为驴友提供游玩体验交流平台。驴妈妈通过电子商务“便捷、优惠及个性化”的定制服务，满足了“自由行”游客的需求，打一个电话就可以咨询到很多信息，也会得到好产品的推荐。驴妈妈致力于“降低景区的门槛，降低游客的心坎”，做到“一个人、一张票”也可享受优惠，从打折的酒店、机票到优惠的景区门票，为自助游客提供真正的一站式旅游服务。

32.3.2　营销管理

(1) 线上分销票务，线下精准营销。线上驴妈妈旅游网通过打折门票、优惠券、团购优惠，按季节按人群实行多种门票打折促销手段，线下则采取针对特定营销对象的精准营销。如在筹划“西塘古镇”的宣传推广时，除了采取线上分销票务、专题呈现之外，还在上海各大高校进行“万名大学生畅游西塘古镇”的地面营销。

(2) 旅游社区和 E 景通。驴妈妈并不仅仅是一个旅游产品的网购平台，还是目前国内最丰富的旅游目的地信息提供平台和国内人气最旺的旅游社区。通过与景区后台搭建“E 景通”系统，实现数千家景区的节庆活动、价格调整等动态信息的即时更新，并已累积到超过 65 万条网友点评的旅行参考。

(3) 旅游媒体营销联盟。驴妈妈搭建了一个庞大的旅游媒体营销联盟：驴妈妈旅游网平台+《携程自由行》杂志+国际国内多家旅游相关的媒体，共同组成一个旅游媒体联盟，成为景区精准营销的又一有力武器。依托这个平台，景区就能完成系统的营销规划，低成本全方位地导入大批中高端自助游客，实现分销与营销的充分融合，景区与游客的无缝衔接。

32.4　驴妈妈网站的资本模式

2008 年，驴妈妈旅游网获得了包括携程旅行网联合创始人 CEO 范敏、资深天使投资家杨振宇、分众传媒副总裁钱倩等在内多位投资人的首轮投资，2009 年 8 月又吸引数千万元风险投资基金，2010 年 12 月再次获得红杉资本和鼎晖创投的联合投资。

32.5　驴妈妈网站的技术模式

驴妈妈旅游网致力于运用标准化的信息技术服务于国内景区。其中，二维码技术、景区后台管理系统以及客户服务系统等三大创新技术都将成为景区进入信息标准化时代的“引路人”。

参考资料

[1] 吴痕. 驴妈妈旅游电子商务的创新者[J]. 华人世界.2009(11):44-46.

[2] 李滢. 浅析旅游网站未来的发展动向-以驴妈妈网为例[J]. 新闻世界.2012(8):111-112.

[3] 新浪国际.驴妈妈名列《2015 互联网+国内旅行社排行榜》前茅[EB/OL].(2015-08-26)[2015-12-26]. http://news.sina.com.cn/o/2015-08-26/doc-ifxhcvrn0650656.shtml.

[4] 新浪旅游. 景域驴妈妈 2015 增速领先 争创旅游 O2O 第一品牌[EB/OL](2015-08-26)[2015-12-26]. http://travel.sina.com.cn/china/2015-12-11/2152319710.shtml.

案例 33　智联招聘网

33.1　智联招聘网简介

智联招聘网成立于 1997 年，是国内最早、最专业的人力资源服务商之一。它的前身是 1994 年创建的猎头公司智联(Alliance)公司，其独特的历史为智联招聘网的专业品质奠定了基石，积累了宝贵的人力资源服务经验和优秀的客户。

目前，智联招聘网主要是面向大型公司和快速发展的中小企业，提供一站式专业人力资源服务，包括网络招聘、报纸招聘、校园招聘、猎头服务、招聘外包、企业培训以及人才测评等等，并在中国首创了人力资源高端杂志《首席人才官》，是拥有政府颁发的人才服务许可证和劳务派遣许可证的专业服务机构。智联招聘总部位于北京，在上海、广州、深圳、天津、西安、成都、南京、杭州、武汉、长沙、苏州、沈阳、长春、大连、济南、青岛、郑州、哈尔滨、福州等城市设有分公司，业务遍及全国 50 多个城市。从创建以来，已经为超过 190 万家客户提供了专业人力资源服务。智联招聘网的客户遍及各行各业，尤其在 IT、快速消费品、工业制造、医药保健、咨询及金融服务等领域享有丰富的经验。

2014 年 6 月 12 日，智联招聘(纽交所交易代码：ZPIN)正式在纽交所挂牌上市。上市后，智联招聘积极进行战略转型，以覆盖求职者整个职业生涯为出发点，打造“3 的三次方”产品模型，即为学生、白领、高端(专业人士或管理人士)匹配 3 类产品：测评(我是谁)、网络招聘(我能干什么)、教育培训(我如何进步)，并通过线上、线下、无线三个渠道，为职场人的全面发展打造平台，从而实现从“简历仓库”到“人才加工厂”的战略转型，为中国人才市场打造一个闭环生态链。2015 财年智联招聘全年实现总营收 12.899 亿元，比上一财年增长 19.5%；全年净利润为 2.526 亿元，同比猛增 35.3%；全年在线招聘业务收入同比增长 21.2%，达到人民币 10.694 亿元；注册用户数达到 1.01 亿人；网站日均用户独立访问数近 230 万。智联招聘网的因特网主页(http://www.zhaopin.com/)如图 33-1 所示。

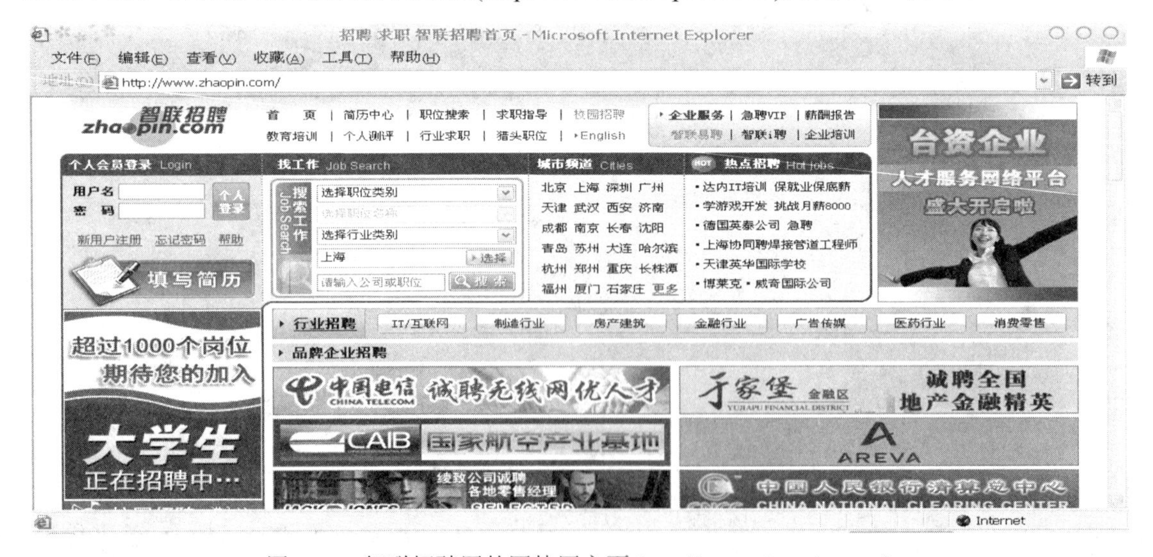

图 33-1　智联招聘网的因特网主页(http://www.zhaopin.com/)

33.2　智联招聘网的特色服务

33.2.1　网上招聘服务

在智联招聘网上，用户可以通过注册、在线填写简历直接申请职位。在进行工作搜索时，可以通过行业、职位、城市、企业名称等一系列关键词直接锁定目标工作。作为中国领先的人才网站，智联招聘还为个人用户提供面试指导、简历细节提醒、跳槽须知等个性化服务。简历方面，智联招聘网站会为用户提供一些模板作为选择，不仅有中英文双语简历，还分别为商务人士和大学毕业生专门设计了符合他们情况的模板。智联招聘网上的大学生简历模板如图 33-2 所示。

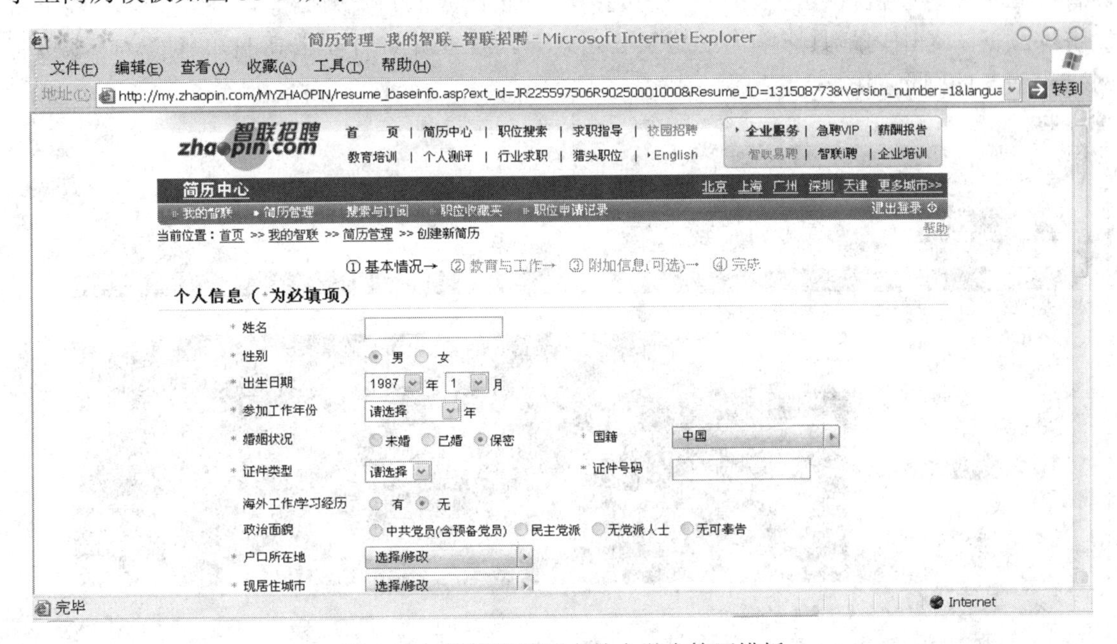

图 33-2　智联招聘网上的大学生简历模板

智联招聘网为企业客户提供以网络招聘为核心的人才解决方案，无论是求职者还是企业 HR 都可以获得智联招聘提供的专业人才招聘服务。随着金融危机影响的日益扩散，对企业而言，面对日趋紧张的资金压力，传统的招聘会、宣讲会对企业的人力、物力都是一种消耗；对求职者而言，参加传统招聘会费时费力，排几个小时队只为递一份简历，对求职者的精神也是一次巨大的摧残。于是，既能为企业减少招聘成本，又能为求职者提供更多就业机会的网上招聘，在这个时刻尽显优势。截止到 2008 年 10 月份，智联招聘网站求职者注册用户已达 3000 万，与智联招聘正式签署合同的招聘企业总数也由 149 万上升至 190 万，招聘企业通过智联招聘网站为应届毕业生提供的职位数比去年同期大幅增长了 58.52%。

33.2.2　报纸招聘服务

智联招聘与北京、天津、哈尔滨、上海、沈阳等全国众多重点城市的主流高端的平面报纸媒体强强联手，每周推出专业的《智联招聘周刊》，成为各城市最为专业的招聘周刊之一。《智联招聘周刊》每周不仅随主报几十万份的发行量发行，同时还增印数万份，一周七天不间断在当地千余家书报摊亭发放，在百余座商务写字楼，白领消费场所免费赠阅，并在当地的人才市场、高等院校、外来人口聚集地等热点地区免费派发，有效提高了企业招聘效果。

33.2.3　猎头服务

智联猎头(Alliance Executive Search)是中国最早的外资猎头公司之一，创立之初的宗旨就是要努力成为中国大陆最具水准的招聘服务供应商，曾经协助超过数百家国际性企业和本土公司招聘中国最杰出的经理人和其他高级专业人才。目前，智联的猎头业务遍布全国，已经在北京、上海、天津、深圳、南京、成都、苏州等二十多个城市设有猎头办事机构，拥有近二十家办事机构近百人的顾问团队，其中北京、上海实力雄厚，拥有多名经验丰富的资深顾问，是国内最具影响力的猎头公司之一，在业界具有非常高的知名度。智联招聘网猎头服务的网页如图 33-3 所示。

图 33-3　智联招聘网猎头服务的网页

33.2.4　培训服务

2001 年，智联招聘网推出了培训服务，范围包括公开课、认证、企业内训及个人测评，已经为大量跨国公司、民营企业、国有企业及其员工提供了非常有针对性的培训方案与课程体系。智联招聘网的培训服务以针对性和实效性为特点，课程涉及战略、营销、管理、团队、人力资源、职业素质等多个方面；同时依托专业化的人才测评服务，完善企业人才招聘、岗位竞聘、团队诊断等提升核心竞争力的重要环节。例如，在个人测评服务中，用户可以在线进行职业兴趣测试、IQ 测试和 EQ 测试等，通过测试来寻找自己的兴趣点，了解自己的 IQ 水平和情绪反应类型，发现自身潜能找到相应的岗位，进而提升职场上的竞争力。

33.2.5　校园招聘服务

智联招聘网为企业提供全线的校园招聘产品，服务项目包括：为校园招聘策划提供解决方案，为校园招聘提供在线的广告宣传平台，执行和管理校园内招聘活动，为校园内招聘的公司做品牌的推广、宣传形象设计及礼物制作；管理校园招聘简历系统；组织候选人的笔试、面试以及进行人才测评服务。目前，智联招聘已经为戴姆勒·克莱斯勒、卡夫食品、吉百利、丰田汽车、雀巢、英国石油、壳牌等众多知名跨国企业提供了校园招聘服务。

33.2.6　“急聘 VIP”服务

“急聘 VIP”是一种资源有限的职位搜索结果优先排名服务，可以使企业用少量的投入在短时间内带来大量的简历申请，从而有效提升企业的招聘效果和品牌知名度。为了更好地展示企业文化和雇主品牌，提高企业收取简历的质量，在普通“急聘”排名基础上，“急聘 VIP”服务使得企业拥有特殊职位的页面、电子地图、普通职位附加列明及专人采访等 VIP 贵宾服务。

33.2.7　智联社区

智联招聘网推出了智联论坛的延伸智联社区，其中不仅延续了原来 BBS 功能，还有 Blog、在线访谈等新功能登场，其目的就是为求职者、HR、职场老手搭建一个交流的空间和平台，让用户尽情徜徉在网络的职场空间中，分享职场中的问题、感悟、快乐和成就。与社区搭配的是智联招聘推出的《首席人才官》，这本期刊从国际视角、本地化切入，专访业内知名企业人力资源高管及专家学者；以“高度、视野、深入、生动”为原则，内容包括中国人力资本管理领袖意见、成功案例、先锋实践、变革故事等。目前每期读者超过 10 万人，该期刊已成为中国人力资源领域具有专业水准、专注人力资源管理报道和深度剖析的旗帜性专业杂志。

33.3　智联招聘网的营销策略

2009 年 3 月，在艾瑞咨询评出的“年度中国最佳成长互联网企业”中，智联招聘网获得“2008 年度中国最佳成长招聘网站”奖项。数据显示，智联招聘网在 2008 年网站月度覆盖人数、营收增长率和市场份额增长率位居行业第一，这与网站营销密不可分。智联招聘网的营销手法主要包括大量的广告和与媒体联合。

33.3.1　大量投放广告

智联招聘网在广告投放方面有两个特点：广告方式多，投放密度大。2008 年，智联招聘网采取了线上和线下配合的方式，其中网络营销包括品牌广告展示(与除新浪外的门户签订排他性投放协议)，搜索引擎关键字，视频贴片广告等多种形式，而线下投放包括电视广告、地铁广告、车身广告、楼宇电视广告、平面媒体广告等，几乎涵盖了线上线下所有主流的投放渠道。

在广告投放方法中采取多渠道同时投放的原则，在短时间内对用户和潜在用户进行冲击，投放策略定位于重点用户——白领，对其生活轨迹中进行了包围式宣传。艾瑞网络广告监测系统 iAdTracker 监测数据显示，在 2007 和 2008 年的互联网品牌广告投放中，智联招聘遥遥领先，投放金额超过微软、可口可乐等跨国公司。智联招聘在 2008 年的投放额是竞争者中华英才网的 2.47 倍，是前程无忧的 5.59 倍。艾瑞 iUserTracker 网民行为监测数据显示，2008 年智联招聘网站月均覆盖人数 1648 万人，同比增长 48.5%，居于行业领先地位。艾瑞咨询认为，在招聘网站产品同质化的背景下，智联招聘网在流量方面的提升对占领市场有一定的作用。

33.3.2　与媒体开展广泛合作

从创办之日起，智联招聘就非常重视与大型媒体的合作。2003 年，智联招聘与中央电视台经济频道联合推出了《绝对挑战》栏目，作为独家人才支持机构，智联招聘负责寻找招聘企业和对求职选手的筛选、推荐、审核、面试、测评等工作，与中央电视台共同打造了国内唯一一档真实招聘的电视节目。在节目中，智联招聘网以专业精神深度关切职场求职人的生存状态，节目之外平均每年提供 75 份职场人生存调查研究报告。

2005 年，智联招聘又与中央电视台最具影响力的新闻评论栏目《东方时空》联合打造了最具影响力的专业职场调查——“第一品牌”。通过与央视一套黄金时间联合制作播出的数十期调查节目，智联招聘网与企业雇主和求职者分享了最新的调查发现，为双方分别给予了专业指导。

2007 年，智联招聘携手凤凰卫视《鲁豫有约》，推出特别节目——职场人生，邀请知名企业进行现场招聘，讲述普通求职者的故事。

2008 年，智联招聘与北京电视台展开全面合作，联手打造了四档精彩的职场栏目。第一档是与 BTV-8 每日播出的访谈类节目《第八区》合作，在节目中智联招聘提供了大量的招聘信息滚动发布，并带来职场人士最关注的种种话题，与观众讨论互动。第二档是与 BTV-5 日播明星主持人脱口秀《上班这点事儿》合作，由智联招聘独家提供职场数据调查。第三档是与 BTV-8 周播职场真人秀《替身》合作，智联招聘作为独家人力资源供应商和网上唯一报名渠道，为职场人打造职业交换的“精彩人生”，以体验式的职业互换拨开白领族群职场迷雾。第四档是与 BTV-3 周播电视招聘节目《职场训练营》合作，由智联招聘全程提供人力资源服务支持，打造北京地区的“绝对挑战”。

通过与媒体合作，智联招聘一方面宣传了品牌，提升了形象，另一方面通过与传统媒体的内容合作，也充实了自我，丰富了网站内容和社会效益。

33.4　我国招聘类网站面临的困境

从 2008 年一季度开始，智联招聘网、中华英才网、前程无忧三大招聘网站巨头就连连爆出亏损或业绩下滑的消息。2008 年 9 月，中华英才网传出其第二季度再次亏损而可能被全盘收购的消息，引发人们对国内招聘网站盈利能力的质疑。目前，我国的大型招聘网站还处在粗放型的营销阶段。除了面临亏损的窘境，招聘网站不惜血本的广告大战、专业服务上的不够深化以及外资吞噬，已为这个新兴行业设下了重重困局。

33.4.1　巨额的广告压力

为了提高知名度，从 2007 年开始，各大招聘网站不惜血本投放广告。仅 2007 年第四季度，智联招聘在广告投放上的费用就多达 2500 多万元；前程无忧 2007 年全年的市场推广费高达 1.8 亿元，广告费用约占 40%；中华英才网 2008 年度市场推广预算也达到 1.8 亿元，比 2007 年增长 16%。强大的广告投放对于竞争格局的影响只持续了较短的时间。由于 2007 年第四季度智联招聘和中华英才网与各门户网站签订的排他广告投放协议，使得前程无忧在 2007 年第四季度的网站推广受到了影响，其浏览时间在 2007 年第四季度的招聘旺季反而出现下降，到了 2008 年第一季度，前程无忧开始反弹并增长。

然而，巨额的广告费用使得招聘网站陷入了亏损的困境。2007 年下半年，智联招聘亏损了 780 万美元，比 2006 年同期亏损度增加 95%。中华英才网在 2008 年第二季度也再次亏损了 380 万美元。三大网络招聘巨头中唯一上市的前程无忧在 2008 年第二季度的净利润约合 320 万美元，同比增长 63.4%；但在第一季度，其净利润约合 320 万美元，同比下滑了 30.8%。

目前，在金融危机的影响下大批中小企业进入困境，许多行业都正在遭遇寒流，以企业客户为经营主体的招聘类网站也受到波及；另外，招聘类网站同质化的产品或服务也逐渐跟不上客户需求的变化，再加上行业竞争激烈程度的加剧，经营成本上升，行业平均利润率下降，使得一些网站难逃亏损的魔咒。

33.4.2　服务不尽如人意

在招聘网站为企业和人才提供的招聘求职信息服务中，先由企业在线上发布招聘信息，然后人才留下个人简历，之后的工作就完全由招聘企业和求职人才自己完成。这样一来，造成了一个企业的招聘信息或主动或被动地出现在多家招聘网站上，一个人才的简历也被多家人才服务机构留存，招聘求职信息的价值越来越低。其实除了信息服务，用户还需要更多的专业服务，包括与人才更方便的接触、提供面试甄选工具辅助选人、人才背景调查、专业顾问指导招聘工作等，但这些服务各大招聘网站都没有涉及。

要真正实现用户数量增长，必须从根本上提高用户体验度，才能使招聘网站发展走向正轨。比如，除了提供大量职位信息外，招聘网站还应该为应聘者提供与企业方便甚至是直接接触的机会，指导其求职过程、帮助其了解企业目标等，而不能只是将简历提交了事。

33.4.3　外资强有力的威胁

新的《劳动合同法》实施后，企业的用工成本在增加，于是一些制造业、消费品业开始把一些用工部分外包出去，这为招聘网站的业务拓展提供了机遇，巨大的市场潜力已经显现了出来。据艾瑞咨询研究显示，2007 年中国网络招聘市场规模达到了 9.7 亿元，环比增长 27.6%；2008 年中国网络招聘市场规模将达到了 12.5 亿元，同比增长 28.9%，预计到 2010 年该市场将突破 26 亿元。

面对巨大的市场，国外资本力量开始对本土企业大规模进军。2005 年 10 月，前程无忧在纳斯达克上市后不久，日本 Recruit 公司按照市值 7 亿元人民币的估值收购了其 15%的股权，并承诺将在 3 年内将这一收购比例提高至 40%。爱尔兰最大的网络招聘集团 Saongroup.com 也正在酝酿进入中国市场，包括软银、IDG，甚至微软、GOOGLE 都正在考虑涉足网络招聘行业。

33.5　智联招聘未来的发展方向

为了应对金融危机，智联招聘做出了相应策略改变。在控制成本方面，智联招聘网主要采取调整资源分配措施。通过前面几年的市场推广铺垫，智联招聘已经占据了较大的市场份额，在网络招聘业中占据了有利的市场位置。现在智联招聘的用户快速增长期已过，未来将把重点放到提升产品质量、增加营收方面。智联招聘认为，现阶段网络招聘已经被广泛认可，每年新增的用户数量比以往几年会有所减少，用户们开始更关注网络招聘的产品、服务，此时想要留住用户，靠大规模的广告投放就不是最有效的方式了。在未来，智联招聘会更加理性地对待客户、合作伙伴，并将主要力量放在如何服务和留住已经得到的用户和客户上，来获取更高的投资回报。

参 考 资 料

[1] 胡钰. 寻求盈利模式突破招聘网站急需内外兼修. 华夏时报. 2008-09-06.

[2] 智联招聘 2015 财年业绩持续增长，构建人才服务领域新春天[EB/OL](2015-08-20)[2015-08-27]. http://www.admin5.com/article/20150820/617788.shtml

案例 34　齐　家　网

34.1　齐家网简介

齐家网隶属上海齐家网信息科技股份有限公司，成立于 2005 年 3 月，是专注于装修、建材、家居垂直领域的电子商务平台。通过 O2O 模式和互联网技术为网络家装用户提供更低的价格、更高品质的产品和更好的家装服务，帮助业主实现轻松、放心的家装体验。齐家网秉承客户为先的理念，提供先行赔付、正品保障、装修齐家保、装修老娘舅、齐家钱包等特色服务与产品。至 2015 年 8 月，齐家网在全国拥有 69 家城市分站，900 万注册会员和 4 万家建材家居品牌供应商，汇聚全国知名设计师 25 万人，已为 825 万业主提供装修解决方案。

图 34-1 是齐家网的互联网主页(http://www.jia.com/shanghai/)。

图 34-1　齐家网的互联网主页(http://www.jia.com/shanghai/)

2015 年 3 月，齐家网获得 1.6 亿美金的 D 轮融资。资料显示，2007 年齐家网获得苏州中新创投首轮注资，2009 年又获得广发信德的注资，2010 年鼎晖和百度也先后跟进投资。2014 年 11 月，齐家网投资 4.1382 亿入股 A 股上市公司海鸥卫浴(股票代码：002084)，成为了海鸥卫浴的第二大股东。

传统经营模式备受冲击之下，O2O 似乎已被看作家居行业下一个掘金点。2015 年伊始，建材家居企业对 O2O 布局加速，多家家居企业都开始进军互联网，此次齐家网融资成功，将加快其在 O2O 领域布局。齐家网 CEO 邓华金表示："此轮融资首先会继续用于 O2O 百城战略在全国的落地进程；其次将用于打造精良的战斗团队，特别是要储备更多移动端的优秀人才；最后我们将深挖家装细分领域的商业机会，以形成产业闭环，从而为消费者打造更透明的价格、更优质的产品以及更可靠的服务。"

34.2　齐家网的商业运营模式

34.2.1　齐家网商业模式

齐家网的商业模式可以体现为"B+B2C"的模式，即齐家网整合数量众多的供应商，共同建立了一个主要面向 25 至 40 岁之间用户的电子商务平台，并且参与售前、售中和售后的交易。齐家网的盈利来自于两方面，一是商家在网站上促成每单消费所产生的佣金；二是基于平台商家提供整套完善的电子商务解决方案及先进的技术支持、后台订单管理系统，从而收取商家平台服务费；三是依靠庞大用户流量转化而来的广告费。

齐家网商业模式的优势主要体现在三个方面：首先，齐家网在价格方面的竞争力。目前齐家网在全国已有 800 万注册会员，依靠如此规模用户的数量和质量，齐家网的毛利高达 30%，其产品价格不仅远高传统渠道，也高于其他建材类电子商务企业的毛利空间，这就给齐家网的价格竞争带来巨大空间，即可在价格竞争力方面下文章。其次，由于家装建材市场规模的快速扩大，留下了一个不断扩张的市场，同时由于齐家网的商业模式很好地优化和弥补了传统零售渠道的不足，齐家网能够不断蚕食传统零售渠道的市场空间，并且在电子商务领域迅速崛起，将竞争对手甩开较大差距，可以推断，齐家网的商业模式具备较强的持续盈利能力。最后，齐家网将电子商务中最难解决的非标准化产品的“服务”进行了标准化的流程设计，面对不同城市众多的品牌商与经销商时，设置不同关键字：商业模式，家装建材，电子商务，价值链使之具备标准化的特性，从而很好地解决了核心的用户体验问题。

但齐家网的商业模式也不是完美的，仍有部分问题没有得到很好的验证和解决。首先，较强的地域性影响使得齐家网在跨地域进行扩张的时候要面对不同地区不同的客户消费需求，与供应商合作时不同的议价能力，因此齐家网自身的庞大流量、广泛的商家合作并不能在扩张时带来自身的比较优势，仍需要从零开始建立业务。其次，上游资源的整合也存在难度。齐家网在进行品牌关系维护与管理时同品牌甚至单一品牌之间存在众多的利益主体，面对这些利益主体时齐家网无法保持统一的议价能力，进行统一的价格政策和合作协议，因此管理难度较大。最后就是经济周期带来的影响。在当下房地产业面临宏观调控并且开始整体过冬的时刻，作为房地产下游的行业，必然面临需求整体萎缩的影响。

因为上述的种种不足，优化齐家网商业模式，主要需从用户模式的优化和加强竞争壁垒两个角度进行。从用户模式的优化角度来讲，通过加强线下的推广可以有效增加用户规模并且降低用户购买成本；要做好网站界面的优化和齐家网在整个服务环节中的参与度，同时建立网络社区，延长产品线，以此来增加用户的黏性，将口碑营销的效果不断放大。从加强竞争壁垒的角度，有效管理上游合作者，不断缩短供应商的渠道链条，不仅节省成本，而且可以降低运营管理的难度，同时摒弃传统电子商务企业不涉及线下的做法，尝试向线下进行延伸，通过跨界并购、线下布点等形式将自身的资产不断变重，从而建立后来者的高进入门槛。

2015 年，作为互联网家装元年，齐家网从“撮合”交易 1.0 时代，迭代首推互联网装修新方式——装修 2.0，为互联网装修重新定义行业标准，采用 F2C 模式(工厂到用户)，用户直接到厂家采购，砍去中间环节，通过统一采购、全国建仓等方式，及时将性价比高、正品保障的产品送到用户手中。将设计、施工、材料三者有机结合，形成一整套解决方案。2015 年齐家网还融入互联网家装签约中心、VR(虚拟现实技术)等技术。用户可以通过 4D 眼镜，直接看到未来自己的家是什么样子，同时进入店铺犹如进入电脑大屏幕，所有产品展示线上线下联动，在有限的空间展示无限的产品信息，帮助用户更好的决策，提高交易频效。

在竞争不断加剧、商业模式不断涌现的今天，商业模式内在的逻辑与可行性固然重要，可更重要的是对于商业模式的理解和执行商业模式的团队，只有存在一个与自身商业模式匹配的外在基础，商业模式的威力才可以最大化发挥出来并带领企业发展壮大。

34.2.2　打造整体家装平台

2015 年 6 月 1 日，齐家网的国内首家互联网整体家装平台正式上线运营。

近年来，随着 85 后、90 后对于家装理念的转变，以及对于装修品质的高要求，对原来传统家装既费力又费心的半包、全包模式已不适应，而更期盼将家装元素打包成整体家装的新业务模式。

齐家网的整体家装产品适应了这种需求。消费者可以选择符合自己需求的装修套餐，齐家网将在整个服务过程中提供最优质的施工保障、服务保障、售后保障和金融等一整套服务。

第一，平台整体家装设计是精选。所有的产品都是经齐家网平台用户群投票选出，齐家网与其他装修平台的区别在于齐家网有着 10 年的用户积累，服务过用户近 900 万。齐家网有实力提供大量的整体家装套餐方案放在用户群和齐家网最美装修 APP 上，让用户投票，只有投票排名靠前的套餐产品，才能有机会进入齐家网的整体家装设计方案中。

第二，合作装修公司是精选。入驻齐家网整体家装平台的装修公司，都具有很强的设计与服务能力。首批入驻齐家网整体家装平台的装修公司有东易日盛、实创装饰、家装 E 站、有住网、聚通装饰、同济经典等多家装饰公司，齐家网与以上的装修公司都签署了合作协议。

第三，施工工人是精选。齐家网精选最大的价值在于对施工工人严格的筛选，挑选最优质的施工师傅，他们至少有四年以上的施工经验。与此同时，该平台还会提供专业标准的施工培训。并且，为了保障工人不偷工减料，齐家网将提供保底的薪资去保障工人的施工质量，同时材齐家网本身也会以第三方监理的身份对整个装修的环节进行监督。

第四，材料是精选。齐家网整体家装平台所有的材料必须是精挑细选，对于价格较高的家装套餐，一定使用一线品牌，不但是 0F2C 直供，且在环保及质量方面确保无任何隐患。即使价格较低的家装套餐，该平台也能整合现有的资源，确保是同类产品的优质厂家生产的主材。

第五，完善的保障服务体系。齐家网将开发基于无线端的服务平台，用于后续用户与施工师傅、装修公司、监理以及齐家网之间的互动，并对每一个环节进行评分。齐家网指出，拿出 10 亿元资金在装修套餐上进行配套，同时和平安保险正式推出装修、防水险，真正做到了对消费者服务保障的百分之百诚意。

34.2.3　从团购、商城到 O2O 的三次转型

成立于 10 年前的齐家网是从团购起步的。适应了当时家居采购的新潮，由于信息不对称，商家处于强势地位，用户买到性价比高的家居/建材并不容易，2006 年 12 月，齐家网推出线上互动品牌专卖店系统(QBS)，开始了网络商城模式的探索。2008 年，齐家网又着力推出了商城(B2C)业务。齐家网的商城(B2C)业务与淘宝、京东的商城业务有很大区别，前者是非标定制品的预约服务的“预约模型”，而后者是“订购模型”。同时，齐家网一直保留着线上导客、线下组织建材/家居团购的业务，

2015 年以来，全国经济增速迈入换挡期，传统建材家居市场进入结构调整阵痛期，管理和交易手段落后、市场规模不断萎缩等问题日渐凸显。可喜的是，“危”与“机”并存，

实体店铺的核心价值濒临垮塌、建材市场的传统价值大大减弱的现象必将倒逼终端渠道的升级，“互联网+”的时代已经来临，家居电子商务企业需要进一步探索新的发展途径。

齐家网认真总结了 10 年的发展历程。以前是通过网络把用户邀约到线下进行交易撮合，现在需要从前端开始将用户的服务体系梳理得更透彻、更连贯，而后端需要将供应链深入到厂方。从家居产品的出厂、安装到交易后的交互体验，都需要串起来形成闭环。

O2O 百城战略是齐家网的第三次转型。2015 年，齐家网 O2O 百城战略全面提速：7 月 19 日，第 36 家店在天津开业；7 月 26 日，第 37 家店在南京开业，同一天第 38 家店在武汉开业；到 2016 年 6 月，齐家网在全国已经拥有 69 家城市分站。

齐家网推行的 O2O 模式，是一种融合了线上和线下服务的全新交易模式，更好地整合了齐家—用户—商家三方构成的三赢模式价值链，为用户省时、省力、省钱，提供一站式建材、家居、装修解决方案，是齐家网打造 O2O 模式建材家居新平台的落脚点。它打破了传统卖场简单的店铺租赁关系，降低销售成本，将最大的优惠反馈给消费者，让齐家网作为第三方平台，与商家、用户形成一种互利互赢、轻松便捷的购物环境。

34.2.4　通过战略合作拓展业务范围

2015 年 7 月，齐家网与东方网力、齐海电商共同签署战略合作框架协议，三方将就智能家居安防系统解决方案的研究开发及市场营销进行合作。

齐家网现已成为国内领先的装修、建材、家居领域电子商务网站，致力于打造家装行业的领军平台 O2O 整合营销，为客户提供便捷的家装体验和服务，提供测量、服务等数据。齐海电商是广州海鸥卫浴用品股份有限公司与其控股子公司珠海承鸥卫浴用品有限公司共同发起成立的公司，定位于为品牌客户提供营销策划以及智能家居产品的电子商务平台。东方网力主要从事视频处理核心技术的持续研发，为行业用户、运营商和企业用户提供全面的视频监控应用解决方案和高品质视频存储产品，并为城市反恐应急、物联网、数字城市、移动互联网提供视频应用支撑。

齐家网此次牵手齐海电商和东方网力，将利用公司在家居装修方面的优势，拓展智能家居、节能产品和安防系统的业务，将催化公司在大众消费领域应用视频互联业务，并在互联网家居与大数据等领域进行市场探索。

参 考 资 料

[1]　齐家网. 关于我们：http://www.jia.com/help/0001.html.

[2]　张兆慧，吴育琛，齐家网：中止上市以后. 创业家，2012(3): 106-109.

[3]　中国行业咨询网. 2015 年中国家居电子商务规模或将达 2050 亿元[EB/OL] (2013-11-07)[2013-12-19]. http://www.china-consulting.cn/news/20130318/s85108.html#.

[4]　孟月. 我国家居行业电子商务应用研究. 电子商务[J]. 2011.

[5]　佚名. 齐家网体验店看“互联网+”[EB/OL](2015-05-05)[2016-06-10]. http://net.chinabyte.com/221/13372221.shtml.

[6]　许洁. 齐家网：互联网上的装修工. 绿色环保建材，2015(7): 44-46.

案例 35　饿　了　么

35.1　饿了么网站简介

“饿了么”(ele.me)是中国最大的餐饮 O2O 平台之一，隶属于上海拉扎斯信息科技有限公司(“拉扎斯”来源于梵文“Rajax”，寓意“激情和能量”)，由张旭豪、康嘉等人于 2009 年 4 月在上海创立。作为 O2O 平台，“饿了么”的自身定位是连接“跟吃有关的一切”。除了现有的餐饮配送业务，目前饿了么已经将触角延伸至商超配送等其他领域。饿了么公司的互联网主页如图 35-1 所示。

图 35-1　饿了么的互联网主页(http：//ele.me)

“饿了么”公司秉承“极致”、“激情”、“创新”的信仰，致力于推进餐饮行业数字化的发展进程。通过“整合线下餐饮品牌和线上网络资源”，用户可以方便地通过手机、电脑搜索周边餐厅，在线订餐、享受美食。与此同时，“饿了么”向用户传达一种健康、年轻化的饮食习惯和生活方式。除了为用户创造价值，“饿了么”率先提出 C2C 网上订餐的概念，为线下餐厅提供一体化运营的解决方案。

据最新披露的数据，2014 年“饿了么”平台交易总订单量达到 1.1 亿，日订单平均值超过 100 万单，峰值 200 万单。其中公司员工超过 2000 人，在线订餐服务已覆盖全国超过 200 个城市，用户量约 2000 万，加盟餐厅超过 20 万家，市场占有率高达 60%。根据易观智库 2015 年上半年《中国互联网餐饮外卖市场研究报告》显示，截止 2015 年 7 月 25 日，上半年饿了么白领商务区细分市场订单份额占比达 37.60%，人数超过 3000 万；饿了么 App 覆盖人数达到 697.18 万人。其中“饿了么”和美团二者的累计订单份额占整体市场 86.49%，持续双寡头局面。

35.2　饿了么电子商务网站的成长历程

2008 年 1 月 27 日，在上海交大机械与动力工程学院宿舍间，张旭豪等几个室友打电脑游戏，玩到午夜 12 点，打电话叫外卖，谁知电话要么打不通，要么没人接。大家又抱怨又无奈，饿着肚子聊起来。"这外卖为什么不能晚上送呢?""晚上生意少，赚不到钱，何苦。""倒不如我们自己去取。""干脆我们包个外卖吧。"没想到聊着聊着，创业兴趣被聊了出来。这几个研一的硕士生开始讨论和设计自己的外卖模式，这一聊就聊到了凌晨四五点。当天他们便正式行动，先是"市场调研"——暗访一家家饭店，在店门口记录店家一天能接多少外卖电话、送多少份餐。随后，他们毛遂自荐，从校园周边饭店做起，承揽订餐送餐业务。在宿舍里设一门热线电话，两个人当接线员、调度员，并外聘十来个送餐员。只要学生打进电话，便可一次获知几家饭店的菜单，完成订单。接着，送餐员去饭店取餐，再送到寝室收钱。几个月下来，大大小小有 17 家饭店外包给张旭豪做外卖。他们专门花了几万块钱，印制了"饿了么"外送册，不仅囊括各店菜单，还拉来了汽车美容等周边商家广告，结果基本收回制作成本。整整 1 万本外送册覆盖到了每个寝室，"饿了么"在校内出了名。

尽管"饿了网"在校内出了名，但这种模式只是苦活，他准备取消热线电话，取消代店外送，让顾客与店家在网上自助下单接单。在网址注册上，掐头去尾只用了简简单单的"ele.me"，就这样"饿了么"网站上线了。"饿了么"网站率先提出"C2C 订餐"的概念，在重视订服务餐用户的同时，也重视服务餐厅，搭建用户和餐厅沟通的平台，推动了餐饮行业数字化的发展，成为了区域化电子商务的领跑者。用户在订餐平台上能够看到周边餐厅信息及详细菜单，只需轻轻鼠标一点，美味即刻送到面前。整个订餐流程方便快捷，即使不注册也能订餐。在当今宅文化盛行、食品安全问题突出的时代，饿了么为用户提供了更多吃的选择。

2009 年 4 月"饿了么"网站正式上线，并推出餐厅运营一体化解决方案；10 月，"饿了么"日均订单首次突破 1000 单。2010 年 11 月，手机网页订餐平台正式上线。2011 年 5 月"饿了么"交易额突破 2000 万，先后成立北京分公司和杭州分公司；同年 12 月的日均交易额突破 10000 单，成为中国最大的订餐网站。2012 年 9 月成功推出在线支付功能以及餐厅超级结算系统，率先形成网上订餐闭环系统，此时团队规模超过 200 人。2013 年 11 月完成 2500 万美元 C 轮融资，领投方为红杉资本，其 A 轮投资方金沙江创投、B 轮投资方经纬创投跟投。2014 年 5 月，"饿了么"获得大众点评 8000 万美元投资，成为其深度战略合作伙伴，并预计未来 3 年内上市。2015 年 1 月 27 日，网上订餐平台"饿了么"CEO 张旭豪宣布获腾讯与中信产业基金、京东、大众点评、红杉资本联合投资 3.5 亿美元。

目前，"饿了么"公司员工超过 7000 人，服务已覆盖全国 260 多个城市，用户量超过 2000 万，加盟餐厅 20 万家，日订单超过 200 万单，超过 80%的交易额来自移动端，获得融资总金额近 5 亿美元。

35.3　饿了么电子商务营销策略

35.3.1　商业策略

(1) 战略目标："饿了么"网的战略目标是建立一个完善的"C2C 订餐"的系统，成为中国餐饮业行业的"淘宝网"，秉承"极致、创新、务实"的信仰，致力于推进整个餐饮行业的数字化发展进程，以及快餐行业的总体水平，为用户带来方便快捷订餐体验的同时，也为餐厅提供一体化的运营解决方案，利用移动数字化对接技术将"饿了么"订餐软件植入到移动终端，使人们在随时随地都能订购到美味的食物，真正做到引领餐厅外卖业务电子商务化、信息化的浪潮。

(2) 目标用户：当前，饿了么网主要的用户是全国一二线主要城市的在校大学生；从长远看，“饿了么”的目标用户将会扩展到各个白领阶层，甚至是最广大的全球网民。

(3) 产品和服务：“饿了么”提供的产品和服务是在饿了么订餐交易平台开通有经营权的店铺，发布产品信息，为普通用户提供外卖服务的商家。同时饿了么网为餐厅提供有效的管理软件：自行组装终端。产品和服务很单一，但沿着订餐这条路线深入下去，“饿了么”网认为“核心产品做好了，用户就会忠实，不是说产品要多，我们更相信产品质量要好。”

(4) 赢利模式：网站目前的盈利模式比较简单，其一是向商家拿提成，其二是用户有偿排位(竞价排名)，其三是为餐厅提供有效的管理软件，同时正不断涉及相关的在线广告业务。

35.3.2　技术策略

饿了么网站是一家页面功能十分简洁直观的外卖网站，由团队自主设计，有为大学生量身定做的功能布局，丝毫没有多余的部分，即使没上过网的人，也能根据导引订餐成功且流程方便快捷，无需注册和绑定账户，只需填写地址，电话，省去很多不必要环节。设计者本身就是大学生，“谁去拿外卖”、快捷留言等功能充分体现了对宅男宅女用户的体贴，整个网站浏览起来十分愉悦。

饿了么网络平台可按需实现个性化功能，如顾客输入所在地址，平台便自动测算周边饭店的地理信息、外送范围，给出饭店列表和可选菜单；饭店实时接到网络点单，可直接打印订单及外送地址。饿了么网还在网站上提供一系列的小游戏，解决消费者等餐时的无聊问题。“饿了么”建立了一套完善的消费者反馈机制，资料显示，30.9%的消费者会在遇到意外情况的时候选择在“饿了么”的网页上“给管理员留言要求尽快送到”，这说明，消费者中有相当一部分的人是比较相信“饿了么”的反馈功能及其反馈速度的。人性化的反馈功能可以了解到加盟店的质量与动向，从而进行相应的调整和沟通；提升了“饿了么”网络订餐的专业程度。当遇到下雨等特殊情况，“饿了么”的首页上会显示“天雨路滑，外卖大哥会晚些到”、“此店家现在十分忙碌”等友情提示。饿了么手机客户端操作页面如图 35-2 所示。

图 35-2　饿了么手机客户端操作页面

35.3.3　经营策略

(1) 主导思想明确。饿了么网不提供餐饮，也不负责配送，只是提供信息平台，像淘宝一样。率先提出“C2C 订餐”的概念，在重视订餐用户的同时，也重视服务餐厅，搭建用户和餐厅沟通的平台，推动了餐饮行业数字化的发展。“饿了么”的理念是“不仅为顾客提供方便，同时还传达一种年轻化的生活方式，并竭力使其健康化”。“饿了么”认为，满足顾客挑剔口味的最好方法就是给顾客充分的选择权，而保证服务质量和选择的多样性是品牌成就的不二法门。饿了么网为了给顾客提供高质量、多样化的选择，邀请更多的加盟餐厅，也从一定层面上营造了一个竞争的环境，使得同种类型的加盟店(例如同为经营快餐)相继推出各种有利于消费者的优惠和促销手段，服务质量得到提升。

(2) 交易流程简单。顾客通过“饿了么”网站可以清楚地看到周边每一家餐厅的每一款菜色提供外卖的时间，如果店家的某一道菜由于某种原因不能提供外卖，顾客便可以在网站上清楚地看到此道菜显示为“关”，并且显示下一轮外卖开始的时间。整个订餐流程方便快捷，即使不注册也能订餐。餐厅只需安装饿了么网络订餐系统特制的终端，就能轻松地管理自己的网上餐厅。

(3) 总体发展方向明确。起初，“饿了么”一所学校一所学校地推广开辟市场，积累到一定程度后，则开始迅速爆发扩张，占领市场并建立壁垒。目前“饿了么”的市场占有份额处于优势地位，在与美团、淘点点、百度外卖的竞争中处于领先。

35.3.4　饿了么的“O2O”营销

“饿了么”免费外卖营销正好迎合了 O2O 营销的三要素(O2O、组合拳和土豪式)，是一个值得借鉴的经典营销案例。

(1) O2O(Online To Offline)。O2O 业务的营销一定是 O2O 的，即可以让线上用户关注线下流程如连接 WIFI、看菜单等；又可以让线下用户有机会走到线上，譬如安装 App、关注微信。业务流程要做到 O2O 闭环，营销也要做到 O2O 闭环。“饿了么”在广州的推广方式便包括给小区居民发传单、用扩音喇叭进行宣传等方式，是实实在在的 O2O 营销。与分众传媒的合作更是将 O2O 发挥到极致：在液晶屏看到广告之后，用手机连接分众传媒生成的“饿了么免费 WIFI”，获得优惠券之后通过 App 免费获取外卖。相比需要打印卡券的地铁机，这种模式成本更低、用户体验更好、消费流程简单，未来很可能会在 O2O 营销中普及开来。

(2) 组合拳。所谓组合拳，是指 O2O 营销必须同时利用网络营销、社会化营销、微信营销、传统线下营销以及创新营销等多种方式。前期造势、初期导流、中期引爆、后期沉淀，缺一不可，只有这样才可以命中更多场景，触达更多用户，带来更多订单。“饿了么”在“免费外卖”中，“免费请吃外卖”是首创，自然可以赚足眼球。“饿了么”通过分众传媒 1 万多块液晶屏再加线上营销配合，可以引入足够关注和流量。鼓励用户将免费外卖图片分享到微博、朋友圈又做了一轮社会化营销，甚至形成病毒式的传播效果。最后再对用户进行关怀、回访、唤醒，实现营销带来的用户的活跃度维系。

(3) 土豪式。O2O 营销一定是高成本、土豪式的。互联网的特长是短平快，廉价获取注意力、流量和订单。但一到线下就面临着地面推广成本高、传统广告价格贵、推广效果难追踪、目标用户定位难等老大难问题，要解决这些问题需要付出巨大成本。“饿了么”在上海的一次 O2O 就耗资 400 万，这还不计算餐饮费之外的费用。如果要将这个模式复制到更多城市，必然还将耗费更多资金。

“饿了么”如果继续在广州、北京、天津、南京等地复制“免费请吃外卖”的营销模式，则应准备数千万资金来打这场“免费外卖”战。竞争对手则可能模仿跟风和疯狂狙击，一场“免费外卖大战”似乎一触即发。

35.4　饿了么电子商务的挑战

2013 年开始，随着 O2O 概念的兴起，外卖作为最高频的应用场景之一，被资本市场推到了创投界的风口。电商巨头纷纷进场，外卖成了战火遍地的红海，竞争的激烈程度不亚于打车市场。百度、阿里希望通过外卖形成新的 O2O 闭环，美团在团购大战之后也需要形成新的增长点，而对于饿了么、到家美食会这些创业网站，外卖是关系生死的生命线。这场由互联网巨头、创业公司共同参与的战争，已经变成了执行力、物流、技术等全方位的竞争。

《华尔街日报》报道称，美团正计划新一轮 10 亿美元的融资，其中大部分将用于美团外卖。而亿欧网报道称，百度外卖也将完成 2 亿美元的融资，并成为百度旗下为数不多的独立分拆融资的业务。“2015 年可能是竞争最激烈的一年，也是最关键的一年。”美团高级副总裁、美团外卖总裁王慧文对《财经天下》周刊表示，未来外卖市场很可能就像今天的团购市场那样，最终形成 721 的格局——第一名将占据市场 70%的份额。

2013 年 11 月，美团外卖上线；一个月后，阿里发布移动餐饮服务平台淘点点，由阿里集团 CEO 陆兆禧直接挂帅，被提到了集团无线战略的高度；2014 年 5 月 20 日，百度外卖上线，背靠百度搜索和百度地图，试图在餐饮外卖这个刚需品类中抢占中高端白领市场；而到家美食会、易淘式、点我吧、零号线、我有外卖等企业也纷纷宣布获得千万美元的融资。

经过一年多的布局和竞争，外卖市场的梯队已经开始明显分化。来自易观国际、信诺、艾瑞等研究机构的数据显示，饿了么和美团外卖、淘点点、百度外卖等位列第一阵营。其中，“饿了么”与美团在规模上占据绝对优势，并逐渐与其他竞争者拉开距离。

对阿里、百度来说，外卖可能只是他们整个 O2O 战略的一部分。但对“饿了么”和美团来说，这一仗关系生死。“美团的策略就是在各个细分领域做到第一，外卖也是一样。而对于‘饿了么’，外卖是其主业务，因此美团和‘饿了么’之间肯定是一场硬仗。”亿欧网创始人黄渊普对《财经天下》周刊表示，明年可能成为双方竞争的关键年。如果“饿了么”成功 IPO，势必将拉低美团的估值，若是“饿了么”没有 IPO，则有可能被某个巨头收购。

“‘饿了么’是从校园起家的，所以其他竞争对手选择从校园切入并不为奇。”张旭豪表示。从 2014 年 3 月开始，一夜之间，各个校园里铺天盖地贴满了美团外卖和“饿了么”的海报。双方在高校市场砸出巨额补贴，大打价格战。随着高校市场逐渐饱和，各个外卖平台开始把中心放在白领市场，平台之间的策略也呈现细微的差别。张旭豪认为，在白领市场除了价格因素，选择的多样性也很重要，所以“饿了么”把重点放在了开拓商户上。今年 5 月初，“饿了么”选择王祖蓝作为代言人，开始打造拼配形象，也帮助公司在白领市场中占据了地位，当月白领日均订单接近百万，覆盖近百个城市。美团外卖则选择先从写字楼这个市场开始，王慧文认为，写字楼市场相对好做且规模体量也比较大，中国 8400 多座写字楼中至少容纳了 7600 万以上的白领人员。美团外卖预计 2015 年会开通两百个城市，到 6 月，美团外卖非校园市场的日均订单量达到 61 万，下旬日均订单 70 万单。

明天的外卖市场，可能就会像现在的团购市场一样，最终会变成一家独大的局面，而赢得这场战争的关键在于基本功。所以对于“饿了么”网上订餐来说，未来电商战略的每一步都显得尤为重要，一场综合实力的电商较量正在如火如荼地展开。

参 考 资 料

[1] 刘岩. 饿了么网核心竞争力提升策略研究[D]. 哈尔滨. 哈尔滨理工大学，2015.

[2] 罗超. 从“饿了么”看 O2O 营销三大特征[J]. 中国广告，2014.

[3] 海峡. 饿了么 2014 年总订单量达 1.1 亿团队规模翻 20 倍[EB/OL]. (2015-0128) [2015-09-10]. http://www.linkshop.com.cn/web/archives/2015/316057.shtml.

[4] 郑青莹. 白领市场成外卖重点饿了么 37% 排名第一[EB/OL](2015-08-03)[2015-09-10]. http://finance.huanqiu.com/zl/2015-08/7175346.html.

[5] 财经天下. 巨头都切入外卖了，对饿了么和美团来说，这一仗关系生死[EB/OL]. (2015-07-31)[2015-09-10]. http://www.admin5.com/article/20150731/613360.shtml.

案例 36　大众点评网

36.1　大众点评网简介

大众点评网 2003 年 4 月成立于上海，是中国领先的本地生活消费平台，也是全球最早建立的独立第三方消费点评网站，致力于为网友提供餐饮、购物、休闲娱乐及生活服务等领域的商户信息、消费优惠以及发布消费评价的互动平台；同时，大众点评网亦为中小商户提供一站式精准营销解决方案，包括电子优惠券、关键词推广、团购等。另继网站之后，大众点评网已经成功在移动互联网布局，大众点评网移动客户端已经成为本地生活必备工具。2015 年 10 月 8 日，大众点评网与美团网宣布合并，美团 CEO 王兴和大众点评 CEO 张涛将会同时担任联席 CEO 和联席董事长。

截至 2015 年，大众点评月活跃用户数超过 2 亿，点评数量超过 1 亿条，收录商户数量超过 2000 万家，覆盖全国 2500 多个城市及美国、日本、法国、澳大利亚、韩国等全球 200 多个国家和地区的 800 座城市。

大众点评月综合浏览量(网站及移动设备)超过 200 亿，其中移动客户端的浏览量超过 85%，移动客户端累计独立用户数超过 2.5 亿。大众点评 APP 覆盖了餐饮、电影、酒店、休闲娱乐、丽人、结婚、亲子、家装等几乎所有本地生活服务行业。2015 年 12 月，大众点评手机客户端被 360 手机助手主办的“乐次元盛典”评为“2015 年度十大最受欢迎 APP”。

目前，除上海总部之外，大众点评网已经在北京、广州、天津、哈尔滨、杭州、南京、深圳、苏州、无锡、宁波、成都、重庆、武汉、西安、郑州、济南、青岛、沈阳、大连、长沙、厦门、福州、合肥、常州、佛山和太原等 30 多座城市设立分支机构。

从 2003 年成立至今，大众点评网共经历了六轮融资。2006 年，中国融资市场复苏，大众点评网获得红杉资本的首轮 100 万美金投资；2007 年，Google 给大众点评网带来了 400 万美金的投资；2011 年 4 月，大众点评网获得挚信资本、红杉资本、启明创投和光速创投 1 亿美金的投资，估值 10 亿美金；2012 年第四轮融资 6000 万美元；2014 年腾讯 4 亿美元战略投资大众点评网，获得 20%股份；2015 年 3 月已经完成了 8.5 亿美元的融资。大众点评网的互联网主页如图 36-1 所示。

图 36-1　大众点评网的互联网主页

36.2　大众点评网产品服务

大众点评网手机客户端提供的一站式LBS(Location Based Service)服务——签到功能通过地理位置的定位，让网友可以随时随地查询餐饮、购物、休闲娱乐以及生活服务等城市商户信息，同时还能下载商家提供的电子优惠券、查看消费者点评、购买大众点评网团购以及通过手机签到获取商家优惠。其内容网站与手机端同步，现已覆盖全国近2300多个城市及120万家商户，拥有近2000多万份消费者点评，手机独立用户数超过1000万。大众点评网手机客户端拥有了一项全新的功能——签到等位，该功能让更多人不用到店就能知道某个时间段内商家的排队情况，“无人排队”、“5人以下排队”、“6～10人排队”等相关信息都可以实时获得。

大众点评网全面整合营销方案，量身定制五大推广方式，包括：团购，高效的短期营销工具，使用手机也能买团购；优惠券，精确传递优惠信息，持续刺激消费欲望；关键词，潜在客户找商家，在社区中发帖，说明你的消费倾向，会有很多适合你的产品给你回复；签到，签到推广活动，让顾客帮忙打广告签到，通过点评签到可以获得积分、徽章等虚拟奖励；城市通，精确定位顾客和商家地点，即使市场反馈可以很快到达顾客手中，使点评商家的服务让更多人了解。

36.3　大众点评网商业模式分析

大众点评网以点评、会员餐饮折扣为核心，打通出版、互联网和无线增值。第一，大众点评网提供的所有信息服务都是免费的，并且提供餐饮优惠券等附加服务。第二，通过搜集整理国内主要城市的餐饮信息、建议数据库，向公众提供信息搜索服务，并鼓励会员对其去过的餐馆进行评论。第三，通过打折、提供信息、服务预订等方式，把线下商店的消息推送给互联网用户，从而将他们转化为自己的线下客户。第四，大众点评网包括口味、环境、服务、人均消费额、喜欢的菜名、适合的氛围、喜欢程度、停车信息以及600字以内的简短评论。第五，大众点评网提供了一个论团和会员活跃度排行榜，以社区化的方式提高网站的黏度，并吸引人气。

36.3.1　人群定位精准

大众点评网将目标客户锁定在大学生、年轻白领和商务人士。大学生追求时尚，热爱流行，缺乏经济收入，属于中低端消费群体，这部分人群虽不是主要的盈利人群，却是增加流量、提升影响力的重要人群。年轻白领和商务人士对当下流行文化和资讯接受能力强，也有一定的消费能力，他们是持卡会员的主要构成者，也是当前大众点评的直接盈利目标群体，直接拓展市场的活动将主要围绕他们进行。

36.3.2　价值体现

对于一般网民，提供有独立的“大众点评”模式，真实可靠的美食与生活海量信息和自由交流的消费体验分享平台；对于会员，提供有便利、丰富的生活与美食资源，丰富而使用灵活的会员优惠；“公共部落”和“个人部落”的交流与交友社区；对于商家，提供给其庞大的潜力消费客户群和有效的宣传展示平台。

36.3.3　推广传播策略

大众点评网的推广传播策略主要包括四个方面：

传统媒介传播——“新闻话题传播”、“活动传播”、“专题传播”。

网络营销——“网站推广”、“网络新闻”、“论坛炒作”、“软文推广”、“线上活动”。

事件传播——全民编辑《奥运美食指南》。

口碑宣传——建立社区并鼓励人们进行点评。

36.4　大众点评网盈利模式

36.4.1　佣金收入

大众点评网借鉴携程的模式，推出积分卡业务。一方面，大众点评网为餐馆提供了有效的口碑宣传载体。随着餐饮业的竞争日趋激烈，商家对于宣传的重视度日益提升，然而受地域、规模等限制，往往缺乏有效的宣传载体，网络餐饮业便应运而生。大众点评网汇聚的点评信息，对于众多“好则褒之”的餐馆来说，是一个低成本、辐射广的口碑载体。另一方面，口碑带来消费力。大众点评网的社区化，能够将分散的用户汇集起来，变成有消费力的团队。基于此，大众点评网在与相对分散的餐饮企业博弈中，形成了影响力。

具备影响力后，大众点评网在用户与餐馆之间搭建起消费平台，佣金模式得以实现。大众点评网通过积分卡(会员卡)实现佣金的收取：第一步，签约餐馆，达成合作意向。第二步，持卡消费。用户注册后，可以免费申请积分卡，用户凭积分卡到签约餐馆用餐可享受优惠并获积分，积分可折算现金、礼品或折扣。第三步，收取佣金。大众点评网按照持卡用户的实际消费额的一定比例，向餐馆收取佣金，以积分形式返还给会员一部分后，剩下部分就是网站收入。大众点评网收取的佣金率为实际消费额的 2%～5%左右。

36.4.2　电子商务

整合电子商务模式，进行网上订餐，也是大众点评网的营收来源之一，大众点评网可以凭借为会员提供订餐服务，向餐馆收取费用。

36.4.3　线下服务

大众点评网把网友评论结集出版为《餐馆指南》，目前分为北京、上海、杭州、南京四个版本，每本售价为 19.8 元，每本盈利 5 元，仅上海的发行量就达到 10 万。随着餐馆信息的不断填充和更新，大众点评网的数据库愈发庞大。目前已有食品类企业如李锦记，找到大众点评网，要求分享各地餐馆名、地址、电话、菜系、人均消费、简介等信息，从而将这些信息应用在其内部的销售系统，以便提高销售效率。大众点评网的下游用户付费模式尚处于起步阶段，对盈利贡献非常有限，但是，由于该服务基于现成的信息库(数据库)，提供服务的成本几乎为零，因此，随着服务规模的扩大，其对利润贡献的力度也可能随之上升。

36.4.4　无线增值

大众点评网的无线增值业务有两个方面：一是作为内容提供商(CP)，与中国移动、中国联通、中国电信、空中网、诺基亚、掌上通等渠道服务商(SP)合作，推出基于短信、WAP 等无线技术平台的信息服务，比如用户发送短信“小肥羊、徐家汇”，就可以获得餐馆地图、订餐电话、网友点评等信息。二是在 GPS 领域与新科电子展开合作，为汽车导航系统用户精确定位自己的美食目的地。

36.4.5 网络广告

上游企业或商家付费模式，即广告模式，是互联网企业的主要盈利方式。但点评类网站出于对独立性的坚守，不能贸然引入广告。随着广告模式的演进，点评类网站找到了广告与独立性之间的平衡。目前网络广告正由第一代的 Banner 广告向第二代的关键字广告和第三代的精准广告过渡。大众点评网的平衡之法就是引入关键字广告和精准广告模式，为商户开展关键字搜索、电子优惠券、客户关系管理等多种营销推广。

使用 AdWords 广告平台，大众点评网开始利用谷歌的定向投放技术，根据不同地区的用户喜好，在不同的城市投放有针对性的广告，甚至定位精确到用户上网的不同时间段。

大众点评网的关键字搜索类似于谷歌和百度，输入“菜系”、“商区”、“人均消费”等关键字后，会列出一长串符合条件的餐馆以及网友的评论，显示的先后顺序依据餐馆是否投放广告及投放规模而定。这一隐形的广告模式，并没有给用户的体验效果带来直接的负面影响，却拓宽了网站的营收渠道。

电子优惠券是大众点评网上的另一种隐形广告。餐馆为了广告宣传，在大众点评网上发布电子优惠券，由用户打印该券，实地消费时凭券享受优惠。电子优惠券是网站、餐馆、用户三方共赢的方式。据大众点评网 CEO 张涛介绍，电子优惠券模式推进情况良好，“上海一家规模很大的餐馆开新店，优惠券的打印量一个月达到 5000 多张”。

参考资料

[1] 李天娇，宋一飞. Web2.0 时代下的网络口碑传播：以“大众点评网”为例[J]. 今日传媒. 2012(07): 99-100.

[2] 蔡晨鹜. 大众点评网电子优惠券盈利模式分析[J]. 科技传播. 2015(12):69-70.

[3] 吕秀莹. 浅析 Web2.0 环境下我国第三方点评网站的发展现状：以大众点评和豆瓣网为例[J]. 2011(S1):87-92.

[4] 中国新闻网.大众点评斩获“年度最受欢迎生活 APP”(2016-01-07) [2016-06-26]. http://finance.ifeng.com/a/20160107/14154782_0.shtml.